致谢

感谢《建筑学报》杂志社提供“轻土设计：地域性实践与研究”、“村镇形态蜕变下的建筑策略——城村架构的设计实践分析”、“台湾的木建筑——迈向永续之路”、“一个民间环保人士的建筑宣言——安吉生态民居模式分析”、“生长中的可持续校园— 梁平县新金带小学设计”文章相关资料。

建筑先锋
绿见未来

GREEN DESIGN
FOR THE FUTURE

目录

CONTENTS

回归自然
——巴厘岛绿色学校

BACK TO NATURE: THE GREEN SCHOOL IN BALI

约翰·哈迪 本·马克罗 / John HARDY，Ben MACRORY

不少都市人总喜欢在周末、假日到郊外远足，拥抱大自然，或到田园做个假日农夫。景色自然如大浪西湾，对每天面对四面石墙的人来说，这已经是“世外桃源”。将来人们可能不止慨叹“安乐窝”难求，连大自然休憩的地方亦难求。暂未能远离烦嚣，不如幻想一下置身于印尼巴厘岛的自然环境——在岛上的一个热带丛林深处，20 多幢竹楼掩映在绿树之中，爱咏河（Ayung River）从中静静流淌而过，初见者都以为来到了度假别墅，但这里却是一所让学生感受自然的学校，校名就是“绿色学校”（图 1）。

绿色学校占地 103 142.638m^2，位于岛上一个名叫西邦卡佳（Sibang Kaja）的村庄中，一片原生植物与可持续有机花园共同生长的茂密丛林里（图 2）。该校园由环保主义者和设计师约翰·哈迪（John Hardy）和辛西娅·哈迪（Cynthia Hardy）创建。他们关注地球资源的枯竭问题，并提倡使用竹子作为建筑材料的替代品以保护热带雨林的木材。他们还建立了绿色学校分支机构：梅拉吉基金会（Meranggi Foundation），通过向当地种植水稻的农民提供竹子种苗来推广竹子的种植，并以创新或试验性的方式使用以证明竹材在建筑上的可能性。

校园使用了各种可替代能源，包括竹屑热水烹饪系统、水力涡轮机和太阳能板（图 3）。校园建筑包括：教室、体育馆、集会空间、职员宿舍、办公室、咖啡馆和浴室。

< 1 本土建筑特色 >

传统的巴厘式建筑，通常是指二到三代家族住的一个称之为“班家（banjar）”的聚落，由村民自行建设。传统的建筑为梁柱式结构系统，由木材或竹子充当非承重填充板，通常不使用钉子，而用木榫作为铆接元件，屋顶则由椰子和糖椰子树叶、阿郎阿郎草（alang alang grass）或稻秸秆做成的茅草覆盖。绿色校园的建筑充分理解和尊重了巴厘岛的乡土建筑特色，并进行创新设计，运用传统材料创造出现代空间。

绿色校园中有许多建筑，它们的体块与功能和选址直接相关。每栋建筑中外露的竹结构表达了竹结构建筑的艺术美感。建筑的屋顶是开放式的，极少墙和窗户，宽大的挑檐使室内空间免于倾盆大雨和炎炎烈日的困扰。屋顶同样采用了巴厘岛传统的茅草屋顶（图 4 ~ 6），大多数巴厘岛的寺庙和宗教空间也采用了这种类似斗笠的茅草屋顶。

1 主建筑“校园之心”外活动场地
2 建设中的校园鸟瞰
3 竹建筑外的太阳能板

4 类似斗笠的茅草屋顶

< 2 景观 >

景观在校园中扮演了很重要的角色。绿色学校的教室位于校园的西侧，周围环绕着环保园地——巴厘岛的稻田和蔬果园（图 7），这些园地由校园的学生和职员共同打理。学生们在园地中穿梭，种植各种孩子们命名的瓜果蔬菜，加强了所有年级的孩子们互动，并在劳动中获得植物学、生物学和作物栽培知识。

每个园地有自己的耕作周期，孩子们可以从中观察植物幼苗的成长到成熟期，并体验新鲜采摘的整个过程。一些进行体育活动的开放空间靠近校园中心和体育场。在“Mepantigan”中心附近有一个巨大的泥浆水池为巴厘传统泥巴摔跤运动提供了场所。

< 3 建筑结构、材料和施工 >

在巴厘岛和印度尼西亚，到处都生长着竹子，它被广泛地应用于一些临时性建筑，如公共节日和宗教活动中的一些场所，然而，人们并没有将竹子作为永久性建筑的材料考虑过。在绿色学校中，竹子被以创新或试验性的方式使用以证明他们在建筑上的可能性。在东南亚各国，如中国和日本，竹子被用来作为地板、装饰屏风和其他一些非结构性材料。在一些案例中，竹子被用来作为木材的替代品或作为竹材集成材销往北美洲。

3.1 材料与结构

绿色校园的材料选于自然，用于自然，从教室的一桌一椅、储物柜，甚至篮球架等，无一不是竹子。6 间开放式教 hw 室，主要建筑“校园之心”（Heart of School）、咖啡厅、办公室以及连接爱咏河两岸的库库桥（Kul Kul Bridge）等组成了这个“竹子校园”。用巴厘岛竹子这种天然建材，是希望透过学校提升竹子的价值。竹子是印尼传统的自然资源，长期以来被视为价值不高的材料，其实经加工和设计的竹子很耐用，用作建筑材料的寿命可由原本 1 ~ 2 年，延长至最少 25 年。竹子外形很美，可以做成不同形状的家具。绿色校园取材于竹子，亦希望学生学习如何过绿色生活。

利用竹子建造房屋不同于传统的设计和建造方式。在后者中，建筑师和承包商通常各自行事，前者与美国律师建筑委员会（U.S. Green Building

5 施工中的主建筑屋顶
6 茅草屋顶外观
7 稻田和蔬果园
8 建筑模型

Council，USGBC）的 LEED（Leadership in Energy and Environmental Design）项目管理系统更为接近，在这个系统中，代表不同利益的各方会通力合作。在用竹子建造绿色校园的过程中，来自世界各地经验丰富的建筑师、工程师、景观设计师以及环境、研发、学术专家齐心协力，共同设计和建造这个世界上最大最美的功能性竹材结构。此后，我们创造了一个新的模式，利用生长最快的“木材”进行设计和建造并形成具有更强视觉冲击力、更为宁静、更稳固、更引人注目的居住和商业模式。

竹子以其显著的柔韧性和强度而闻名，但这些特质也带有一些潜在的限制性，使其至今无法被广泛应用和诠释。因为收割和加工处理方面不彻底，竹材过去未曾有效地发挥它的作用，或者在诸如住宅和建筑物这类大型结构形式的建筑上进行商业化使用。竹材使用的一个首要限制因素是虫蛀，这在很大程度上导致了竹材没有被更广泛地接受。

因此当我们开始着手将竹材运用到住宅和商业建筑中时，即与世界一流的竹材设计师、工程师和工匠共同合作，合作团队也包括两位高科技跨国专家，并利用他们的先进技术使竹材进入超级结构的领域。首先，设计团队测试了手中所有竹子的密度，并

9 不同类型的竹结构建筑

进行严格把控。生长 3 年后的竹子将达到它们最大强度并能承受巨大压力。为此，丹麦的一家专业密度测试器械公司向我们提供了所有竹材的品控服务。机器不会说谎——人们无需再返回未成材的竹子。

设计团队也和力拓矿业集团（Rio Tinto）合作，他们提供了处理工艺中硼砂含量的测试方法。将竹子浸泡在硼砂溶液中，最终使得这些竹材经久耐用并能够防止木材中常见的虫蛀问题，这是对当地环境影响强度最低的方法之一。硼砂是一种世界各地广泛使用的矿物盐，被作为抗真菌化合物、赋形剂、阻燃剂等等。绿色学校建设过程中的硼砂来自美国和土耳其。

在设计过程中，因为竹结构自身难以置信的细节无法使用 AutoCAD 软件来表达和体现，设计团队研发了自己的方法。他们与业主合作，共同绘制方案。随后，模型制作人员在使用 AutoCAD 软件上机设计前用竹片精心建造了一个 3D 模型，交由竹材工程师来测试其稳固性，并根据工程师的评估对模型进行调整。一旦业主认可这一模型，即着手制作所有的细节结构模型，并耗费数个星期进行组装（图 8）。

这些先于 AutoCAD 图纸的结构模型，成为指导图和训练有素的建筑工人的施工图。一个 5 层住宅的屋顶或者绿色学校的“校园之心”建筑在 2 个月之内就能建成。目前，每个构件都是定做的，因此建筑室内和室外的细节是完全根据设计师和业主的要求量身定做的。人们可以用竹子做任何事情，整合了玻璃、岩石、铜和泥土来解决诸如隔音、保温的问题。

3.2 施工技术

绿色校园由当地工匠和艺术家建造而成，实现了多种形态的建筑类型（图 9）。竹子不仅仅运用在完工的建筑上，还作为建筑的脚手架。低技装备和独创性用以建造大型复杂的空间，无需借助重型设备或起重机。

绿色校园的设计团队由伊·莫里斯科（Ir. Morisco）教授带领，一个全球闻名的竹结构领域专家，日惹市（Yogyakarta）加札马达大学（Gadjah Mada University）城市和环境工程学院的结构工程实验室的领军人物。他的同事阿沙里·萨普特罗（Ashar Saputra）和英戈·伊拉瓦蒂（Inggar Irawati）在莫里斯科教授的指导下组成了该项目的结构工程小组。绿色校园的建筑类型是非常规的，鲜有先例可借鉴分析。设计团队通过计算机模拟，得到了建筑的轴向荷载、风荷载和地震荷载以确保其符合印尼的建筑规范。

10 “校园之心”外观
11 建筑基础

< 4 校园主要竹结构建筑 >

绿色校园的公共建筑——“校园之心”（图 10）、体育馆、桥和“Mepantigan”（巴厘传统武术名称）中心是大型的集会场所，每个都是不同的竹结构建筑试验。竹子被捆成一组并打造了一个大跨度的建筑。马来甜龙竹①（Petung Bamboo）被作为基础结构形成 3 个联锁桁架，作为三角平面结构的基本单位，并将结构荷载传递到地基。

一级结构通过创新性地将礁石和竹子用螺纹钢连接的方法固定在混凝土地基上，以减少潮湿和白蚁等虫害的侵扰（图 11）。连接到地面层的竹子被牢牢地用粘合剂固定填充，作为风荷载的结构连接件。二级结构和椽条是较为轻质的阿帕斯竹属竹子（Gigantochloa Apus），椽条通过竹针和一级竹结构进行固定。

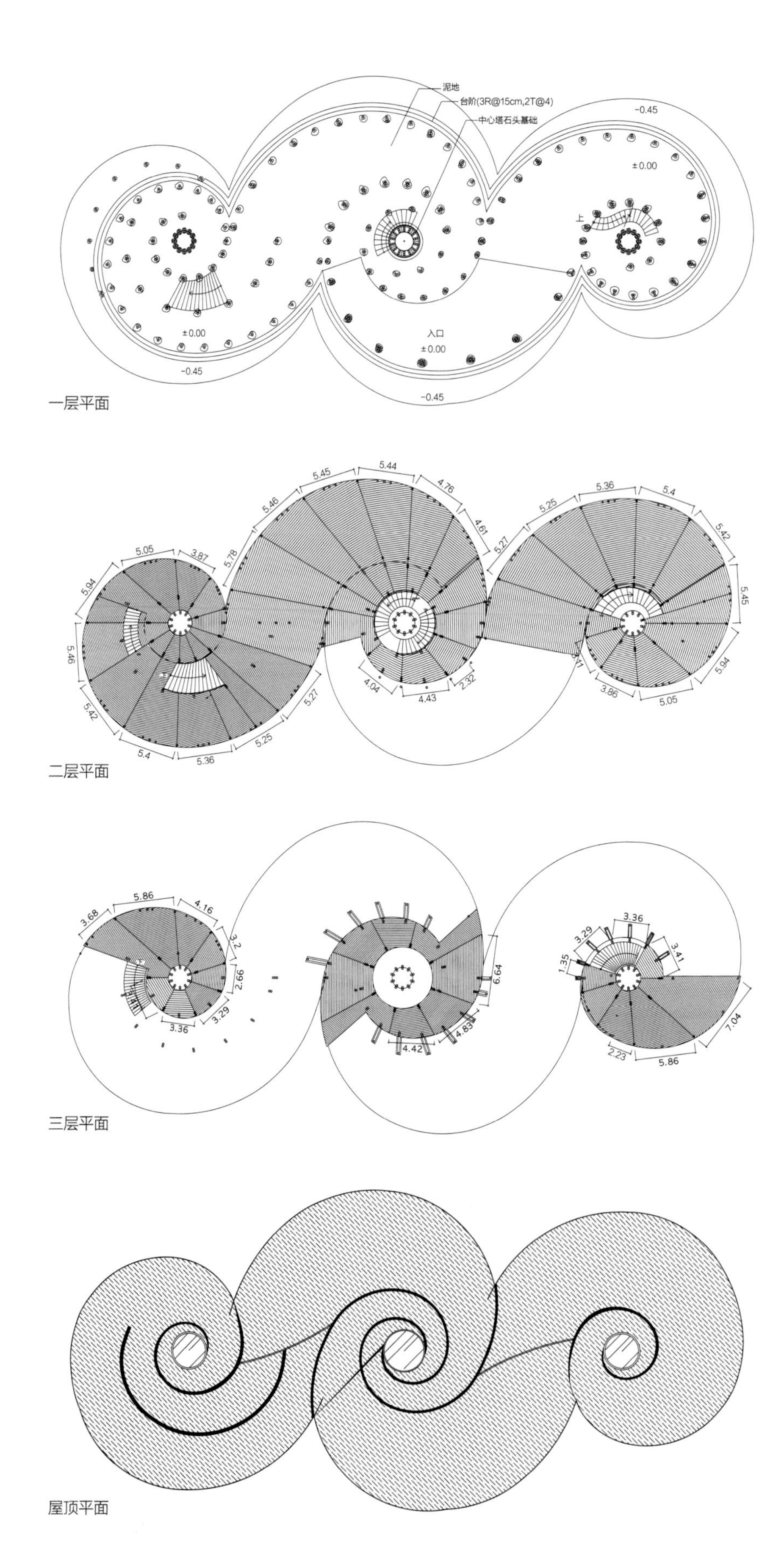
泥地
台阶(3R@15cm,2T@4)
中心塔石头基础
-0.45
±0.00
上
±0.00
入口
±0.00
-0.45
-0.45
一层平面
5.44
5.45
4.76
5.46
4.61
5.36
5.4
5.25
5.27
5.42
5.78
5.05
3.87
5.94
5.45
5.46
4.04
4.43
2.32
5.94
3.86
5.05
5.27
5.42
5.25
5.4
5.36
二层平面
5.86
4.16
3.68
3.2
2.66
3.29
3.36
6.64
4.83
4.42
3.36
3.29
3.41
1.35
7.04
2.23
5.86
三层平面
屋顶平面

12　“校园之心”各层平面

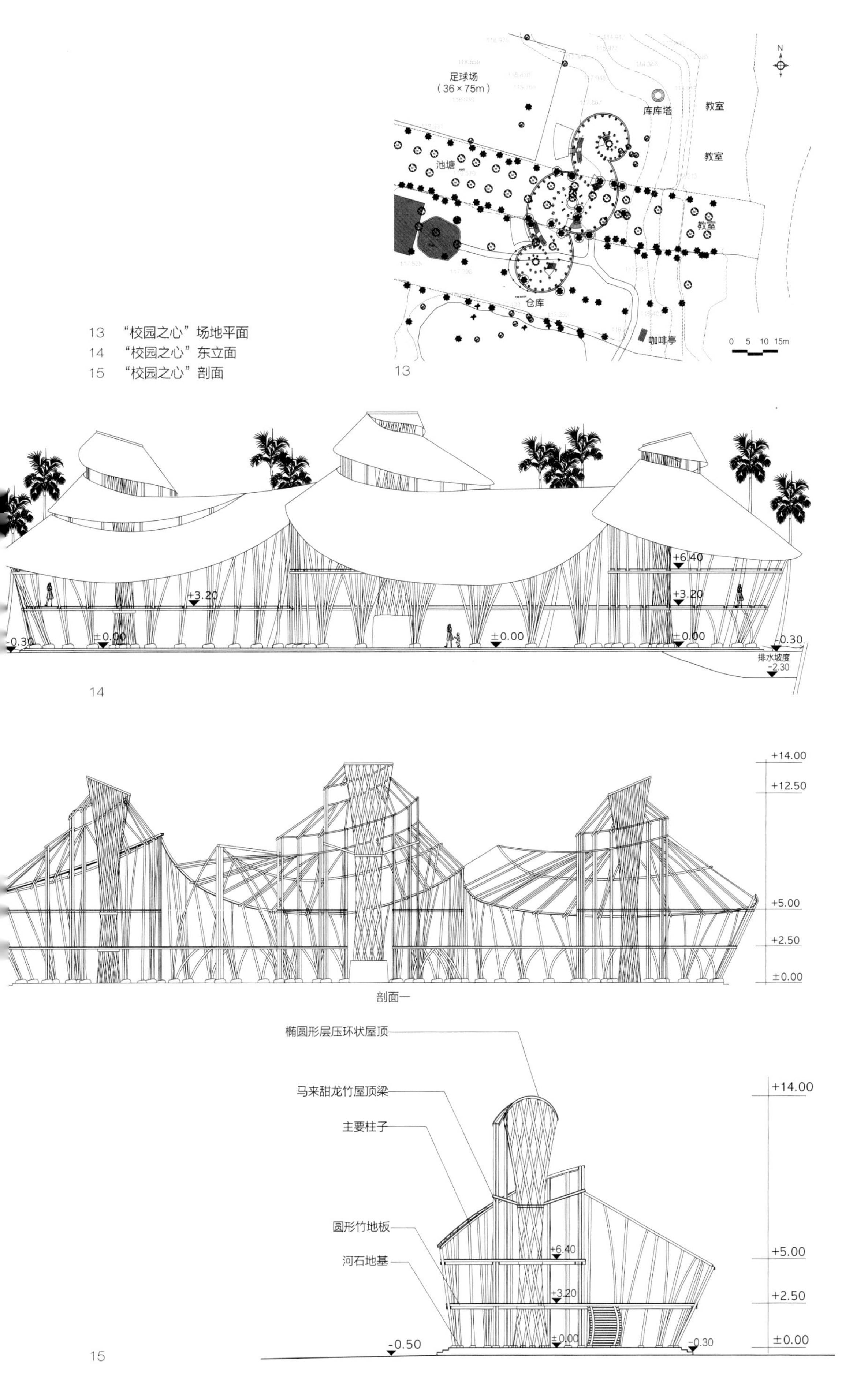

13 “校园之心”场地平面

14 “校园之心”东立面

15 “校园之心”剖面

"校园之心"（Heart of School，图 12 ~ 15）的设计是将建筑主体安置在 3 个线性排列的节点中心，其他功能空间以一种螺旋形的组织形式向外辐射。在每个锚定点上，由多根高达 16 ~ 18m 的竹子交织组成的通高圆柱支撑了整个建筑，为"校园之心"高耸的 3 层空间提供了结构构件（图 16）。柱子与屋顶的交界处是一个木制圆环，形成了屋顶天窗。螺旋形屋顶从主要的垂直支柱开始扩展，让自然光线能到达建筑的每个角落（图 17），巨大的屋檐为开放的室内空间提供遮蔽。建筑共有 3 个主要楼梯和 3 层空间（图 18 ~ 20），包括多功能区域和不同程度的私密区。在这个建筑中很多竹结构节点都以 1:1 的比例在结构实验室中做过测试。

体育馆是提供体育活动和集会的多功能设施。技术上颇具挑战性的竹拱采用了无柱跨距达 18m，高 14m 的结构。

"Metapantigan"活动中心是为学校和社区建造的公共大厅，用来举行节日庆典、聚会和活动。它的结构刚度和稳定性来自于 4 个主拱，每个主拱由 3 株马来甜龙竹形成无柱跨距空间（图 21、22）。踏步式台阶与建筑基础融为一体，椭圆形的建筑平面被自然石材勾勒出来，这个类似圆形剧场的空间中设置了 3 排座椅。一个巨大的竹子结构体从地面上升，支撑起整个屋顶，同时形成了一个明亮的采光天窗。

库库桥是一座竹吊桥，连接了爱咏河两岸（图 23）。桥的跨度 20m，宽 2m。根据经验，这座桥可负载 6t。

阿郎 - 阿郎（Alang-alang）茅草屋顶在印度尼西亚的应用已有数百年的时间，它是巴厘岛传统的屋面系统，采用当地称为"ambongan"的白茅草，在印尼语和马来语中也称为"alang"。这种草坚韧且抗干旱瘠薄。

< 5 绿色校园教育 >

绿色校园旨在激励学生努力学习，培养他们的创造性、有意识的可持续思维，鼓励学生、父母以及社区职员与自然的个性化联系。因此持续地保持这种联系在学生的性格形成期是至关重要的。6 年前在准备建设绿色校园之际，创立者就致力于提供一个国际公认的学术教育，使学生将来具备造福社会的竞争能力。绿色学校提供了包括传统科目、创造艺术和绿色研究的课程，蕴含了经验、环保、创业能力的学习。竹建筑结构对这种教育模式起到事半功倍的支持作用，激发人们为提高可持续创新、学习能力和设计而努力。

绿色校园现有学生 200 人，来自包括印尼在内的 40 个国家，学生年龄从 3 岁到 15 岁，课程覆盖幼儿园到中学阶段。在绿色理念主导下，师生们习惯了没有空调的房间——那里气温并非热不可耐，习惯了不能冲水的便器——气味经处理不会过于浓重。学

16　建设中的"校园之心"
17　室内中心柱及螺旋屋顶

18 “校园之心”三层开放空间
19 “校园之心”开放式空间夜景
20 为人们提供了多种活动区域的首层开放空间

生还被要求饲养家畜、种植蔬菜，这些家畜和蔬菜最终会成为他们饭桌上的佳肴。

绿色学校的教室没有墙壁阻隔，突破传统建筑的空间感使学生与大自然更亲近，同时使人与人之间的联系更紧密。孩子可亲手为校园的泥砖粉饰，下田耕种接触农地，亦可种植竹子。数年后竹子便成为校园的一部分。学校着重于学生亲身感受的学习过程，让他们认识建筑与可持续发展的关系。学生亲自耕作、收割和预备食物，可学会尊重自然。

竹子是校园建筑的主要建材，也是绿色校园中每个学生日常生活的主要部分。绿色校园的校长每年将在“世界竹子日”与学生们共同度过，提高学生们对竹子这一未来自然资源重要性的认识。从“世界竹子日”开端——收割竹子开始，进而对其进行测量并及运送到加工厂，学习自然处理过程工序，了解一个结构模型如何演绎成建筑图纸，最后参观一个非常美丽而复杂的，由一组建筑师、工程师、技工和建筑工人组成的团队建成的竹子之家。这将是学生们的一段心路历程，为他们自己和后代做出了一份承诺。

< 6 结语 >

绿色学校在很多方面具有重要意义，但最关键的是它提出了人类绿色生活的方式。通过一系列当地材料建造的建筑和为紧随其后的需求预备更多原料（竹子）的计划，将教育与人类 2025 年要面对的挑战结合起来。

21

22

21　Metapantigan 中心
22　Metapantigan 中心夜景
23　横跨爱咏河的库库桥

匠心独运的环保建筑设计，为绿色学校带来香港设计中心“2010 亚洲最具影响力设计大奖”以及“可持续发展特别奖”两项荣誉。绿色校园的创立本身亦是一颗可持续发展的种子。希望让更多人认识这所学校，期望第二所、第三所或更多的绿色学校陆续在全球不同地方出现，只要创办者都抱着同一信念——以自身的资源去发展。让孩子回归自然，或许是放下手中的游戏机，或许是暂停双手也算不清的兴趣班，或许是在假日往郊外逛逛，学习欣赏自然环境这般简单。

绿色校园在竹材利用方面的努力，可能只是冰山一角，需要各方的合作推进技术发展，以及设计师和建筑师的紧密无间的跨界合作。该项目发起人亦成立了建筑公司“PT Bamboo”②， 研发以竹子为建筑材料的应用。在未来世界的绿色设计中，尤其是在盛产竹子的中国，竹材将起着关键作用。在中国大范围地回归到竹材应用是非常有意义的，它集合了传统、历史、技术和未来的前景。不断发展的创造力和智慧使得上述成为可能，人们应该共同致力于未来竹子的应用。

注释

① 马来甜龙竹（Petung Bamboo）又称作巨型竹（Giant Bamboo），原产于亚洲热带地区，是世界上最优良的竹种之一，也是世界上研究最多的竹种之一。
② PT Bambu 是一家以推动竹子作为主要的建筑材料，取代对雨林砍伐木材为目的的盈利性设计和建造公司。

项目信息

名称：绿色学校
地点：印度尼西亚，巴厘岛
业主：Yayasan Kul Kul
用地面积：103 142. 638 m²
建筑占地：5 534 m²
建成时间：2007
设计方：PT Bambu
主要设计师：Aldo Landwehr / John Hardy

日本儿童教育建筑中的绿色设计
——以陆别町小学和昭和学院幼儿园为例

GREEN DESIGN IN JAPANESE EDUCATIONAL BUILDING OF CHILDREN: A CASE STUDY ON RIKUBETSU ELEMENTARY SCHOOL AND SHOWA GAKUIN KINDERGARTEN

株式会社北海道日建设计 / Hokkaido Nikken Sekkei Co. Ltd.
株式会社日建设计 / Nikken Sekkei Ltd.

1　校园鸟瞰

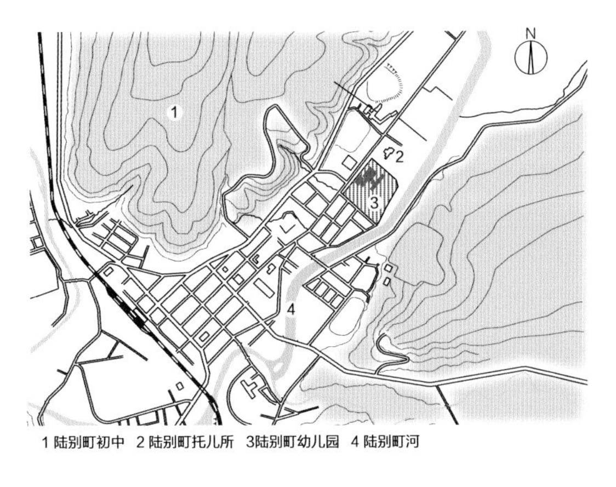

1 陆别町初中 2 陆别町托儿所 3陆别町幼儿园 4 陆别町河

2

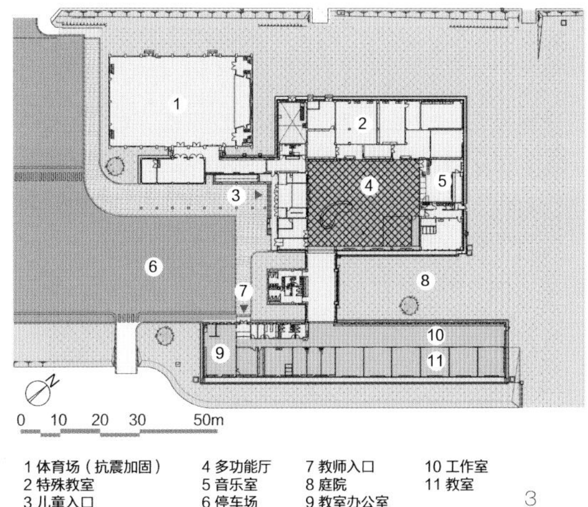

1 体育场（抗震加固） 2 特殊教室 3 儿童入口 4 多功能厅 5 音乐室 6 停车场 7 教师入口 8 庭院 9 教室办公室 10 工作室 11 教室

3

2 场地平面
3 一层平面

与其他类型建筑相比，儿童教育建筑的绿色化具有特殊的内涵，因为其使用者主要是我们这个世界未来的主人，因而绿色的理念经由儿童教育建筑可以更直接地传达并深深根植于下一代的价值体系中，对于社会形成可持续发展的共识，意义深远。也正因如此，对于儿童教育建筑的绿色设计，建筑师们除了需要解决相关的绿色技术及其与建筑的有机结合问题，更需要特别关注如何通过设计手段，将绿色和可持续发展的理念予以更简单地表达，使其得以自然滋润孩子们的心灵，潜移默化地促成相关价值体系的建立。本文通过对日本两所最新儿童教育建筑的实践剖析，介绍在这一领域的最新思考。

< 1 陆别町小学（Rikubetsu Elementary School）——一座日本寒冷小城中的绿色幼儿园 >

陆别町小镇位于日本北海道州(Hokkaido)中部，是日本最寒冷的小镇。在这里，漫长冬日里的温度常常达到零下30℃，而在其短暂的夏天，最高温度又可以达到零上35℃。陆别町小学就位于这座冬夏极端温度差达到65℃的小镇里。

陆别町小学建筑集成了多种绿色特征，比如通过适宜的建筑一体化技术，引入自然能源，在陆别町的极端气候条件下，有效降低建筑的环境负荷。建筑师还使用了各种本地木材，借以带动当地的木材产业发展，同时使人们在校园中感受到家的温馨。

这座单层建筑的体量与所在城市环境非常和谐：起伏的屋顶延续了周围群山丘陵的视觉感受；外露的建筑骨架采用温暖的深灰色基调，和天然木材一起，取得与周边建筑的协调关系，无论是在夏天的绿荫和冬天的白雪中，它都格外引人注意（图1～5）。

容纳各种室内活动的多功能厅，是建筑室内的核心空间，孩子们的活动都在这个被顶部木格构梁结构柔和地包裹着的空间里进行。教室和工作坊也是木结构的，阳光经过木材表面的反射，营造出一个温暖而富活力的校园环境。通过隔墙可分为两个教室的多功能厅，为多样的课后教程提供场地（图6）。

1.1 气候应变的可“开闭”空间

建筑师从北海道传统建筑中获取灵感，通过不同朝向上的“开”、“闭”处理，将建筑的美学、结构、机电等基本要素进行灵活组织，创造出一个在严寒的冬季，既可实现通过“闭合”有效地御寒，同时又借助“开敞”将温暖的阳光尽可能多地引入室内的活力空间。

北侧的钢筋混凝土墙体和外保温结构在实现抗震和抵御由北向冷风渗透导致的热量损失的同时，还具有良好的蓄热性能。而在南侧，细长的木结构将温暖的阳光和自然通风带进教室（图7、8）。在教学楼主体部分，容纳大部分日常教学活动的教室空间被

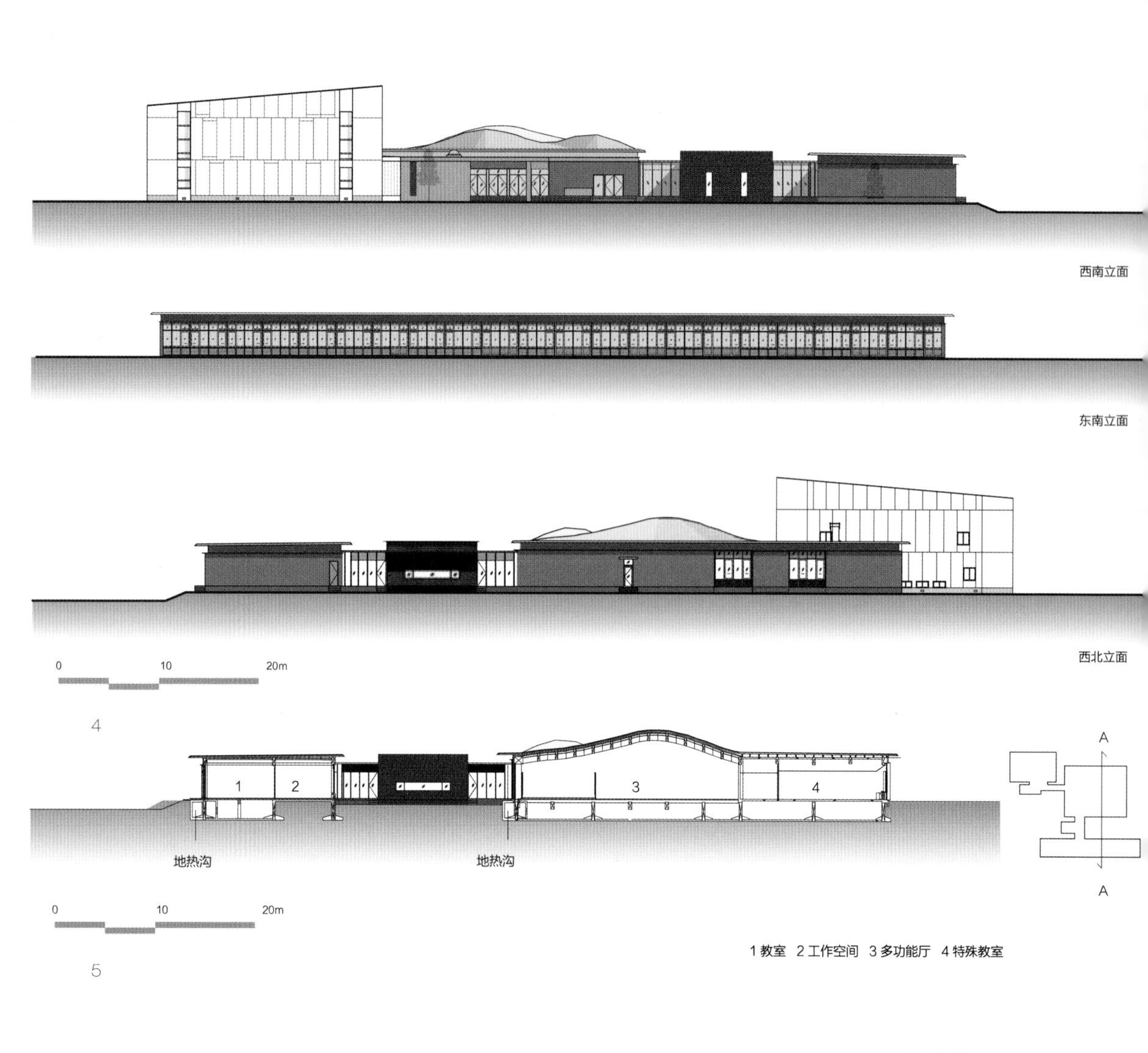

4 立面
5 剖面

安置在放置长凳。

这个由钢筋混凝土和木材，“闭合”与“开敞”空间组成的混合结构，在不使用复杂机电系统设备的情况下，实现了良好的抗震性能、热量控制和舒适性。

1.2 动态起伏——少儿活动的写照

在多功能厅木制格构梁屋顶下，自然形成若干不同的空间区域，每个的区域的大小、范围和功能，由孩子们的活动内容或人数多寡决定（图9）。多功能厅的3个主要的功能是：入口、节事和音乐厅、阅读空间，3种空间在连续、动态的屋顶格构梁包裹下，有机融合在一起（图10）。这个充满活力的流动空间，会随时触碰孩子们的感官，激发他们无限的想象力和创造力。

1.3 向自然能源学习——学校自身成为一本充满乐趣的教科书

通过地下沟槽送来的新风，与地板辐射采暖一起成为该建筑高效的地热采暖系统（图11）。外部寒冷空气先经过建筑周边埋藏于土壤中的沟槽升温，再经过置于建筑地下空间的采暖设备进行机械加热。该系统将热源置于房间的底部，通过辐射加热室内空气，继而根据热空气上升、冷空气下降的原理，不需要机械送风，即可同时实现室内的热量传递与空气流动。因为陆别町被称为“星镇”，因此放置在教室长凳上的空气供给口被设计成星座的形状，激发了孩子

6　多功能教室

们自觉学习、了解自然能源原理的热情。

此外，太阳能光伏电池板被安装在体育馆的西南面，面向孩子们每天上学的必经之路。室内的监测器则实时显示太阳能转化为电能的情况。

1.4 城镇走向复兴的标志

当地的落叶松和冷杉木材被尽可能多地用在整个学校的木结构和木家具中，推动了当地的木材产业，为社区居民创造出一个能让他们看到就感到自豪和喜爱的房子。

多功能厅屋顶的大型多层胶合板木格构梁，由穿透接头处的钢拉杆连接在一起，通过建立实体模型和计算机模拟相结合，进行反复荷载和强度测试，最终形成了天然悬链线形式的，合理而经济的屋顶结构（图 12）。通过这一创新性的木框架结构设计，将木材在建筑结构中的使用范围进行了延伸和拓展。

1.5 温情的景观和富有归属感的校舍

简单大方的直线和温暖暗灰底色的立面，使新建筑与隔壁的陆别町日托设施形成一种良好的延续关系。在小镇绿色远山的映衬下，新旧建筑构成完整统一的校区景观（图 13、14）。

这是陆别町小镇上唯一的一所小学，每一个在小镇里出生和长大的孩子，都要到这所学校就读。为了把新建的学校建成属于陆别町每个人的特殊场所，各种纪念性的活动都会在这里举办，这些活动主要面

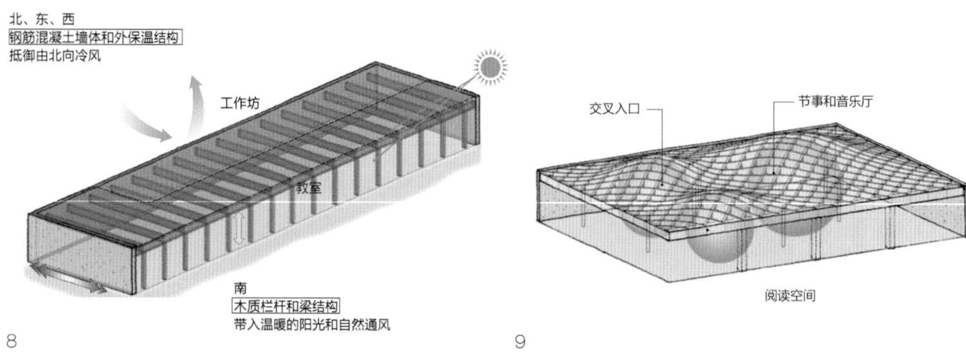

7 建筑南向庭院
8 “开闭”结构示意
9 起伏的多功能空间模型
10 多功能厅

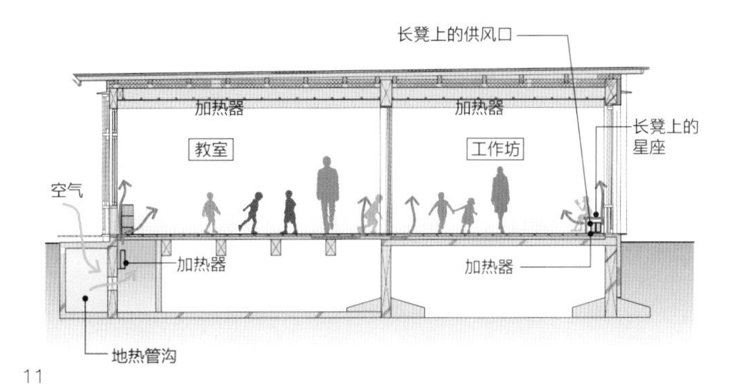

11

11 地热系统
12 多功能厅屋顶
13 西南立面
14 南侧透视

向在校的学生，同时也会邀请当地居民参与。参与者将留言题刻在多功能厅的木格构梁上，使其成为学校的一个标志性符号。这给居民和孩子们参与感，每个人都觉得自己参与到了新学校的创建过程中，他们的积极参与将使这个建筑在未来的日子里真正融入社区，成为当地文化和共同记忆的一部分。

< 2 融入社区——昭和学院幼儿园（Showa Gakuin Kindergarten）绿色设计 >

昭和学院成立于 1940 年，位于日本东京以东约 20km 的市川市（Ichikawa），是一所小型的木结构建筑。成立至今，学校通过组织经常性的节事活动、烹饪学习班和茶道交流活动，努力加强学生们与当地居民的友好关系。建筑师试图创造一个室内楼层高差尽可能小的建筑，以便为孩子们提供一个安全而有活力的学习环境。

昭和学院的课程包括学前教育、小学、初中、高中，一直到短期大学（the junior college level）。校园的总平面设计通过设置于中部的种满樱桃树的公共开放空间，将学校与周边邻里结合在一起，校园因而也成为了社区公园（图 15 ~ 17）。公共开放空间对面的是伊东纪念馆（Ito Memorial Hall），可同时对学校和社区开放。纪念馆一侧是学院创办者的旧宅，它至今仍完好地保留着原来的样子。

旧宅建于 1931 年，这座两层的木构建筑呈现了那个时代日本建筑的许多典型风格特征。学院创办人（校长）在其中度过了他的早年时光，因此可以说他成长于一个被木头包裹的环境。木构建筑的舒适与惬意，在许多传统的日本人心中是一种挥之不去的共同感受。因为孩子对周边环境的物理感受至为敏感，建筑师决定在新建的幼儿园中延续这样的感受。

2.1 合理安全的空间组织模式

新建的幼儿园是一幢大约为 1 000m^2 的二层建筑，紧挨着小学，南侧有一条小溪穿过，溪畔种有成行的樱桃树，社区居民经常三五成群在场址前方的小桥上聚集、攀谈。

原有幼儿园建筑是一个两层结构，建筑将孩子们的活动分别集中到不同的“盒子”中，一楼与二楼在空间上是相互隔绝的，教师办公室中的职员无法直接观察到二层所发生的活动。为解决这一问题，在新的设计中重新组织了活动模式，将办公室放到图书角一侧，图书角比教室高约 1m，使得老师们可以看到所有的教室（图 18 ~ 20）。通过合理的空间组织，老师们还可以看到上层的多功能厅和室外活动场地的情况，功能布局清晰明确，一目了然，营造了一个安全的学前教育环境。

建筑首层布置了室外运动场、入口门厅、书架和教室，教师办公室位于图书角前。二层则是一个大型的多功能教室，用于进行体操活动、艺术作品展示、英语

15　昭和学院幼儿园及周边场地平面
16　昭和学院幼儿园与周边环境鸟瞰
17　昭和学院幼儿园正门入口

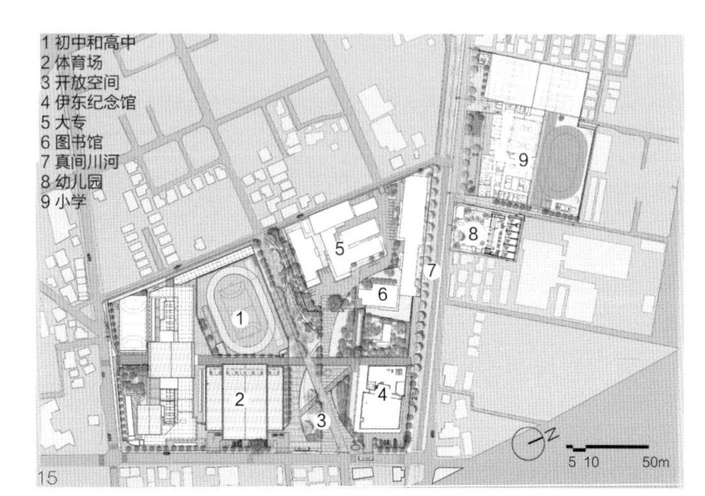

授课以及其他需要大空间的集体活动（图 21）。

从消防安全的角度，日本建筑规范禁止木构建筑将学前儿童的用房放到建筑的二层高度，因此建筑师将教室下降了半层设置，而将多功能教室放到了一层半高度的位置，从而满足了规范要求。因此形成的不同层之间的微小高差，错层式空间不仅使得建筑更有利于使用者间的相互感知，也充分激发了孩子们的好奇心。书架、长椅、玩具柜、空调风道被整合到 1m 高的错层空间里（图 22）。

图书角大台阶上铺设了地毯，孩子们可以直接坐在台阶上，将绘本书打开翻看。书架层下部的狭小空间被塑造成游戏小室，主要用于孩子们进行捉迷藏等游戏（图 23）。图书区下部的小空间，成为了可通过园窗或者阶梯缝隙处向其他小朋友打招呼的藏身之处。没有危险角的豆型洗手池，其圆形形式也可作为作业平台使用（图 24）。

2.2 绿色设计

在绿色设计方面，首先是进行气候应对考虑。传承日本古代建筑样式，设置纵深较大的屋檐。夏季，突出的屋檐和平台减少了直接阳光辐射。外窗均匀布置，使得微风可以穿透整个建筑，空调系统的喷洒设

18　原有建筑（左）和改造后建筑（右）空间模式示意

19　一层和二层平面

18

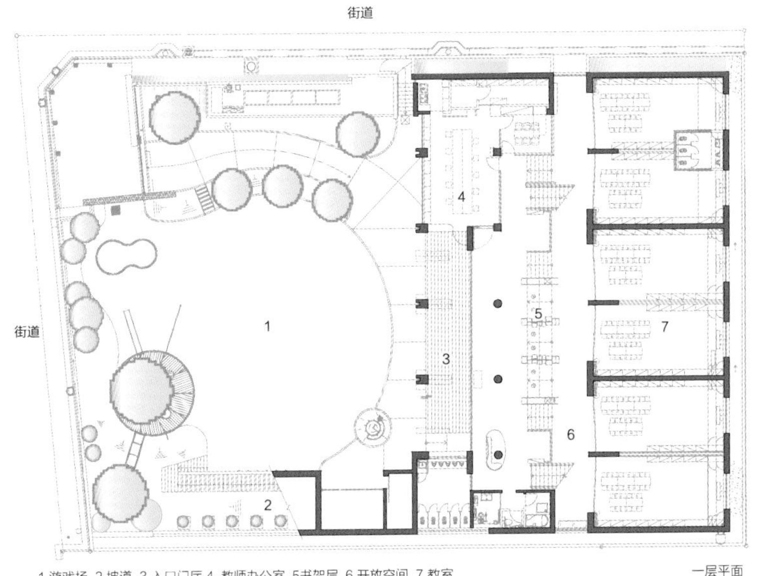

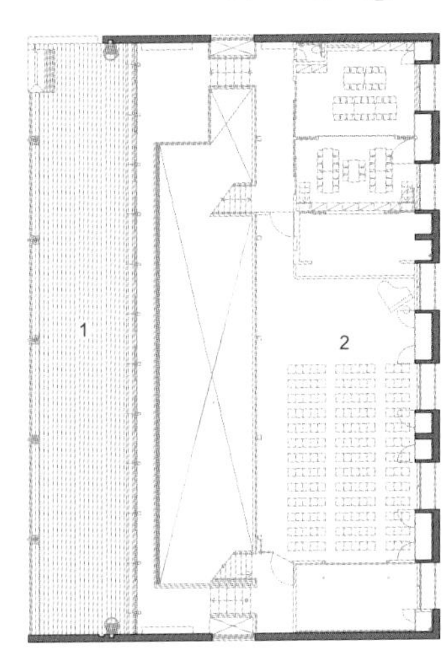

19

20　儿童和教师都能相互关注的空间
21　与挑空一体的游戏室

施则负责在微风通过时完成加湿工作。地源热泵系统的地热管道布置在建筑下部，新风管道则根据孩子的高度进行摆放。设置在建筑上部的自动控制换气窗，利用高低差及盛行风使得建筑整体通风效果更好，地下冷沟引入与地热相近的外气，在全年的春秋过渡期可达到不使用冷热空调，营造宜人舒适的幼儿园（图25 ~ 28）。

冬季，高度角较低时阳光可以直射进入室内，地源辅助加热地板系统和吊顶风机使热空气可以很快达到使用者的温度（图 29、30）。

幼儿园的小品与家具设置也融入环境主题，如对红酒桶再利用以收集雨水、日晷型的室外洗手池以及位于建筑入口位置的水雾喷洒系统等（图 31、32），以使孩子们时刻感受到来自身边的环境教育，感受到自然换气 / 自然采光，地热、雨水利用等对环境有利的建筑构成，使得幼儿园本身成为一个环境学习的场所。

为同时满足儿童特有的高音域的吸音要求以及保持木制材料的温暖效果，教室吊顶板之间设计了 3 种不同宽度的缝隙和板宽，以开缝来达到吸音效果。在方案设计过程中，通过声学模拟对吊顶的吸声效果进行优化，从而有效吸收来自幼儿园孩子们的高频叫嚷噪声（图 33、34）。

不同颜色的教室门提高空间的可识别性，教室的门框和把手都经过特殊的防夹设计，以防止孩子们的手指被夹。门上的圆形视窗等细节设计，也都是为了降低校园伤害事件的发生概率（图 35）。

屋顶的架构及室内装饰主要采用木材（图 36）。木材是利用太阳光等自然能量生长的材料，制作时所产生的 CO_2 排出量较少，与其他结构形式

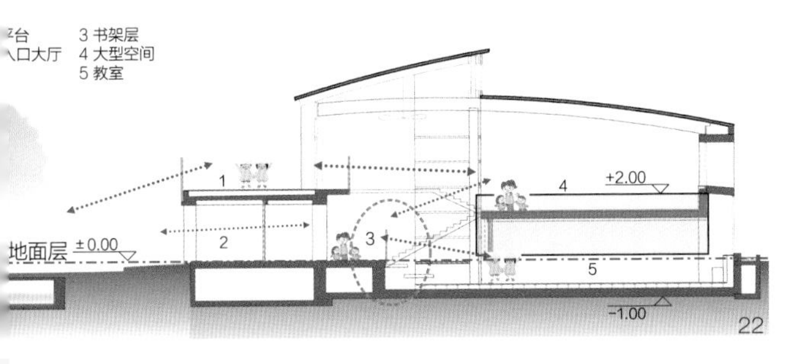

22 剖面
23 书架层下的狭小空间
24 圆形洗手池
25 屋顶自控通风窗

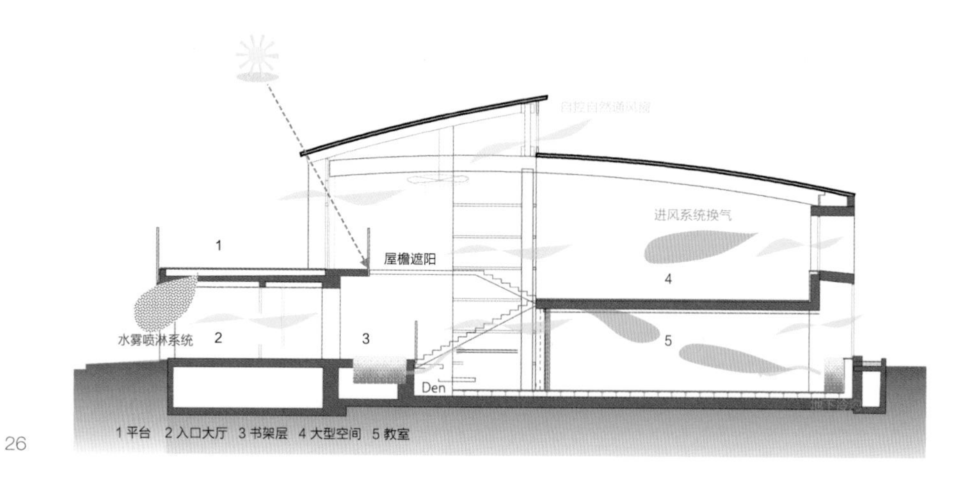

26

规划的基本方针——对人与地球都负担较轻的校舍
考虑了与地区气候、传统、文化以及周边环境的协调
可持续的校舍（可持续发展）

① 与景观的协调
· 与绿色丰富的真间川的绿地调和后的设施配置及景观规划
· 考虑了周边住宅后的建筑高度

② 自然采光
夏日防止直射阳光的进入，冬日引入直射阳光的大屋檐

③ 自然换气
挑空空间的烟囱效果以及通过灵活运用盛行风的高窗，来达到高效率的自然换气

④ 节能设备
导入节能、高效的设备机器照明，空调的运转区分细分化，降低运行成本

⑤ 高气密&高保温化
· 确保高气密性
· 采用保温性能较高的保温材料及多层玻璃

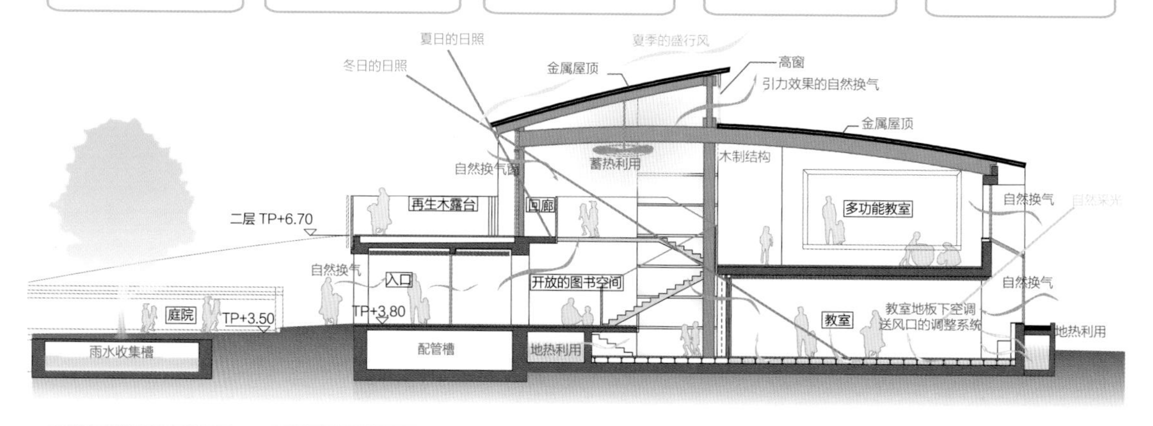

⑥ 灵活运用用地地形
· 减少土方工程的规划
· 不设桩的基础规划
· 削减场外运土量

⑦ 雨水收集槽
· 收集落在用地内的雨水，控制雨水流出用地以外，以减轻对周边环境的负担
· 采用具有浸透性的铺装材料

⑧ 利用地热
利用具有稳定性的土壤温度，从外部引入的空气，夏天进行降温，冬天进行升温，提高舒适性

⑨ 利用再生材料
· 采用再生的废弃材料
· 内装及屋顶架构木质化，减轻对环境的负担

⑩ 长久寿命
· 采用耐久性价高的结构\材料
· 确保将来规划出现变更时的对应灵活性

27

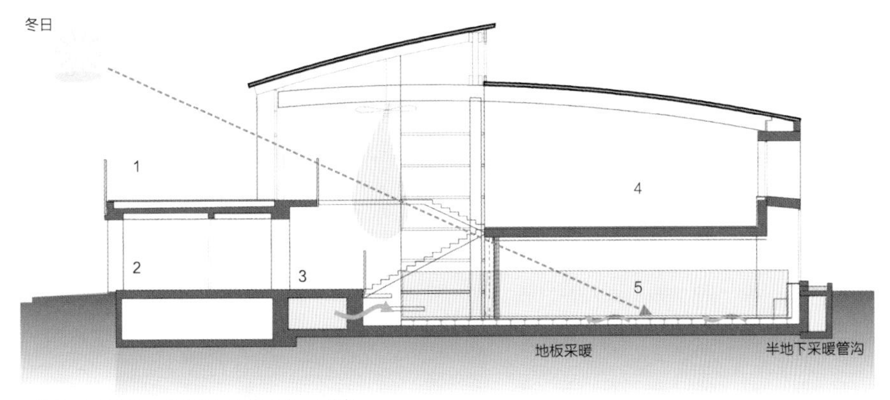

30　1 平台　2 入口大厅　3 书架层　4 大型空间　5 教室

26　绿色策略剖面示意
27　夏季通风降温模式
28　通风系统换气
29　地板加热系统
30　冬季通风降温模式

相比，是对环境负担较少的材料。屋顶以杉树的合板为底材，与集成材的木造结合体为设计，注重木材的素材感。木制屋顶部分，以提高自然换气效率，不阻挡空气流动的形态，并且设计为树叶形状，力求达到较薄、美观的屋顶效果。部分屋架结构被抬起以产生可导入新风的建筑空隙。屋顶底部的木结构梁直接对外裸露，一组 19m 跨度优美的木曲梁横跨建筑之上，成为展现结构美学的设计元素。一个绿色斜坡将屋顶平台和室外游戏场联系在一起，斜坡的一部分还用于农作物种植（图 37、38）。

< 3 结语 >

绿色是一个古老而新鲜的命题，孩子们的培养与成长也一样，有关儿童教育场所的绿色设计问题因而具有了特殊的意义。上文所述日本两所儿童教育建筑的设计，展现了建筑师对这一特殊命题的应有态度和积极探索，反观中国快速城市化过程中的相关实践，我们该有怎样的思考和行动呢？

（编辑整理 _ 黄献明）

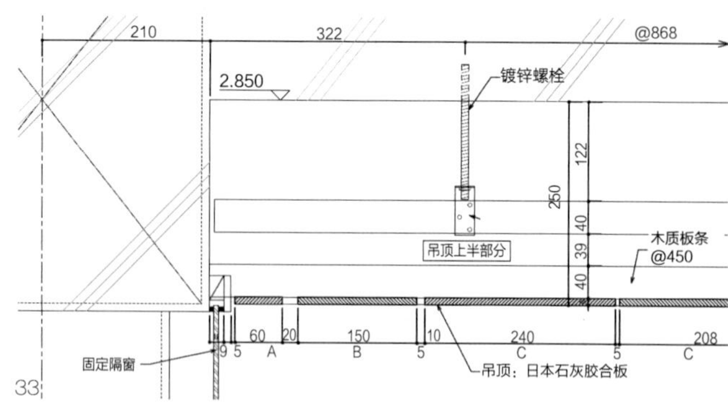

31　收集雨水的酒桶
32　日晷型的室外洗手池
33　不同宽度的开缝和板宽的吸音吊顶
34　教室的吸音吊顶
35　门上的圆形视窗

36　屋顶结构
37　室外游戏场
38　连接校舍及庭院的绿色斜坡

项目信息

陆别町小学
项目地点：北海道州陆别町
用地面积：26 987.00m²
占地面积：4 193.83 m²
建筑面积：3 861.82 m²
层数：地上 1 层
结构：RC 结构、部分木结构
定员：150 名（25 人 ×1 班级 ×6 学年）
建筑设计
株式会社北海道日建设计（Hokkaido Nikken Sekkei Co.Ltd.）：小谷阳次郎（Kotani Yojiro），广重拓司（Hiroshige Takuji），岩村友惠（Iwamura Tomoe），山胁克彦（Yamawaki Katsuhiko）
摄影：酒井公司

昭和学院幼儿园
项目地点：千叶県市川市东菅野 2-17-1
用地面积：1 750.93m²
占地面积：759.09m²
建筑面积：1 109.94m²
层数：地下 1 层，地上 2 层
结构：RC 结构、部分木结构
定员：180 名（30 人 ×2 班级 ×3 学年）
建筑设计：株式会社日建设计（Nikken Sekkei .Ltd.）：木谷靖孙（Kitani Yasuhiko），砂田哲正（Sunada Tetsumasa），柳濑英江（Yanase Hanae）

生长中的可持续校园
——梁平县新金带小学设计

GROWING SUSTAINABLE CAMPUS ARCHITECTURAL DESIGN FOR LIANGPING NEW JINDAI ELEMENTARY SCHOOL

娄永琪 季祥 陈若 / LOU Yongqi, JI Xiang, CHEN Ruo

2010 年 1 月，中美可持续发展中心邀请笔者在重庆市梁平县的金带镇设计一所新的乡村可持续小学——新金带小学，用以取代原先在 2008 年地震中被严重损坏的金带小学。该项目由中美可持续发展中心和梁平县政府共同出资建造。学校共有 12 个班级，600 名学生。基地位于金带镇中心的一块坡地上，南北紧邻主要道路，交通便利，与当地名刹双桂堂仅百米之遥（图 1）。梁平县经济发展水平较为落后，金带镇的建设也较为罕见地滞后于规划，镇中心的商业街基本没有成型。建一所安全、经济、可持续且可推广的学校是这个项目的目标。

< 1 挑战 >

可持续是这个学校的主题，如何采用适用技术实现建筑节能是第一反应。由于梁平地区多雨少晴，风力资源匮乏，经常作为绿色建筑招牌技术的太阳能、风能等设计，在这个项目上很难采用。作为一个乡村小学，建造标准和运营经费都相对有限，一些提升性能的技术所增加的初始投资很难在生命周期内取得平衡。加之小学的基地是一块坡地，南北高差约 12m，按常规做法还面临较大的土方工程压力。因此，如何突破技术和投资的瓶颈，因地制宜地用足现有潜能，破解“可持续学校”这个设计难题是该项目的最大挑战。

< 2 概念 >

随着对基地认识的不断加深，一个“生长”的概念逐渐成熟，也就是让新建筑像从自然和社会环境中生长出来一般，不是“建”一个建筑、而是“种”一个建筑。“种植”、“培育”、“生长”可能是可持续思想最好的隐喻了。我们认为这个学校是由于彼时彼地的一个特殊事件（种子）诞生的一个“新成员”，它的“生长”是与所在环境的交互中完成的。这个目标包含以下 4 点：（1）新学校应该成为所在地生态系统的有机组成部分；（2）新学校的功能和活动与场地特征相适应；（3）在社会和文化功能上，与所在社区和外界充分互动；（4）采纳可持续适用技术，减少生态足迹。同时，我们也希望这个学校的存在，能对所在的社区产生积极的“刺激”，在实现其基本教育功能的同时，为社区的发展带来新的机遇。

< 3 策略 >

“生长”这个概念一旦确立，设计就有了方向。学校是基于项目背景和社会文化环境深入分析的自然产物。我们希望实现一种全方位的可持续：亦即不仅仅体现技术的可持续，同时强调社会文化层面的可持续以及二者之间的有机结合。为了实现这个目标，我们制定了如下 8 个设计策略：

3.1 保留农田

为了尽可能减少对基地的破坏、同时减少土方，我们决定保留校园基地的农田。设计中 3 000m² 种植蔬菜的农地不仅得以保留，而且被置于基地中央，整体景观设计保留原场地的梯田意象。农田通过这种中置的方式在校园里获得了统领性的地位。这不仅仅是为了减少土方和增强场地记忆，更重要的是想要表达对农业和乡村生活生产方式的尊重。对每个生活其中的学生来说，对土地的尊重是想暗示他们，做一个农民的孩子是值得自豪的！塑造创意景观农田，具有景观价值的同时，这片农田具有使用功能。它可以给学生提供一个充满趣味的玩耍场所，由于保留了农田，这个学校没有常见的“大操场”，但这个农田恰恰是一个最为生动的“play-ground”。这个“play-ground”不仅是给在校园学习的孩子们的，也是给在这个区域生活的小动物们。我个人儿时最大的乐趣并不是在操场上发生的，而是在学校里和同学斗草抓蟋蟀的时候。这个农田同时也是一个农业知识的狩猎场，学校可以用来给学生进行农业和自然知识的普及；在厨房的屋顶菜园可以为学校食堂提供新鲜的食材。

3.2 散布建筑

从大的取向来看，建筑的布局有两种方式，集中

1 农田与学校

式和分布式。捐赠方咨询了美国绿色建筑专家的意见，曾经希望我们采用集中式布局方式，以减少建筑的表面积，从而降低能源的消耗。但由于当地不采用常年空调系统保持室内恒温，因此，集中式布局的节能优势并不能体现，反而增加了很多采光通风的问题。中国园林建筑与景观的关系是值得这个项目借鉴的：建筑与环境合在一起是一个完整的整体。在中国传统建筑中，即便是需要较大的使用面积也常常是通过“小”的组合来实现的，“小而相连”可以成为校园建筑和空间组合的原则。于是，围绕着保留的农田，建筑呈分散布局，形成3个组群：教学区（南入口区）、行政和公共活动区（北入口区）以及后勤区（餐厅和厨房）。通过分析当地日照轨迹和主导风向，确定建筑朝向；建筑多采用外廊式的做法，房间一般都是小进深的设计，以获得最佳的采光和通风。每个组群的建筑体量都不大，组群和组群之间则用连廊相连。建筑与自然环境之间的关系正呼应了重庆广为人知的空间特征“山城”——城市与山水的融合。建筑和景观设计中还充分运用了中国园林“对景”、“借景”等空间和景观处理手法，建立和双桂堂古寺的视觉关联，从而在景观上将古寺与校园整合在了一起(图2～6)。

3.3 空中跑道

组群之间的连廊与一个200m的跑道相结合，一方面解决了跑道的功能配置和交通联系的需求，同时将对高低起伏的基地的改造减到最小（图7、8）。我们将跑道抬高到一个合适的高度，不仅在屋顶上创建了一个活动平台，而且跑道就如母亲的臂膀把农田揽在怀中，进一步突出了农田的重要性。通过重新设定安排看起来彼此冲突的各个因素，例如项目中原本破坏自然场地的因素反而成了它的守护者。围绕中心散布布局的建筑，最大限度地扩大了学生与环境的互动可能性，同时也是部分架空跑道的结构支撑体。这个全新设计的“空中跑道”是把跑道、操场、走廊、观景廊以及活动舞台用几何学的方法结合在一起的复合成果，将场地包含在中间。直跑道部分朝向古寺双

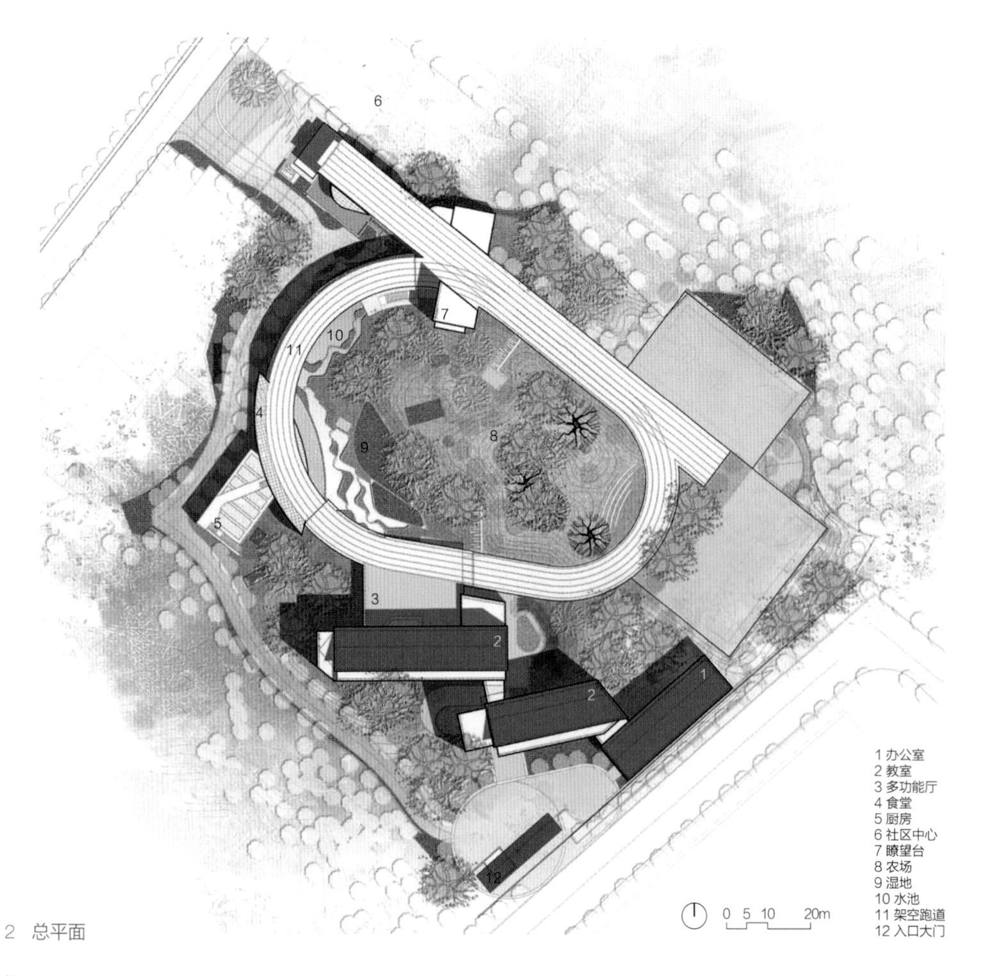

2 总平面

3　平面
4　剖立面
5　校园入口广场、社区交流中心
6　教学楼南侧

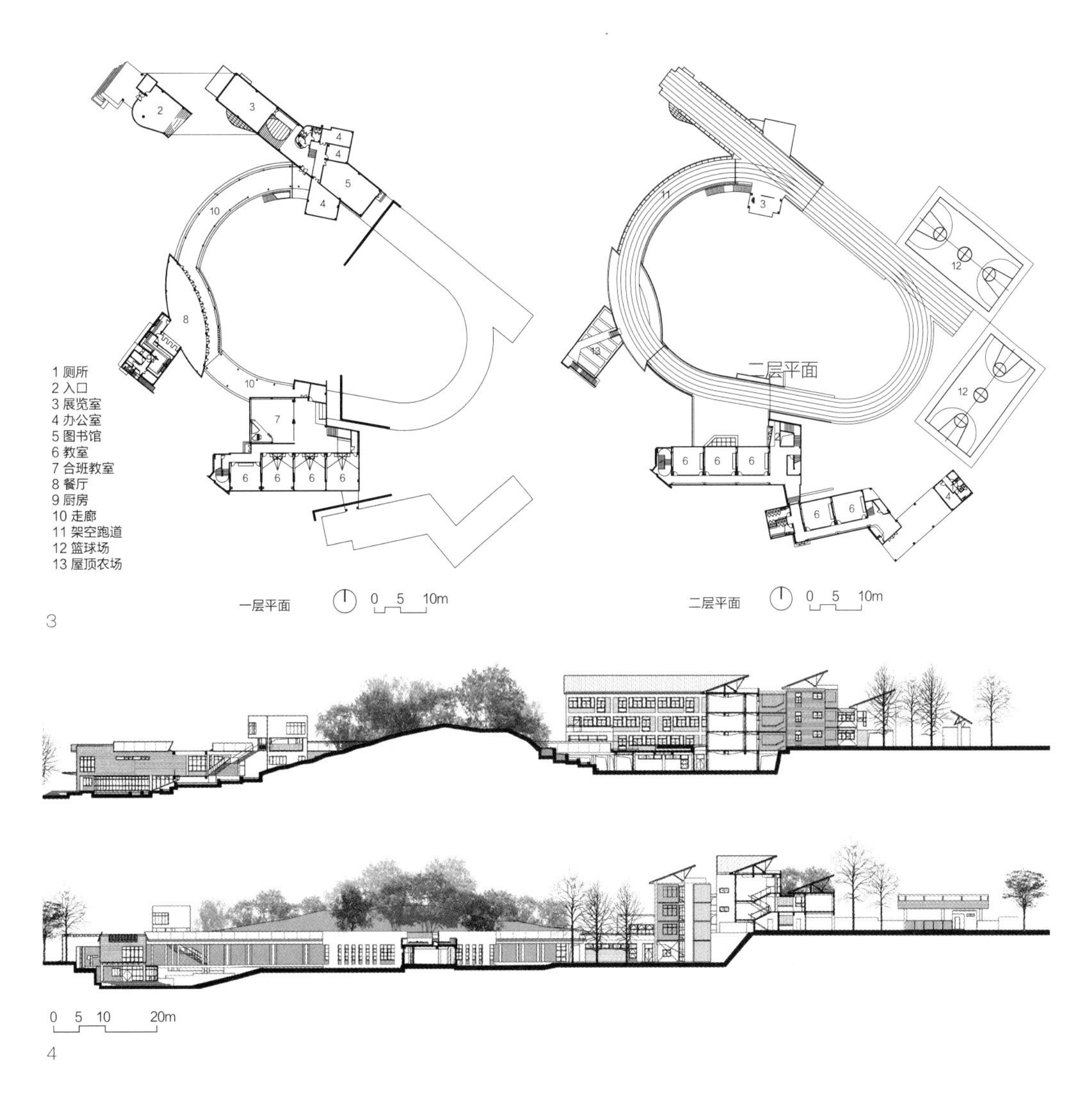

3

4

5

6

7　鸟瞰：空中连廊
8　空中跑道

桂堂的视线方向，并在尽端设计了一个出挑的“瞭望台”，可以俯瞰双桂堂。跑道底下，则自然而然形成了一个全天候的交通和活动空间，同时，我们更希望其能够成为学校开展“创造性”教学的空间。在功能上，对于多雨的梁平来说，这样的设计可以使师生一旦进入校园，就不需要打伞。雨天在腰圆形连廊下看雨水落在中间田地里，成为校园中一道独特的风景。

3.4 人工湿地与雨水管理

环形跑道围合区域近 3 000m^2，是整个校园的核心景观区域。在农田边缘，靠近食堂的位置，设计了一个与景观水池相结合的介质复合型湿地，实现生活污水和雨水的循环再利用和景观用水的补给。这个湿地系统每天能处理并循环利用 18t 的污水和雨水。湿地的位置距离社区中心、教学楼和办公楼较近，相应的管线排布较为经济。配合这个人工湿地，在校园中设计了一个雨水系统。一方面，农田等大面积非硬化路面使得雨水可以充分渗入地面，实现水土涵养；同时校园屋面和跑道等硬质铺装上的雨水，可以收集后汇入湿地系统，作为景观水的补给。在北入口广场设计低于地面的雨水花园，使得雨水可以直接回渗土壤，涵养水分。梯田形式的场地设计也吻合了湿地和雨水系统运行的需求，雨水和污水经过层层净化后，在池底由集水管收集至封闭的蓄水池，充分利用了现有地形，实现了湿地池的较少开挖。目前学校所有厕所的冲刷都是使用回用的中水。集水池多余的中水被泵入叠水景观池中，并利用地势高差逐步跌入较低处的蓄水池，形成自然的叠水效果（图9 ~ 11）。景

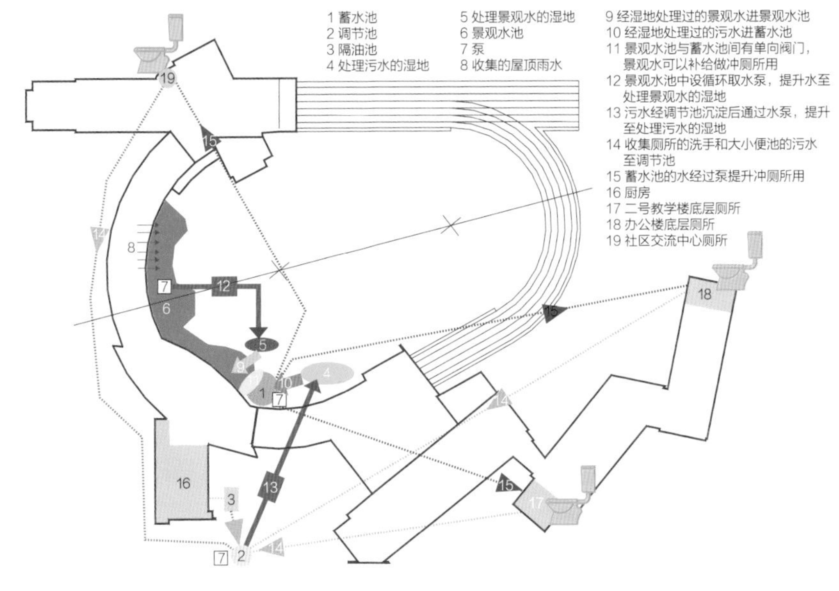

9 湿地叠水
10 从连廊看人工湿地
11 雨水收集和回用系统

观水池设计水深为 0.2 ~ 0.3m，这样既可形成清澈见底的浅池效果，又可以保证儿童的安全。层层跌落的湿地池以及景观水池，正好与坡地地形相契合，完好地保存了梯田的意象。同时，还可将美丽的山水景观与可持续教育相结合，使人工湿地成为校园重要的体验之一。

3.5 自然采光和通风系统

建筑都采用浅进深的设计，以获得较好的采光和通风条件。为了进一步改良自然光的利用，我们设置了一个自然光反射系统，整个天花并不是常见的水平设置，而是呈倾斜的状态（图 12）。我们采用 Ecotect 软件精确计算了反光板以及吊顶的位置、尺寸和角度，不仅将室外光线有效地引入教室内部，而且最大限度地均衡了室内的光线，减少了对人工照明的依赖。LED 灯光广泛使用于校园中，大大降低了用电量和相关花费。

由于教学楼的基础较深，一个被动通风和空气调节系统被用于稳定教学楼的地温（图 13）。这个系统由深埋于 4 ~ 5m 之下的地埋管连接天花板的通风系统构成。基本原理是利用风机将埋在土壤深处通风管中的空气抽出来通过管道系统鼓入各班教室，既可以改变教室内的环境温度，同时也加大了新风量，改善了密闭房间内的空气质量。我们利用 Ecotect 重点模拟 7 月的室内通风环境，采用空气龄数值来衡量室内空气的新鲜程度，用热舒适指标 PMV 来衡量热环境物理量及人体有关因素对人体热舒适的综合作用的指标（图 14）。可以看到，在埋设了地埋管通

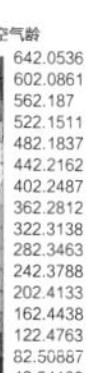

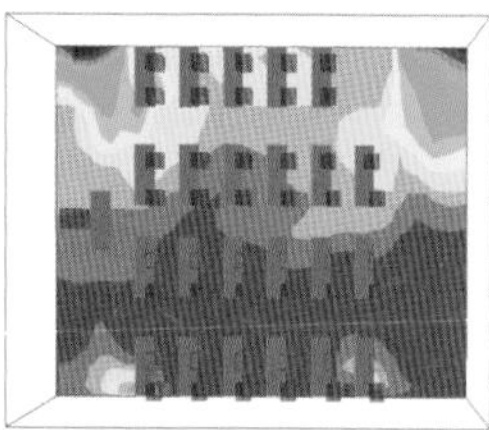

无风条件下空气龄图

空气龄
990.7089
928.7898
866.8707
804.9515
743.0323
681.1132
619.1941
557.2750
495.3558
433.4367
371.5175
309.5984
247.6793
185.7601
123.8410
61.92186
0.002721

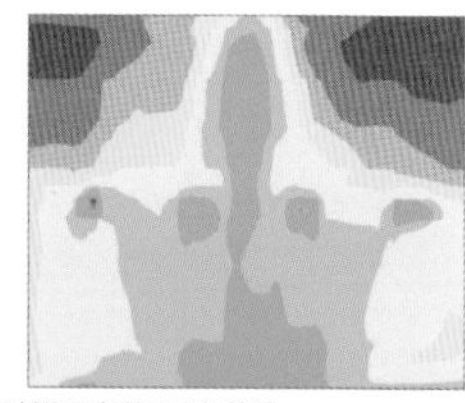

机械通风条件下空气龄图

PMV
3.000000
2.846478
2.692955
2.539433
2.385911
2.232389
2.078866
1.925344
1.771822
1.618300
1.464777
1.311255
1.157733
1.004211
0.850689
0.697166
0.543644

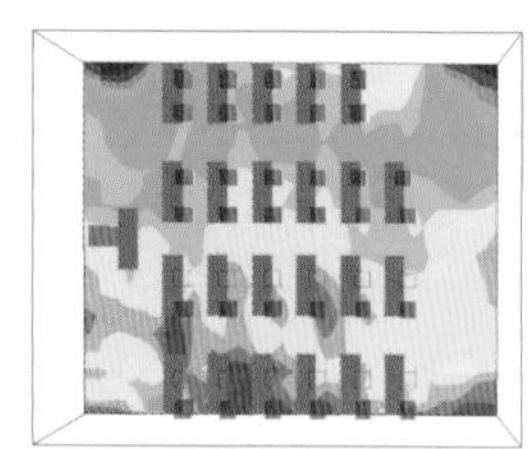

无风条件下空气龄图热舒适指标PMV

MV
2.849753
2.703497
2.557242
2.410986
2.264731
2.118475
1.972220
1.825964
1.679709
1.533453
1.387197
1.240942
1.094687
0.948431
0.802175
0.655920
0.509664

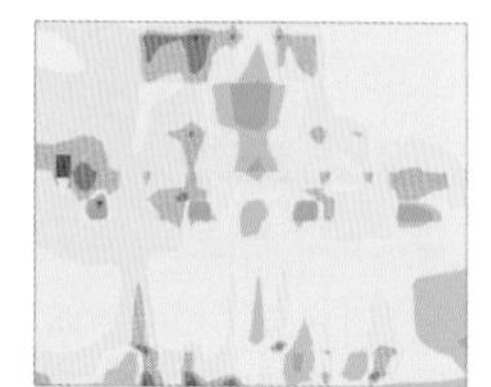

机械通风条件下空气龄图热舒适指标PMV

14

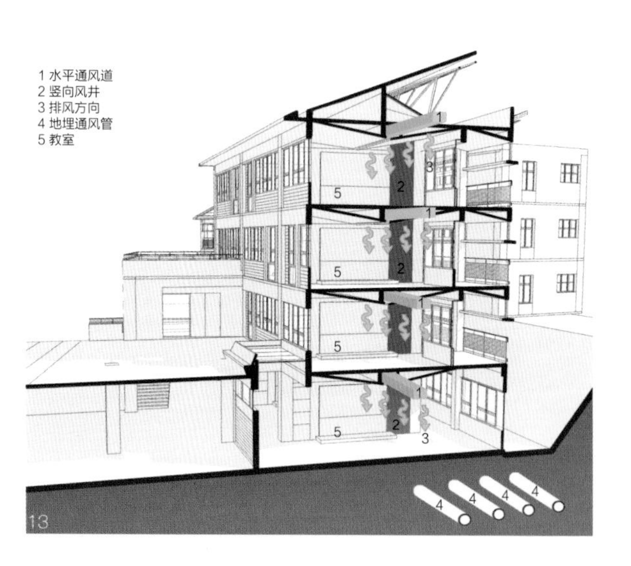

12　走廊内的反光板和倾斜的天花
13　被动 HVAC 地埋通风系统
14　空气龄图比较

15

16

17

18

风的情况下，即便按低风量计算（每间教室送风量 1 000m³/h），通过空气龄图可以发现大部分区域空气龄数值比较小，证明其室内空气流通较好；同时教室各部分 PMV 值也趋于平均，大大改善了室内的热舒适性。

3.6 地域材料和植被

新金带小学在建设过程中，尽可能采用当地生产的建筑材料被作为一条设计原则，同时大量回收再利用了当地的废旧建筑材料。回收的地震板房的泡沫隔热板被用作教学楼外墙填充材料，外面覆盖竹木围护，既获得了良好的保温性能，又提升了视觉品质。原来基地内用来作为铺地的石材被精心切割后，贴在北入口社区中心的外立面，尽管建造成本并没有因之降低，但旧材料的回用，降低了对新材料的消耗和因之引起的运输能耗，因而从整体而言是更可持续的。建筑中从

15　二层平台厕所
16　室内的竹木墙面
17　社区中心大台阶
18　标准教室

基地里一幢被拆除的旧建筑回收的砖、瓦等材料被用来修建景观水池；在植被上也充分考虑了地域性特色，乔灌木选取，不求名贵，而更强调地方性和多样性，如柚子树等（图 15 ~ 18）。

3.7 开放校园

“开放性”在一开始就被作为这个可持续校园的一个特征，这既是从“育人”角度的考量，也是从社会效应角度的考量。我们希望这个校园可以成为推广生态知识和可持续生活方式的生动的学习环境。我们将校园的私密性进行分级，在不干扰学校日常教学的前提下，分层级地向社区、社会开放。位于基地北入口的片区成为学校和外界交流和渗透的一个区域，这里的核心是入口的社区交流中心。对内它是学生和学生、学生和师长、老师和老师们交流的场所；对外同时又是学校和社区、学校和访客、地方与外界的互动平台。社区交流中心的设计为诱发各种活动提供可能，大型木质阶梯既解决了高差，又支撑了各种活动，既可以用作上课的阶梯教室，又可以在夜间给社区放电影，促进与当地村民的交流等（图 19、20）。

为推广可持续理念，社区中心二楼设计为可持续设计展厅，展厅由设计师和学校的老师及同学们共同完成（图 21、22）。我们用从原来学校旧址回收的课桌作为展示平台，以大人孩子都能

19

20

21

19　建筑连廊空间
20　俯瞰入口大台阶
21　可持续小学展厅

22 展示可持续设计的旧课桌
23 “设计丰收”在 2013 中国设计大展

理解的展示方法，向人们展示了这个项目的每一个可持续设计要点。例如，有一张课桌解释被动照明系统，比较了 1 个 LED 灯泡和 30 个标准的白炽灯的照明效果，而这些白炽灯是我们用节能灯从学生家中交换而来的。通过这样细小，但直接有效的方式向当地社区推广能源节约。大台阶上的图书馆为人们提供阅读和知识共享的空间。总平布局上，北入口建筑后退道路 10 余 m，这样就在原先封闭的沿街界面上留出了一块广场空地，入口的室外台阶成为舞台，为当地的社区活动提供场所。由于教学楼部分位于学校的南部，因此，大部分校园可以向访客开放而不干扰学校的运作。

3.8 协作网络

按照规划，新金带小学是笔者发起的“设计丰收”项目的“创新中心”网络的一部分（图23）。“设计丰收”基于针灸式的理念，利用全球创新知识社群和地方资源，通过一系列“小而互联”的“设计驱动的创新”项目，实现对城乡资源、人才、资本、知识、体验的交换和互动。“设计丰收”希望结合创新和创业在城市和乡村推动建设一批融体验、交流、创业、文化为一体的复合型创新中心。它既是社区中心，同时也是创业指导中心、新产业示范中心、信息和资源交流中心等。它在社区中起到了链接其它资源和项目的作用。每个创新中心的形式都是不一样的，其共同原则就是在已有基础上发展而来。这些创新中心的共性是它们都是一个“热点”，这些“热点”通过“网络”链接在一起进而对社会产生系统性的影响。这个创新中心网络，既包括实体的，又包括虚拟的。后者主要是基于物联网和互联网为主的信息技术，其中移动服务和体验在其中扮演的角色越来越重要。通过线上线下的链接，使得城乡的物资、资源、人才的交流变得更加容易，信息传播和可达性增强。“设计丰收”团队已经在上海的崇明岛仙桥村完成了第1个“创新中心”的建设并开始运作。而新金带小学被“设计丰收”团队定位为第2个“创新中心”。我们希望这个学校可以成为一个可持续校园环境的原型和体验中心，也成为所在社区的一个公共平台，通过它可以实现和更大范围的资源和网络的对接。

< 4 尾声 >

新金带小学是一个在中国中西部乡村的震后重建项目，因地制宜的可持续设计成为其主要特点。因为采用了交钥匙的建设方式，我们的团队同时负责了学校建设的项目管理，以实现建成一个成本经济且高质量的建筑的目标。通过建造过程的科学控制，最终这个高品质学校的造价反而低于当地同规格的建筑。对社区、文化和自然的可持续考量使得我们的设计目标超出了物质设计的范围。我们希望学校不仅能够实现功能的提升，同时还能给地方的发展和未来的愿景造成积极的影响。我们的设计也希望能将这个学校变成一个实验性的教育工具，学生们则是“绿色传播媒介”，自然而然地从周围环境中学习相关的知识，并传播给他们的家长和社区，从而实现一种自下而上的

24 使用中的新金带小学

25　学生们用废纸折的环境装置

可持续。在这里，经济的落后和理念的先进事实上对“发展”的常规理解提出了挑战，我们希望能给中国经济欠发达地区的可持续建设和发展提供一种思路（图 24、25）。

目前，这个学校已经和毗邻的双桂堂古刹一道成为梁平县和金带镇的一张名片，得到社会各界，包括兄弟学校、政府、教育家、参观者、企业越来越多的关注。我们的工作并没有因为学校建造的结束而结束，相反“生长”的概念正在延续。我们正在与地方政府、学校老师、同学们开始新的合作：通过设计提升这个可持续学校的体验性，不仅服务学校可持续知识的教学，也让参观者可以更好地获取知识，增强体验。这个工作主要分为两个层级：首先是强化学校可持续设计和知识的传播，这是一个“让设计说话”的过程，主要通过信息设计、指示系统设计等实现；其次是通过设计增加师生、社区居民、外来参观者与这个学校可持续点的互动，甚至让他们的参与也成为这个学校可持续体验的一部分。

目前第一批项目包括：社区中心二期的展厅结合小学科技室的改造，把学校的可持续设计和科学常识相关联；金带小学特色教材的编写，从金带小学采用的可持续设计点出发，进一步拓展至 60 个可持续知识点，并用图文并茂的形式呈现；金带小学可持续知识公共艺术和网站的设计；中央农田产品服务系统（Product Service System）的设计；小学纪念品的设计等。我们希望能推进一个金带小学可持续创意社区的形成，并通过互联网和社会网络实现这个学校与更大范围内的社群的联系。这个社群将和学校建立一种长期的关系，在其“生长”过程中持续性地提供支持。在这个意义上而言，金带小学就真正成了一个贡献区域可持续发展的“创新中心”。

项目信息

设计单位：上海筑道城市设计咨询有限公司
建筑师：娄永琪
设计团队：季祥、陈若、丁婵、周有为、郭泠、王思音、吴震
业主：中美可持续发展中心，重庆市梁平县教育局
地点：四川省梁平县
设计时间：2009 年 11 月
竣工时间：2011 年 4 月
基地面积：1.5hm²
建筑面积：5 190m²
摄影：娄永琪、周有为、陈若

越南的绿色学校建筑

GREEN SCHOOL ARCHITECTURE OF VIETNAM

武仲义 / VO Trong Nghia

< 1 平阳学校 >

在越南，传统上的私立学校均位于城市中心区，但根据有关城市分区原则的最新调整，教育设施被分配到城市不断扩张的郊区。平阳学校的目标就是充分利用郊区良好的空气质量和绿化丰富的环境，并成为越南典型热带气候条件下的郊区学校的典范。

平阳学校位于距离胡志明市 30 分钟车程的新城平阳（Binh Duong）一块占地面积为 5 300m² 的场地中（图 1、2）。该场地处于一个繁茂的森林中心，森林中树种繁多，开花结果，绿意盎然。该学校将容纳 800 个学生，设计的宗旨是尽可能地利用其周边的自然环境的潜力。

平阳学校的总建筑面积为 6 600m²，高为 5 层，这样一来围绕建筑的树木高度就和建筑保持了一致（图 3、4）。预制混凝土百叶和镂空墙面作为建筑的围护结构的一部分，这些遮阳构件形成了半开敞的空间，阻挡太阳光直射，而且作为走廊空间的自然通风系统的一部分起到了一定的作用。这些半开敞的空间把所有教室联系起来，教师和学生可以在其中聊天、交流并享受周边优美的自然环境。学校是一个 S 形的带形建筑，且建筑的一侧从地面缓缓坡起，连接地面和屋顶。这样的缓坡使建筑形同一座起伏的山丘，从而使建筑的高度和周边森林相比显得不再突兀（图 5 ~ 8）。带形建筑在两侧均有开窗，自然采光和通风效果都极为优良。

S 形的带状建筑围合成了具有不同特征的两个庭院，一个是公共的，另一个则是不对开放的。两个庭院通过建筑在地面的一个两层高的开口产生视觉联系

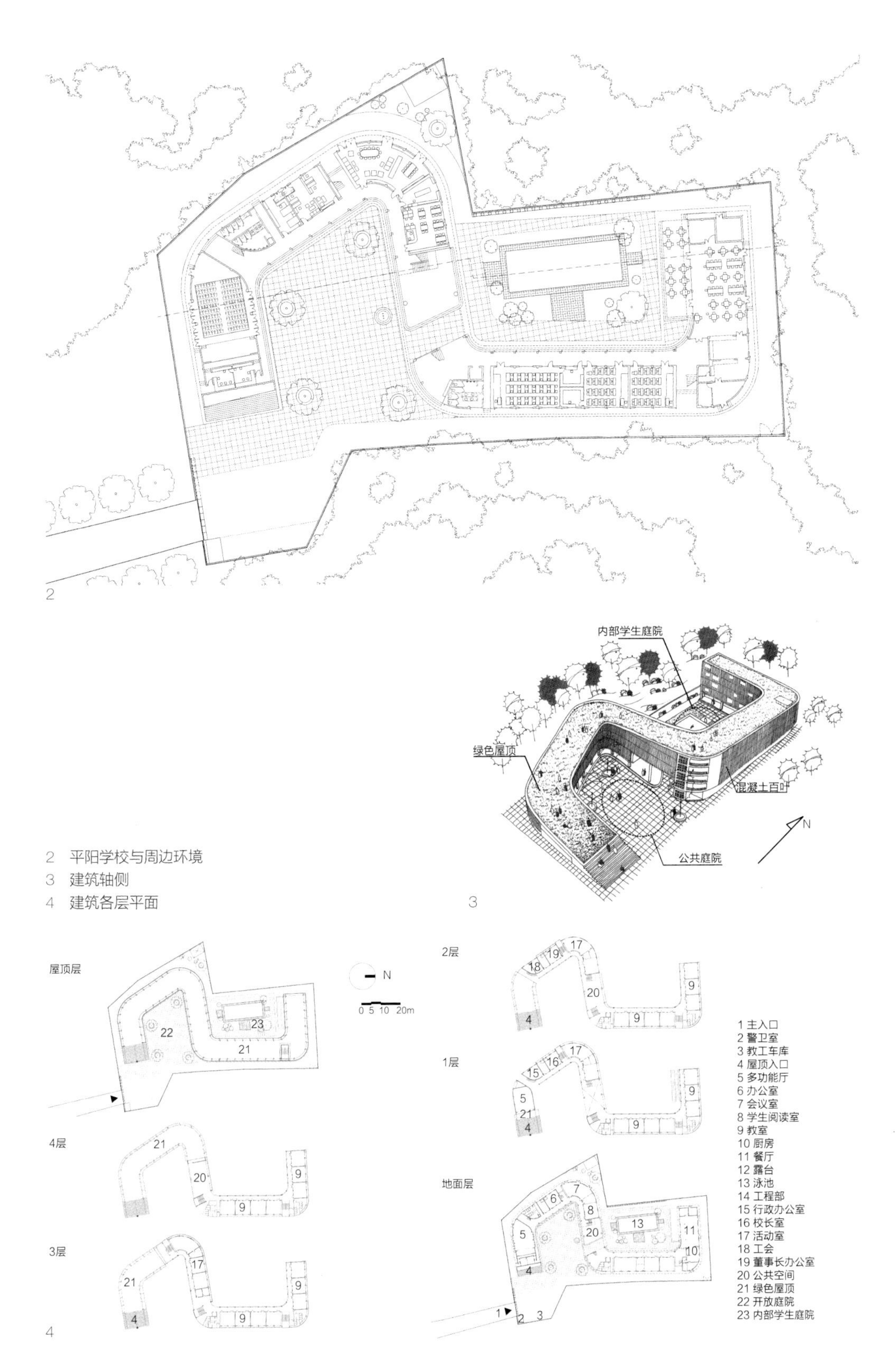

2 平阳学校与周边环境
3 建筑轴侧
4 建筑各层平面

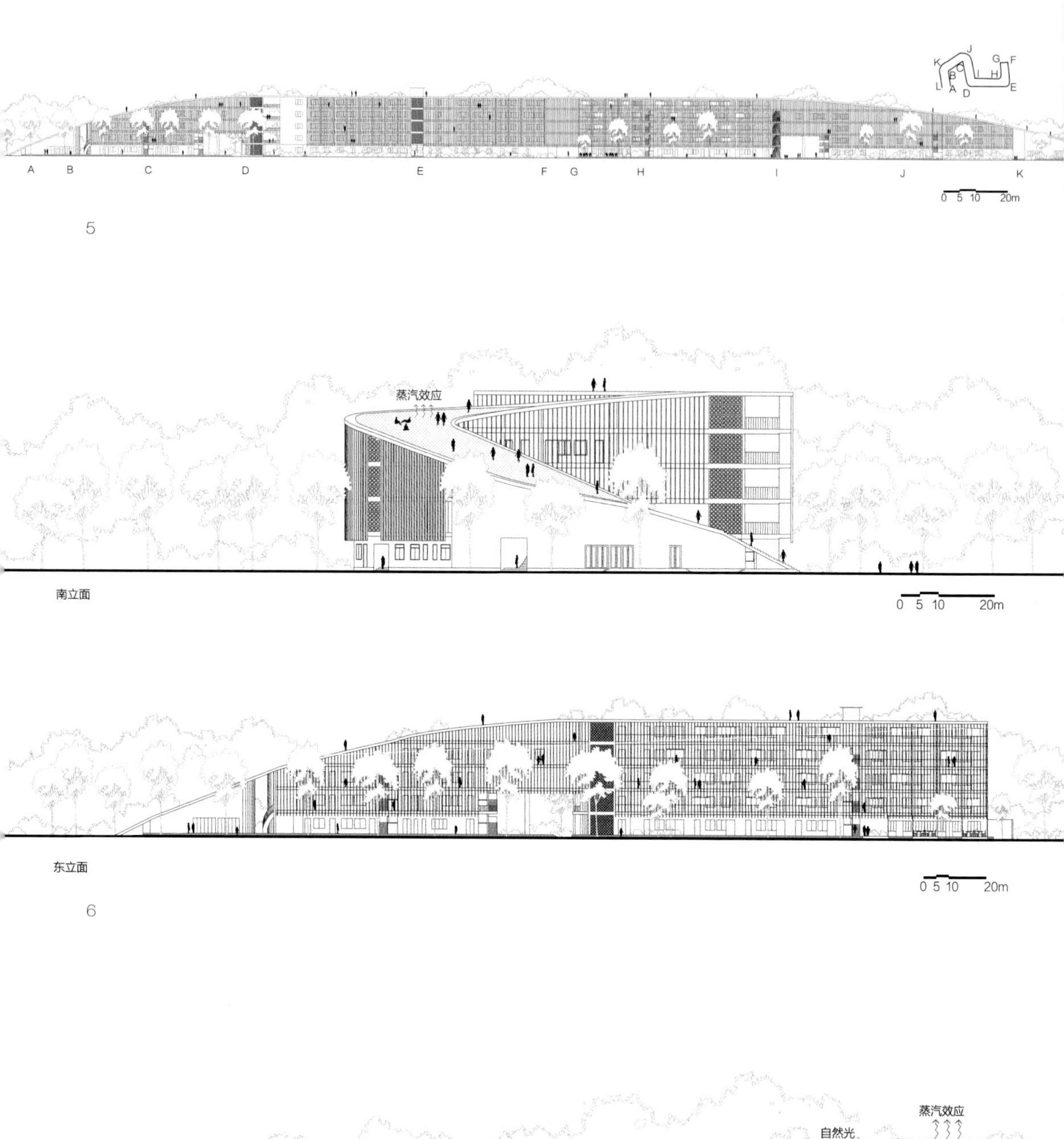

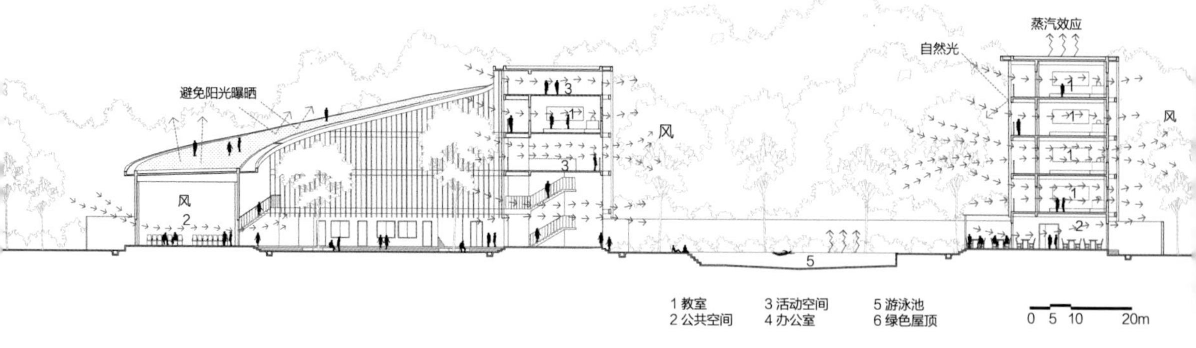

5 建筑展开立面
6 建筑立面
7 建筑剖面

8　半开敞空间

（图9）。第一个庭院是作为学校的主入口空间和举办正式活动的场地。后一个庭院则以休闲为目的，是同学们进行休憩活动的地方。学校建筑的功能分区和庭院的特征也是相对应的，公共性质的空间如健身房和图书馆被设置在第一个庭院周边，而相互独立的教室则被设置在后院周围。

平阳学校的教师认为学校的环境对学生具有高度的启发作用。建筑设计采用了现代功能，并在学校活动和周围自然环境之间达成了和谐的平衡。

平阳学校是一个采用被动式设计策略的建筑，并把普通的建筑技术与现代建筑设计完美的结合起来。其所采用的材料和技术可以在系统有效性和成本效益之间达成平衡。建筑由普通钢筋混凝土框架结构和砂浆抹灰砖墙组成，这种厚重墙体能够有效减缓白天热能的传递。建筑的立面构件，包括混凝土百叶和镂空墙是在场地现浇的，这种建造技术在越南已相当普遍。

室外垂直百叶窗和镂空墙是被动式设计策略的重要组成部分（图10），它们不仅能够阻挡太阳辐射，也形成了不需要空调的阴凉的室外走廊，且能够将风引入建筑中。这些遮阳构件在降低人工光照明的能耗的同时也提供了健康舒适的环境。百叶能够降低眩光并确保进入教室的猛烈太阳光得到过滤。混凝土百叶的尺寸和间隔，以及镂空墙的空隙面积都经过细致的设计，以防止教室受到直射光线的照射并能够保

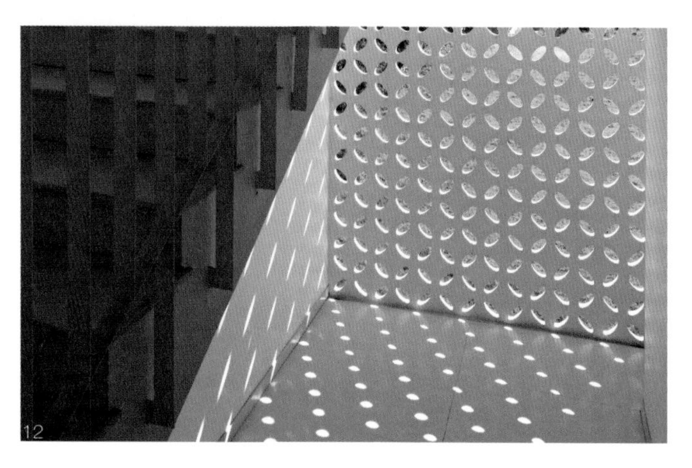

9　两个庭院间的通透连接
10　立面百叶避免阳光曝晒
11　教室
12　透过镂空强的自然光

13　立面窗户
14　自然通风走廊
15　泳池作为学校的冷却设施

持室内和室外的良好视觉联系（图 11 ~ 14）。

虽然由于成本限制，屋顶绿化没有立即得到实施，但是规划中的绿化屋顶覆盖了整个景观化的建筑。屋顶绿化能够通过蒸腾作用对建筑表面进行冷却，起到隔热层的作用。位于私密庭院内的游泳池因为具有蒸发降温的效果，也是作为冷却设施来考虑的（图 15）。

尽管该学校位于严酷的热带气候中，因为采用了被动式设计策略，其教室不需要安装空调即可使用。空调设备仅在行政房间和一些特殊空间如礼堂等进行了少量安装，从而使得能耗大大降低。

作为一种社会责任，在发展中国家，建筑师常常要在捉襟见肘的预算内实施公共建筑项目，这一点极为重要。该学校在一个相当低的预算内实现了建筑的建造和管理。项目的单元造价约为 250 欧元 /m^2，这即使在越南也是很低廉的价格。这是通过实施有效的结构系统和采用适应该国实际的地方技术所建造的建筑结构来实现的。由于采用了低级的节能措施，建筑的运行成本也非常低。这座规模合宜的学校所展示的先进理念使其成为热带气候区教育建筑的典范。

16 庭院——安全的游戏场地

< 2 未来的项目——“耕作”幼儿园 >

Vo Trong Nghia 建筑事务所以创造可持续建筑为目标，并通过建筑绿化，应用节能措施和采用环境友好材料来实现这一目标。事务所最新建成的绿色建筑项目包括位于越南同奈（Dongnai）的一所能容纳500个学前儿童的幼儿园——“耕作”幼儿园(Faming Kindergarten）。耕作幼儿园位于大型鞋厂宝成国际集团（Pou Chen Group）附近，是热带气候条件下的可持续教育建筑的范例。该建筑将为工厂低收入工人的子女提供教育场所。

越南具有适合农业发展的大量肥沃土地，如湄公河三角洲。然而，近年来出现了很多环境问题，对自然环境和农业造成了破坏，如洪涝、盐害和干旱。此外还出现了严重的城市化问题，其中空气污染即是一个令人头疼的问题，越南位于空气质量最差排名前列。这主要是工厂和全国范围内的城市中随处可见的大量摩托车所导致的。越南的城市绿化面积亦在不断减少。这些问题所导致的一个后果是儿童缺乏安全的活动场地进行娱乐活动，并因此变得越来越缺乏运动。耕作幼儿园的目标即是为越南儿童创造绿色幼儿园，以解决这些问题。

该建筑的设计理念是形成一个带有连续种植屋面的“耕作幼儿园”，为越南儿童提供食物和农业体验，同时也为他们提供安全的室外活动场地。绿色屋顶呈现连贯的、首尾相接的三圆环形状，并形成3个内院（图16～19）。这些内部庭院为儿童提供了安

全和舒适的活动场地，而种植屋顶在两头形成坡面和内院连接，让儿童能够便捷的到达屋面上并穿行在整个屋面中，感受独特的生态友好的建筑体验。该种植屋面被设计成为一个连续的蔬菜园，从而可以教育孩子关于农业的重要性和人与自然的关系。

建筑综合应用了建筑上的和机械的节能方式，包括：种植屋面，预制混凝土遮阳百叶、可回收材料、污水再生利用、太阳能热水等（图20）。所有的可持续设施在建筑空间中均为可见的，从而可以在儿童的可持续教育中发挥重要作用。

（译 _ 彭伟洲）

项目信息

平阳学校（Binh Duong School）
主要建筑师：VO Trong Nghia, ShunriNishizawa, DaisukeSanuki
项目阶段：2011年6月建成
项目类型：私立学校
项目地点：越南平阳
总建筑面积：6 600m²
摄影：Hiroyuki Oki

耕作幼儿园（Farming Kindergarten）
主要建筑师：VO Trong Nghia, Takashi Niwa, Masaaki Iwamoto
承包商：wNw House JSC
项目阶段：2013年建成
项目类型：幼儿园
项目地点：越南同奈
总建筑面积：3 800m²

17 幼儿园鸟瞰
18 主入口
19 绿色屋顶——农场
20 通过百叶窗的柔和日光

法国巴黎安东尼可持续生态屋

ECO-SUSTAINABLE HOUSE, ANTONY-PARIS FRANCE

米尔科·塔尔迪奥 卡罗琳·久里奇 / Mirco Tardio, Caroline Djuric

可持续生态屋外观

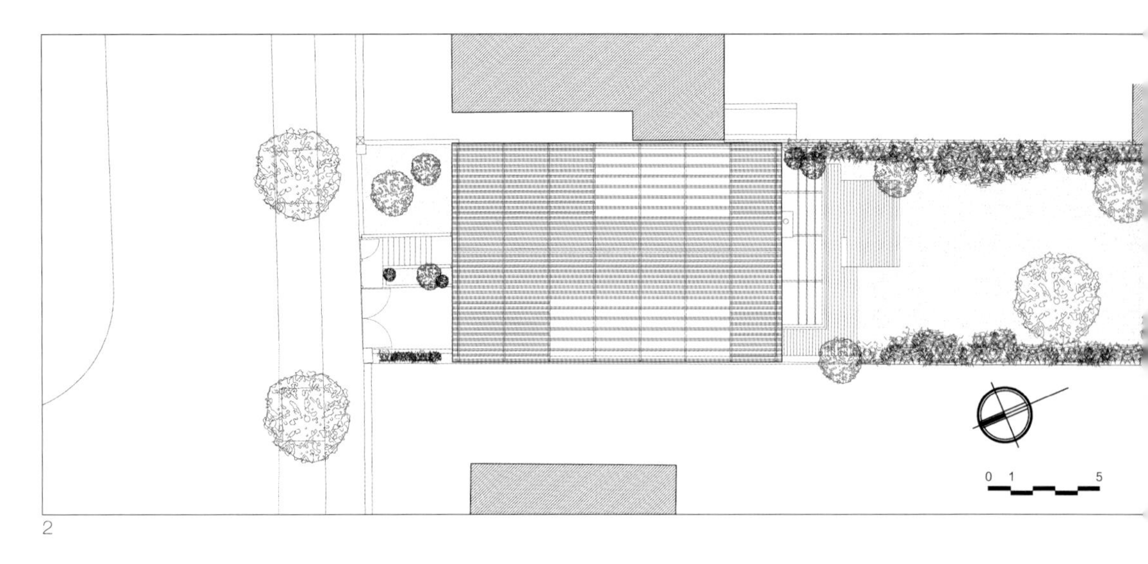

2

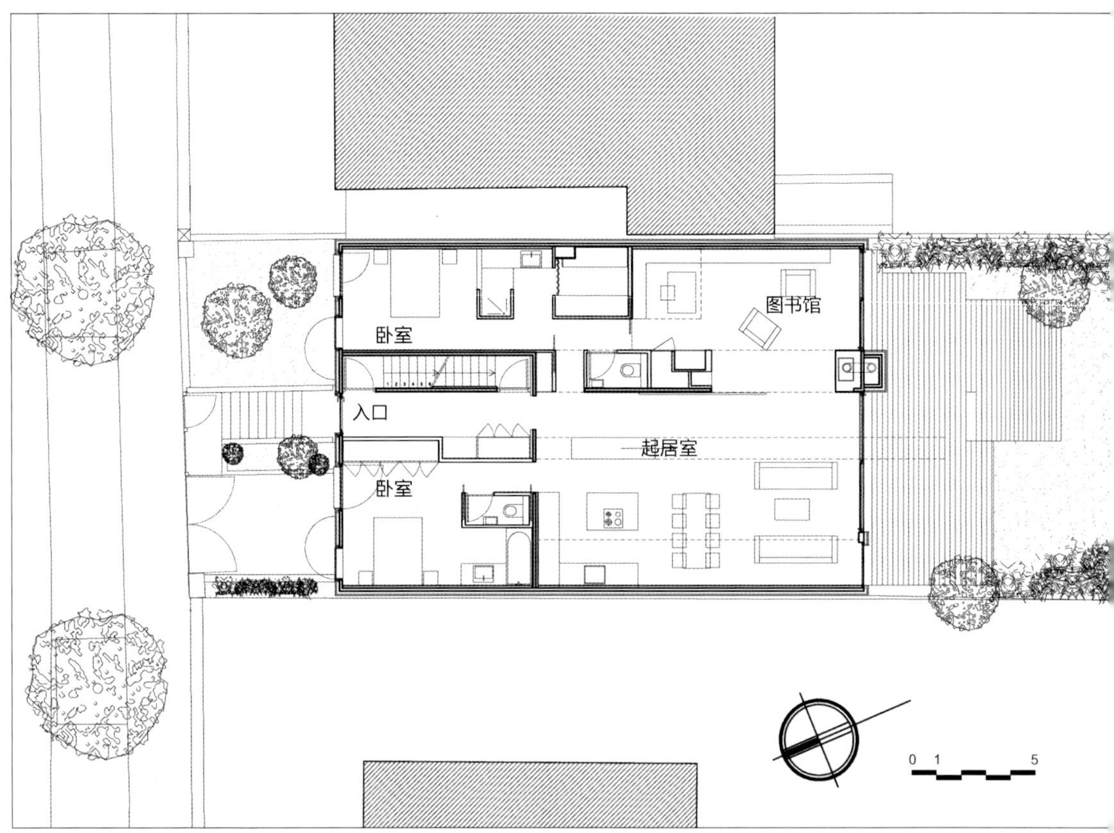

4

< 1 项目简介 >

可持续生态屋（图 1 ~ 4）位于安东尼社区，它为“无论建筑形态是同质还是异质的，都会受到过时的地方区划条例影响”这一观念提供了范例。项目的延期、城市环境的现状以及进一步完善木结构建筑研究的愿望，使得作者希望提出一种建构系统。这个系统仅零星分布于城市地区，它更适合用来在较低密

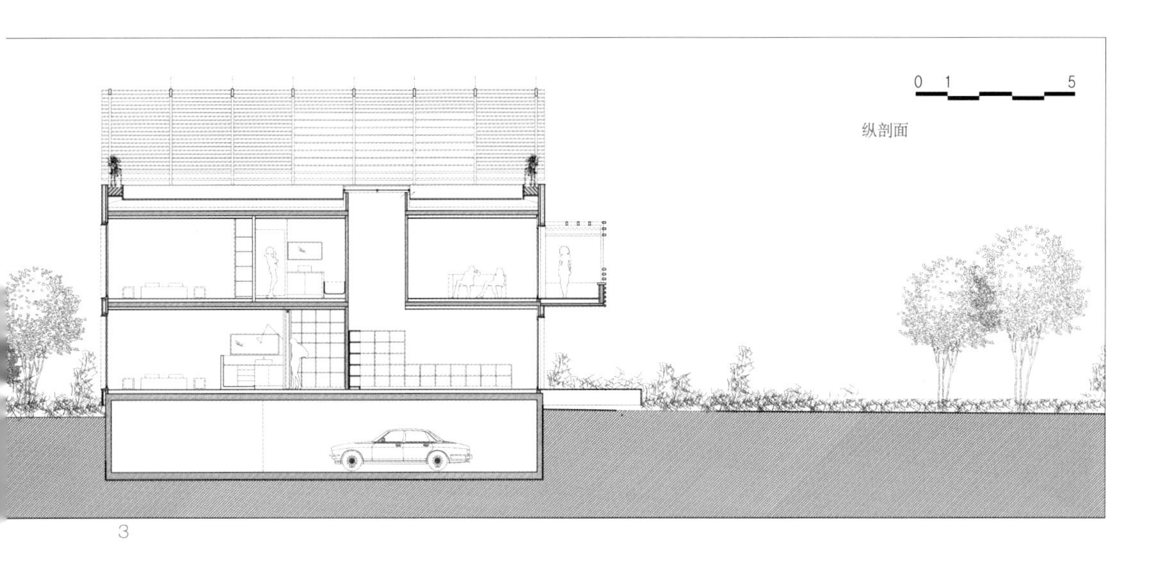

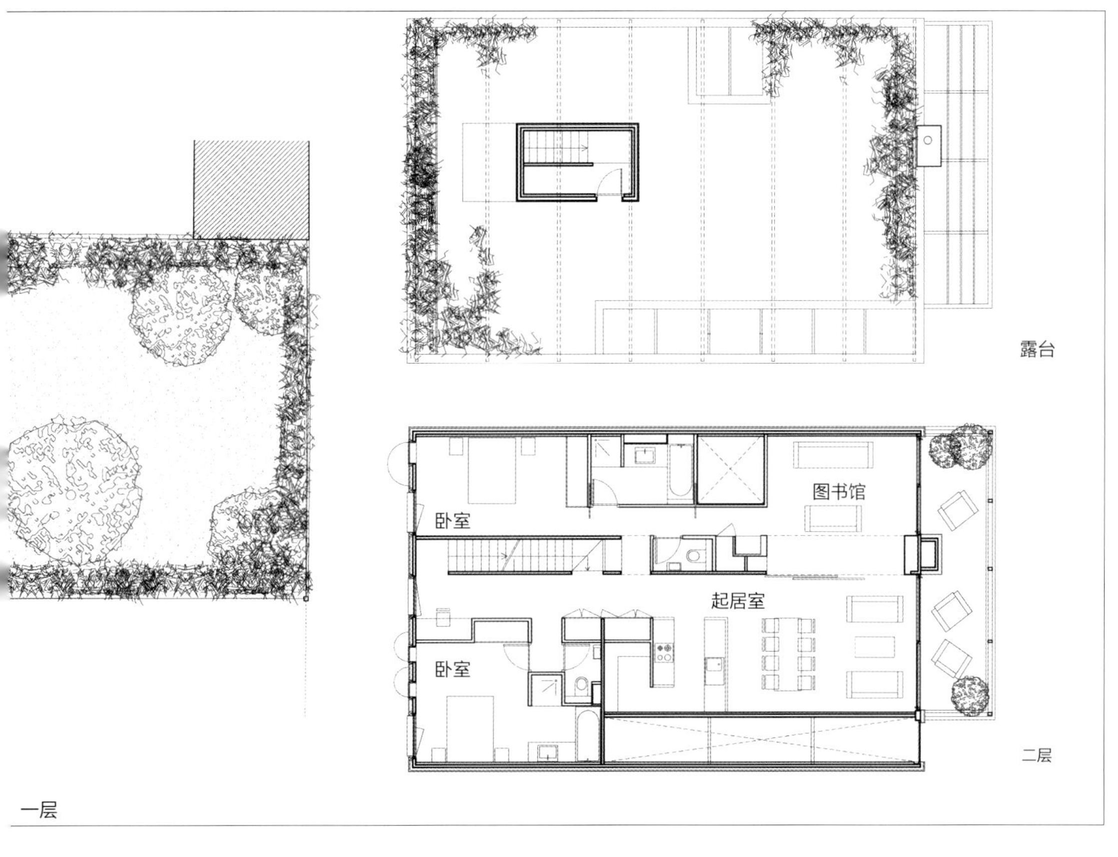

2 总平面
3 纵剖面
4 各层平面

度地区建设独立房屋。在这种典型的城市规划和场地环境下衍生出的模板，已经被证实在实际项目中是可行的。

1.1 屋顶露台

在这栋建筑中，那些看上去像是尚未完成的屋顶或棚架（图5、6）有着特殊的功能。一方面，它提取了场地中的文脉信息，使得该项目在不破坏现有城市肌理的前提下融入到环境中；另一方面，它不会产生一个封闭的屋顶空间，否则，这将是一个堆放杂物的封闭阁楼，浪费空间。进而，设计师将居住的功能植入其中，通过将其变成一个亲切、阳光明媚的植物露台而使建筑变得开敞。由景观设计师决定植物的种类，屋顶上的植物和藤蔓为使用者提供水果（猕猴桃，南瓜，葡萄），让他们能够享受这个满是果蔬的空中露台。

屋顶空间

6 屋顶棚架

7

8

9

10

12

13

1.2 灵活的空间设计

该项目是为混合型家庭设计的，因此需要灵活、模块化的设计过程和结果（图7、8）。最终的住宅结构分为两部分，它们既相互独立但又有联系，只要经过稍微调整，这两个区域就能变成一个更大的组合空间。

为建筑一层提供采光的天窗周围的墙体可以视情况挪动，或有可能被用作扶栏，为两层楼在立面上增加视觉联系。住宅的楼梯位于使用空间中部，今天从入口的两侧都能到达，而明天则可能仅对生活空间开放。

建筑的每层楼都有巨大的可移动墙体，它们可以把室内划分成两部分，一楼为办公室和图书馆(图9～13)，二楼则是电影院。使用者还可以根据需求对空间进行重新划分。带轮子的餐具柜可以在一楼的厨房和露台之间移动，在阳光明媚的日子可以把就餐场地安排到室外（图14）。

空间布局上的设计注重对日常生活、季节变化（夏天，延续的室外空间更加开敞，而在冬季，则围绕在壁炉周围进行空间布局）以及长期使用功能的灵活性与可适应性。这种设计模式是基于对房屋拥有者生活方式的可适应性研究基础上的（图15）。

7　模块化空间1
8　模块化空间2
9　一楼办公空间
10　一楼空间布局
11　一楼空间和可移动墙体
12　一楼图书馆空间
13　开敞的室外空间

14

15

< 2 生态可持续的建构系统 >

由于场地的土层地质状况很差，因此这座建筑是在一个已经固定在基础上的木平台上进行建造的。整个建筑完全采用在工厂中完成的预制构件，再运送到施工现场，最后的组装过程仅需短短两个星期。这个建筑系统中使用的芬兰木质板材来自于受可持续化管理的小型私有林场合作组织。预切割好的板材和木纤维保温材料、未做完成面处理的墙板在接近完工后才被运送到场地，将施工过程中的对环境的影响降到最低（场地位于一片住宅密集的郊区）。

幕墙同样在基座的木板上沿地面安装。木结构具有坚固耐用的优点，并可以通过高效的外保温系统完全消除冷热桥的影响，低温燃气地暖系统在这里几乎是多余的。

中庭和建筑的南侧立面采用中空充氩气的双层玻璃，并刻意的把窗户设计的很大，从而使建筑在冬季可以获得更多的光照，而在夏季则有遮阳板和屋顶遮阴。因此，建筑表皮能够根据需求轻松控制太阳辐射以及通风量，在使用中不需要大量使用空调和供暖设备（图 16）。

建筑朝向主要街道的立面，也就是北面房间的外墙，设置了几个大的镀膜玻璃和装有亚光不锈钢镜面的单向百叶窗（图 17）。街道上植物的影子和百叶窗的转动使建筑立面呈现多变的状态（图 18）。建筑的通风和采光则分别通过百叶窗和窗户调节的。

回收的雨水可以用于浇灌花园和植物（图 19），这样屋主就可以在不多消耗水资源的前提下栽植各种芳香植物。

14 从室内看室外就餐空间
15 室内空间
16 沿街遮阳和采光大样

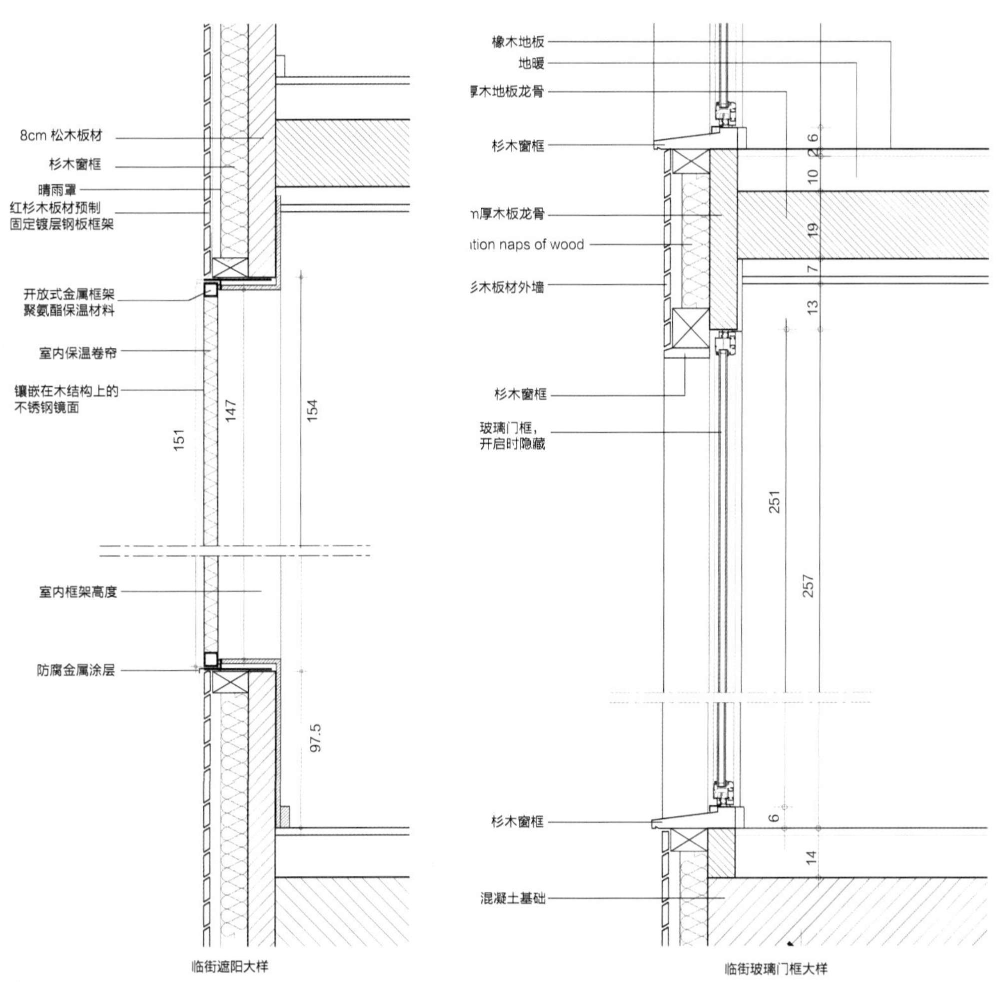

16

项目信息

建筑设计：久里奇 & 塔尔迪奥建筑师事务所（Djuric Tardio Architectes）
地点：法国巴黎安东尼社区（92）
建成时间：2011 年
研究时间：6 个月
建造时间：10 个月，特殊基础
面积：246m²
工程造价：结构木材、保温材料、封闭式阳台和房屋遮阳 278 000 欧元
其他项目：未知

材料：
地基和基础：混凝土
结构木材：松木板材
内部 / 外部的构件：铝 / 不锈钢百叶
地板：橡木地板 / 玻璃砖马赛克
墙面涂料：水性漆
能源设备（生活热水，供暖，供电，通风，可再生能源等）：
冷凝式燃气锅炉提供低温地板采暖和生活热水
中空充氩气的双层玻璃
屋顶和天窗自然通风
浴室机械式通风系统
木纤维保温系统
回收雨水用于浇灌
施工场地清洁

工程和咨询：
混凝土、高环境品质与可持续发展：法国AEDIS工程事务所（AEDIS Ingénierie）
工程木材：BBOX工程木材公司
景观园艺：珍妮·迪布迪厄景观设计工作室（Jeanne Dubourdieu - atelier de paysages）
摄影：克莱芒·纪尧姆（Clément Guillaume）

17 建筑临街立面
18 北面外墙
19 建筑室外花园

威尔士替代技术研发中心可持续教育研究所

WALES INSTITUTE FOR SUSTAINABLE EDUCATION OF CENTRE FOR ALTERNATIVE TECHNOLOGY

帕特·波若 / Pat Borer

< 1 项目概况 >

多年前，位于英国威尔士马汉莱斯波伊斯郡（Machynlleth，Powys）的替代技术研发中心（Centre for Alternative Technology，CAT）就已经意识到，目前的条件尚不具备满足其未来在扩充高等教育、大学学历深造和行业培训课程等方面需要的设施和空间。

我们通过一个涉及到全体工作人员的“情景规划”的开放、民主的进程，优化了替代技术研发中心的建筑外轮廓。设计围绕一系列庭院和露台，所有主要房间的进深都比较小，以便拥有良好的日照和通风；每间房间均有景观，作为联结自然和外部空间、内部庭院和远山的通道。

建筑的施工方法从 CAT 多年的生态建设经验发展而来，但也归功于飞速发展的“绿色”建筑领域的全新技术。由于预算有限，选择一种“标准化”的施工方式尤为重要，这也是 CAT 展示理念的精髓。

与 CAT 的其他建筑一样，威尔士可持续教育研究所（Wales Institute for Sustainable Education，WISE）的建筑设计也必须低碳环保，具有良好的保温和气密性；使用低蕴能建筑材料；利用良好的自然采光以最大限度地减少电力照明；使用热回收通风系统、低能耗的近阶开关传感器灯具、节水的卫浴设施；当然，还有可再生能源供应系统，如太阳能热水、太阳能光伏板以及来自于新的热电联供厂（Combined Heat And Power，CHP）的热能。

主要建筑材料如下：

（1）地面层：橡木地板，胶合板，附加 U 型加热管的硅酸钙地热板，珍珠岩保温层。

（2）建筑外墙：集成木材框架，500mm 厚麻石灰面层，石灰抹面，自然色（金黄色）外层。

（3）阶梯教室墙面：素土夯土。

（4）一层其他内部墙面：防火面砖。

（5）斜屋顶：优劲（Ugine）公司生产的不锈钢木桁架或工字木梁，350mm 隔热纤维板。

（6）平屋顶：在三元乙丙橡胶防水绝缘膜（EPDM membrane）上采用了不同的面层处理方式。

（7）木工：普通欧洲红木，阶梯教室：白蜡木。

工程于 2000 年启动，由于涉及与多个资助机构的复杂谈判，直至 2006 年 6 月才开始正式施工。什鲁斯伯里的弗兰克·盖勒斯（Frank Galliers of Shrewsbury）被选定为承包商，业主和设计团队与其签订合作伙伴协议。基于此，承包商和工程估算师（Quantity Surveyor，QS）之间协商的合同金额为 350 万英镑。由于工程质量以及工期拖延问题，合同于 2009 年终止，盖勒斯公司破产清算。工程由斯尼德公司（C. Sneade Ltd）接手并于 2010 年 6 月完工，工程效率很高且合作愉悦。此时建筑成本已上升至 450 万英镑，但各方均认为物有所值。

< 2 包容性设计 >

WISE 的建筑设计试图通过空间的组织充分挖掘和展示场地潜在的自然优势（图 1 ~ 3）。这就是为何在建筑中穿行时，步移景异，研发中心周边变幻无

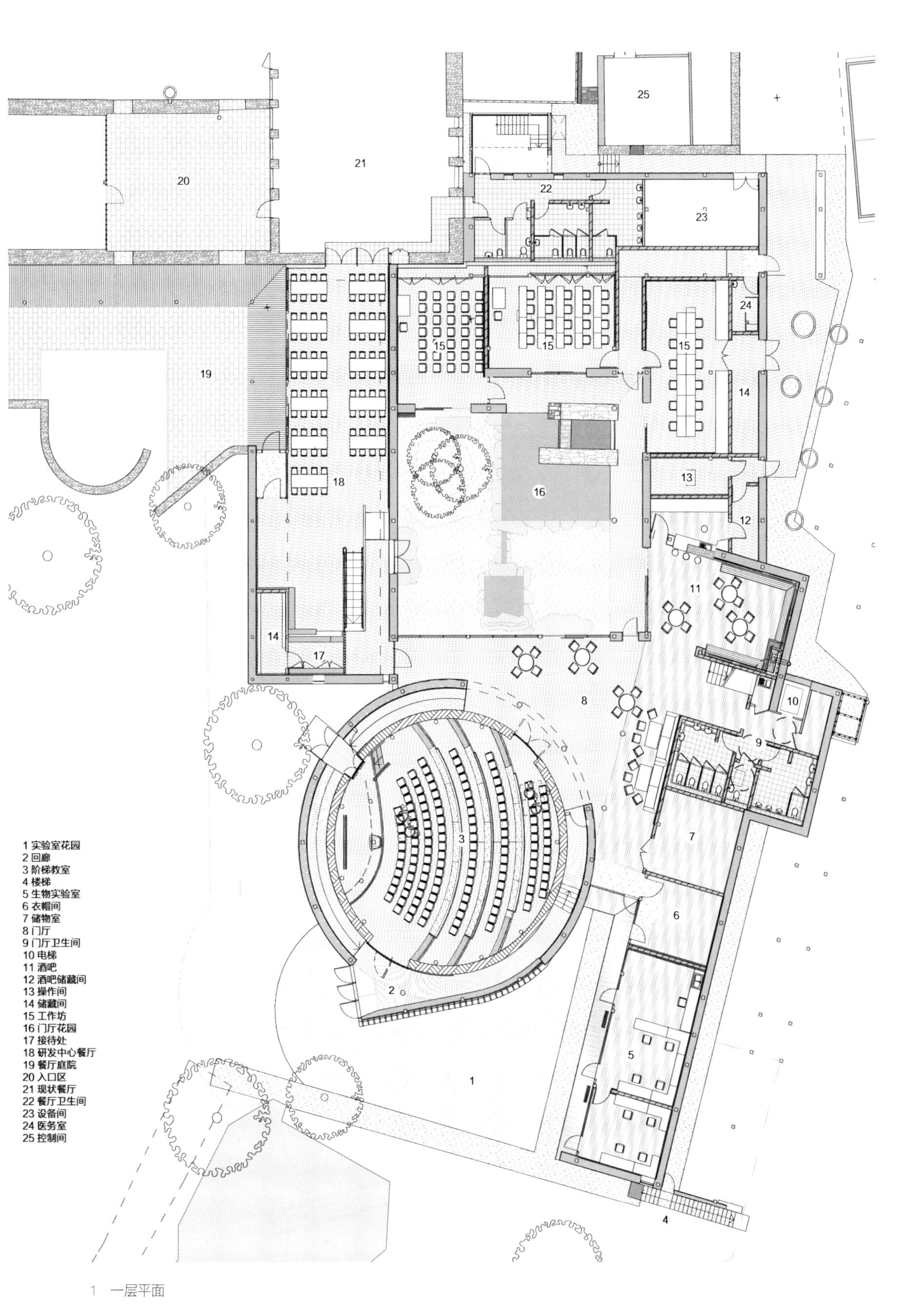
1 实验室花园
2 回廊
3 阶梯教室
4 楼梯
5 生物实验室
6 衣帽间
7 储物室
8 门厅
9 门厅卫生间
10 电梯
11 酒吧
12 酒吧储藏间
13 操作间
14 储藏间
15 工作坊
16 门厅花园
17 接待处
18 研发中心餐厅
19 餐厅庭院
20 入口区
21 现状餐厅
22 餐厅卫生间
23 设备间
24 医务室
25 控制间

1 一层平面

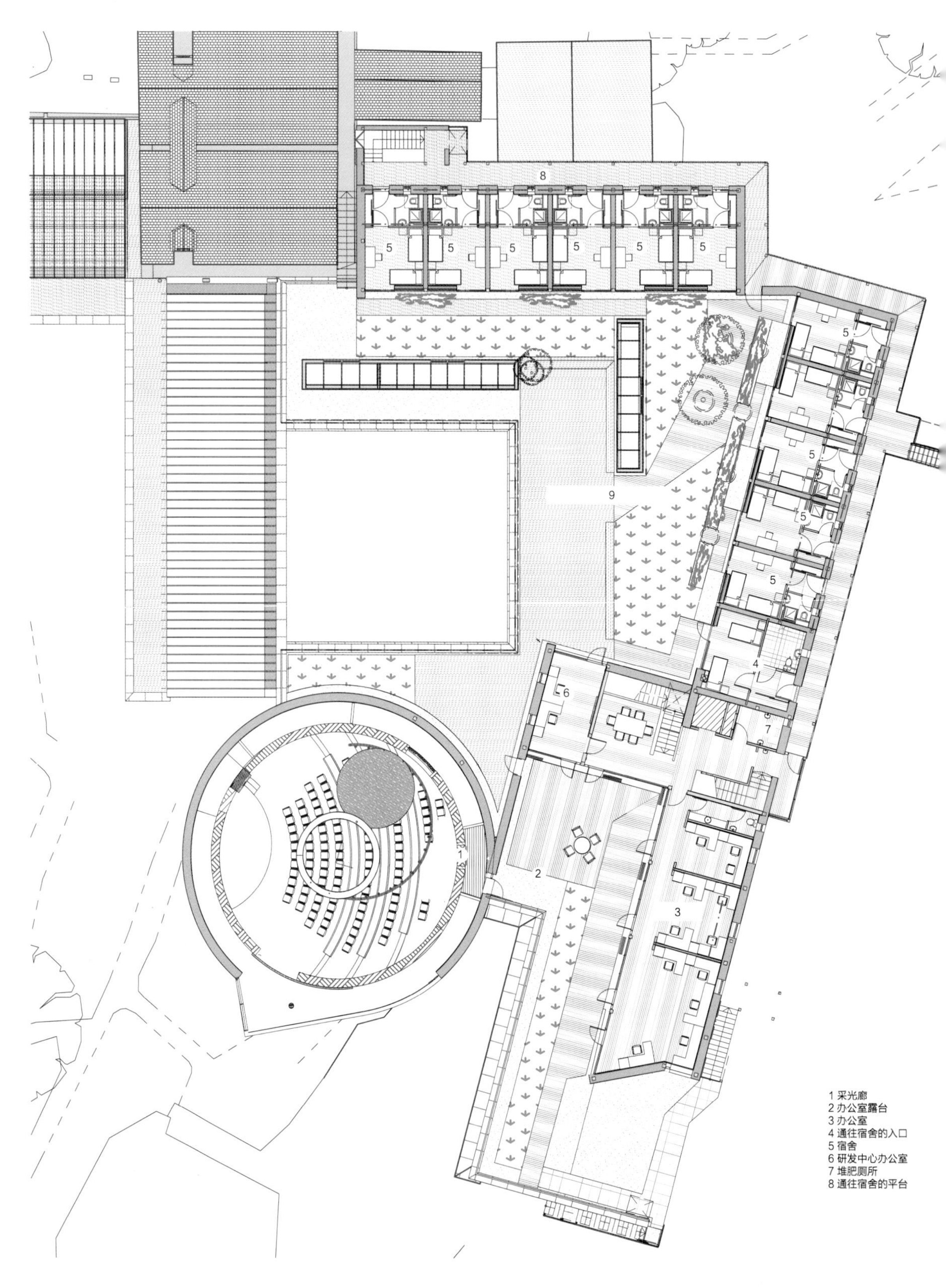

2 二层平面

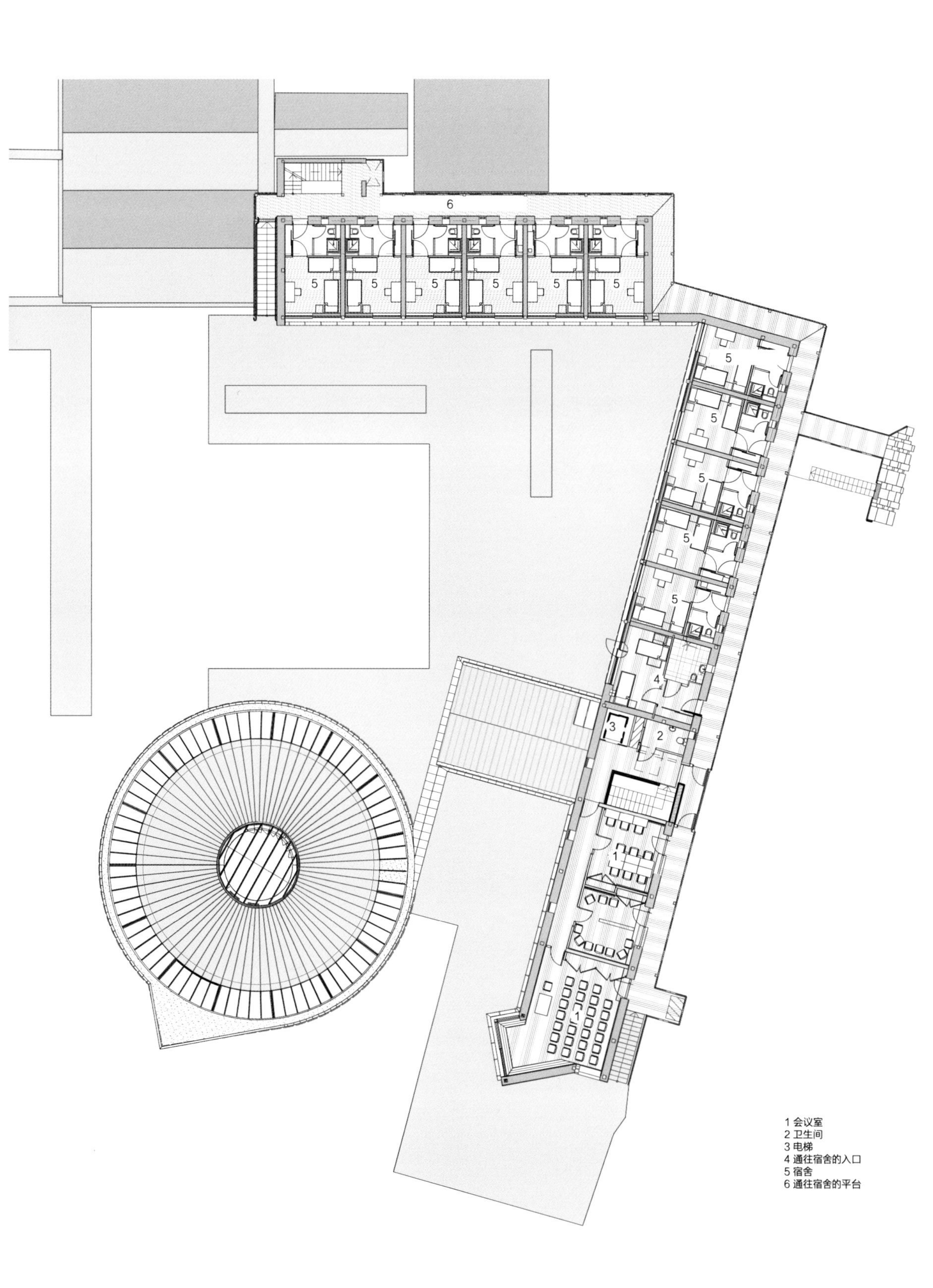

1 会议室
2 卫生间
3 电梯
4 通往宿舍的入口
5 宿舍
6 通往宿舍的平台

3　三层平面

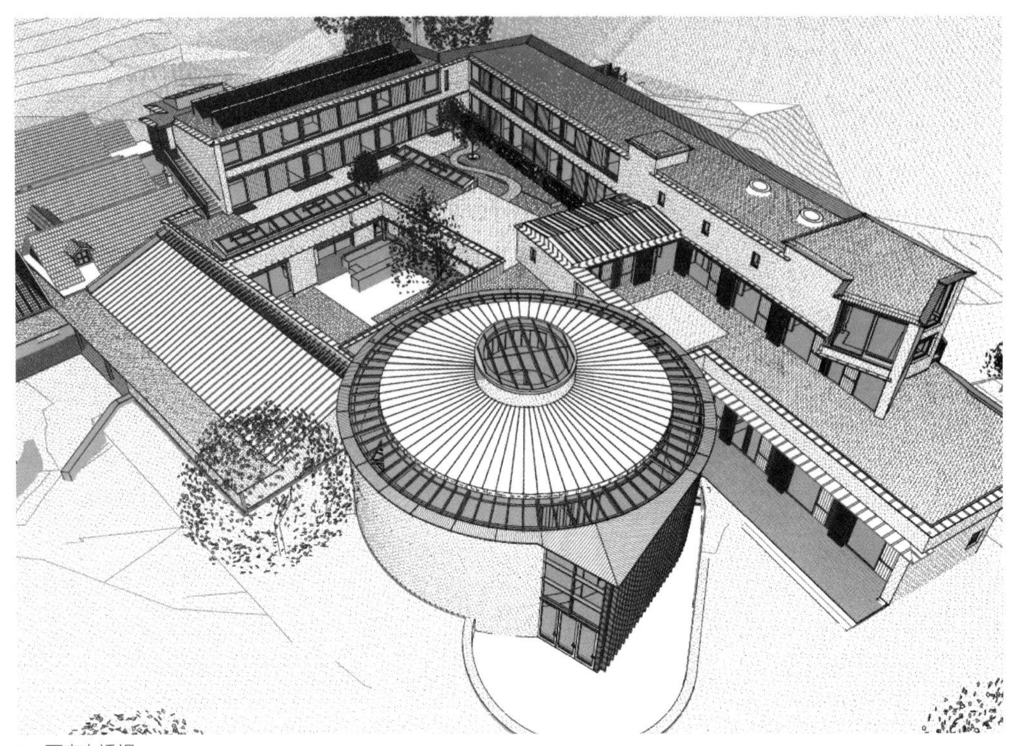

4 西南向透视

穷的丘陵和森林景致可以尽收眼底；同样，精心设计的采光、日照和不同角度的反射光，使人们能够意识到时间的流逝和天气的变化，也使每个空间都可以聆听自然界中风的摇曳和水的流动。

作为建筑体验的核心，我们希望人们可以享受其中的“流线组织”。空间流线的组织不仅应清晰可辨，仅需极少标识就具备清晰的引导性，而且要明亮轻盈，连接入口和大厅的楼梯尽可能简单明了，视线可直达阳光普照的建筑上层。

楼层间由毗邻楼梯间的电梯相连接，没有令人混淆的其他路线。

建筑各层内部均没有高差，充分考虑了残疾人轮椅直达每个空间的需求。另有两个无障碍宿舍，以及一个可能在英国首次使用的内部无水堆肥卫生间。

无论建筑结构还是饰面均不含有毒物质，并强调透气性以提供健康的室内环境。

< 3 业主 >

项目经理菲尔·霍顿（Phil Horton）和助理项目经理丹尼·哈里斯（Danny Harris）是 CAT 在这个项目的代表方。

CAT 采用一种灵活且民主的方式管理项目并汇编材料，即负责不同领域的相关团队定期会面，这是以协商方式合作的不同机构的首选工作方式。参与团队的实时对话和有效沟通，不仅明确了工作提要，也产生了初步的设计规划草图。

CAT 追求清晰完整的环境议程，包括 CAT 申请的材料和工程排序议程，例如仅接受 FSC（Forest Stewardship Council，森林管理委员会）认证木材，即使是少数可以被证明来自可持续资源管理的 PEFC（Programme for the Endorsement of

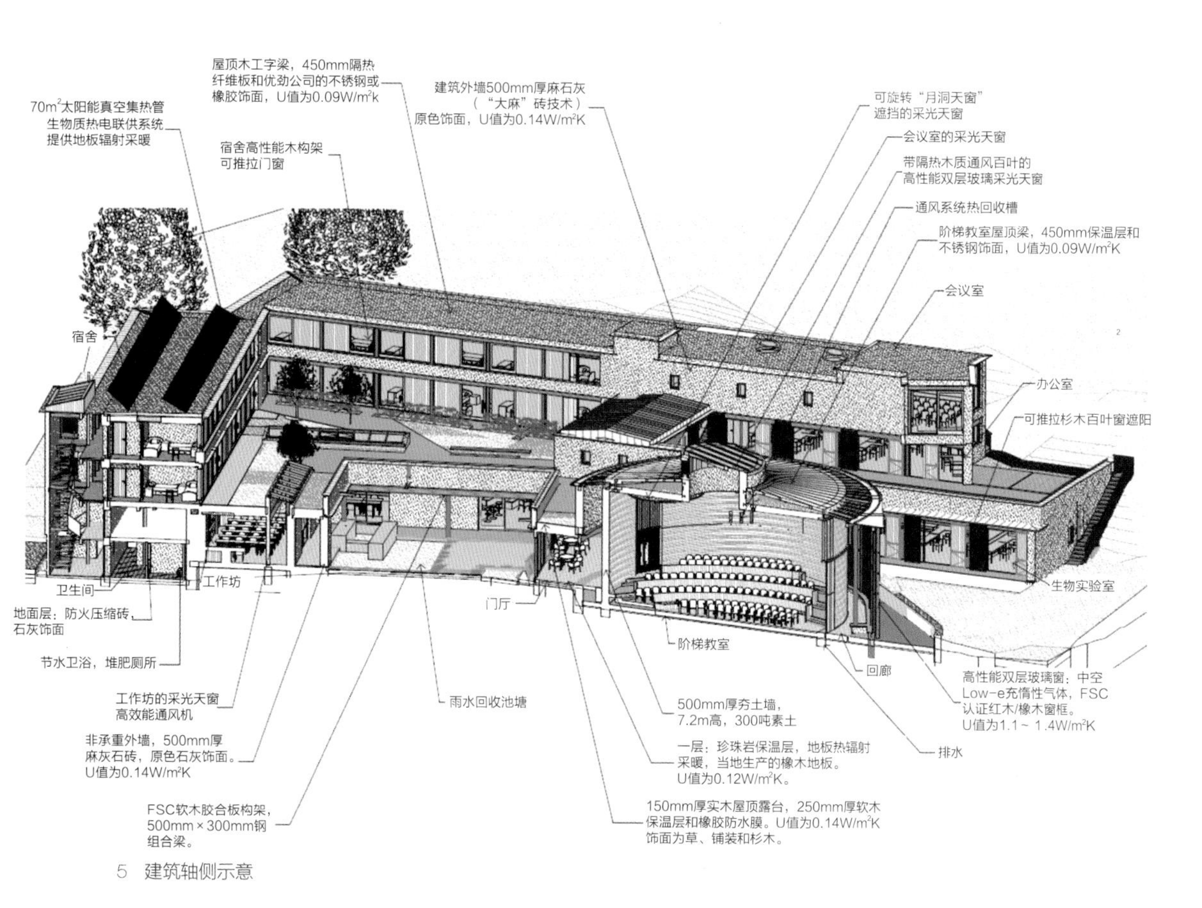

5　建筑轴侧示意

Forest Certification，森林认证认可计划，）产品也不例外。

菲尔和丹尼尊重建筑师所担当的角色，而非一味寻求个人爱好。CAT或我们随时都可以修改或施工方案，一旦方案通过讨论并最终确定，他们总是建筑师的有力支持者。他们对工程的财政状况密切关注并加以控制，同时提供详尽的费用明细。即使在异常艰难的时期，他们依然保持行为一致、勇气可嘉，并对所有的项目参与者以诚相待。WISE建筑对于规模化经营的CAT而言变化巨大。对于小型慈善组织而言这是鼓舞人心的项目，其成功完成也是对菲尔和丹尼在逆境中毅力的最好佐证。

< 4 建筑空间 >

建筑西南向透视（图4）展示了围绕一系列庭院和露台的单向进深房间。这种规划确保了所有客房均具有良好的外部可达性，否则庞大的建筑体量很难被安置到紧张的用地和周边现状建筑的空隙中。确定成几何角度平面的初衷是将主要公共空间临近现有建筑，东翼宿舍、会议室、生物实验室以及办公室，阶梯式教室则作为整体规划平面的中心。

从建筑轴侧图（图5）可以看出，由北至南贯穿的阶梯教室、内庭院、工作坊和宿舍房间，进深小且阳光明媚，并始终朝向外部空间和“绿色”的建筑材料，包括夯土、麻石灰（Hemp-lime）、木构架以及高性能门窗。顶部采光的入口庭院和回廊将人们引导至WISE的餐厅（图6）。从该建筑典型的结构和空间设置中可以看出：FSC胶合木质结构框架固定在“大麻砖”（Hemcrete®）上[1]，大麻和石灰的混合为建筑提供了良好的保温隔热和蓄热体，高性能玻璃推拉门直接安置于框架上，外部美景一览无余；回廊由当地生产的橡木作为内装，并采用实木屋顶结构；

石板和砂砾共同构成建筑硬质铺装景观。

从花园西南角可以看到右侧阶梯教室的“采光鼓”和“休憩聚会空间”，包括环绕庭院和露台的学习室和会议室（图7）。建筑所有的固体外墙均采用了“大麻砖”，并用水硬性石灰饰面——面层为天然赭石本色，U值为0.17W/m²K。

光线通过采光天窗洒满了餐厅和接待区。所有独立的“胶合”截面均为圆形，遵从古希腊发明的“圆柱曲线”比例。楼层是当地生产的FSC橡木，采用了地板辐射供暖系统和麻灰高度绝缘毛地板。U值为0.12W/m²K。橡木也用于引导来访者至大堂的楼梯上，电气和数字设备开关都设置于墙面红木复合壁板之内。

大堂（图8）采用了木质胶合层积梁的圆形柱、FSC认证的橡木地板、支持其上屋顶露台的实木结构天花板，透过玻璃和推拉门可以看到右侧大堂庭院。

高为7.2m，直径为14.4m的阶梯教室（图9），墙壁是500mm厚的夯土，支撑起高绝缘性能的木材框架屋顶（U值为0.09W/m²K）。这个古老的夯土式建筑技术，仍然在世界各地建材稀少的地区使用，它在结实的模板内精心选用100mm底土层，同时分层累加小部分黏土。该层采用机械式冲击夯压缩至50mm厚——以打造真正的软岩石，同时具有优异的结构性强度和热容量。

屋顶中央有一个玻璃的圆形

6　入口庭院和回廊
7　从花园西南角看建筑
8　大堂门厅图

9 阶梯教室
10 月洞天窗（朝向远程控制的百叶窗，自然通风）
11 南侧幕墙及垂直木质遮阳片

天窗（图 10），由旋转的“月洞盘（Moon-disc）”遮蔽。地板层和固定的座位均为 FSC 认证的橡木材料。房间既可以通过天窗的烟囱效应进行被动式通风，也可以利用机械热回收通风系统。

阶梯教室内整面可推拉的木质幕墙，不仅朝向“休闲空间”，也通往花园，为阶梯教室中的人提供了优美的自然风景。

环绕阶梯教室的是一个狭窄的回廊（图 11、12），作为缓冲空间和简单的被动式太阳能集热器，夯土墙可以通过幕墙玻璃吸收太阳能。

会议室在三层，二层是办公室，一层则是生物实验室。这些空间的进深都很小，使其能够自然通风，并充分利用日光。会议室通过叠开门旁的百叶窗进行通风，而建筑的挑檐和可推拉木百叶则为其提供了遮阳，这些木质材料都通过了 FSC 认证。

大堂庭院（图 13）周围环绕设置了 3 个工作坊、大堂、酒吧和餐厅。这个位于中心的内部开放空间是一处宁静而整洁的花园，有砂砾、屋顶雨水形成的水池和原生桤树。雨水通过庭院内原始的水车排出（水车在这个地方还是采石场时就已经有了）。

从一层屋顶露台向下俯瞰大堂庭院（图 14），可以看到围绕庭院通往工作坊的回廊，以及左边的流向池塘的雨水口。露台采用了 150mmFSC 实木板、丁基橡胶防潮控制层、250mm 橡木隔热层、三元乙丙（Ethylene-Propylene-Diene Monomer，EPDM）橡胶卷材、土工布绒和膨胀土填实的屋顶上覆盖了轻质土和草，由当地生产的杉木饰面，U 值为 0.14W/m^{2}K。

WISE 共有 24 个宿舍，其中两个为无障碍设计，毗邻风景优美的露台（图 15）。每个房间都配有可

12　回廊
13　大堂庭院
14　从一层屋顶露台俯瞰

15 宿舍露台

推拉的玻璃门或窗、节水卫生间和两张床，带有通风板的工作坊采光天窗在右边，地面延伸上来的种植槽内种植着花楸树。

办公区域的建筑格局与其他地方一样：FSC 胶合木柱和框架梁；麻石灰饰面实墙、高性能落地玻璃窗；通风百叶窗和叠开门；可调节式遮阳百叶窗幕墙。面积最大的会议室有一个飘窗，可欣赏远处的坎布里亚山脉。

注释

① 英国 Lhoist 集团产品，主要原材料是植物大麻（Hemp）和石灰（lime）。大麻秆被处理成 2cm 左右长短和石灰一起混合成坚固的块状。

项目信息

地点：英国威尔士马汉莱斯波伊斯郡（Machynlleth，Powys，Wales，UK）
面积：2 060m²
业主：威尔士替代技术研发中心（Centre for Alternative Technology）
承包商：伊恩斯尼德公司（Ian Sneade Contract）
工程造价：450 万英镑
建筑设计：帕特·波若，戴维·莱亚（Pat Borer & David Lea）
结构工程：Buro Happold 公司
工程维护：Mott Macdonald Fulcrum
工料测量：Bowen Consultants

香港首座零碳建筑

THE FIRST ZERO CARBON BUILDING IN HONG KONG

李贵义 / LI Guiyi

1 零碳建筑透视效果 1

2 零碳建筑透视效果 2

< 1 项目背景 >

为应对气候变化产生的不断增长的压力，香港政府近日制定了碳减排目标（到 2020 年，相对 2005 年碳排放强度降低 50% ~ 60%）。化石燃料是香港主要的能源，香港 75% 的电能来源于此，在燃烧化石燃料的过程中产生大量温室气体（GHG，Green House Gas）。

建筑耗能巨大并且是温室气体排放的主要来源，它占据着香港电能能耗总量的 90% 以及温室气体排放量的 60%。因此，建筑物在温室气体减排方面既是挑战也是机遇。

建筑业在温室气体排放方面如此举足轻重，据此，作为香港建筑业协调机构的建造业议会（CIC，Construction Industry Council），制定出了一系列减排措施，并联合香港发展局，尝试了香港首座零碳建筑（ZCB，Zero Carbon Building，图 1 ~ 3）的开发，展示应对香港特别是夏季高热高湿环境下的先进的零碳 / 低碳建筑技术。

ZCB 座落于香港东九龙的九龙湾常悦道（图 4），整个项目占地面积 14 700m²（包括 1 400m² 的零碳建筑用地和公共景观用地），零碳建筑本身的占地面积低于整个项目的 10%，项目范围内的主要区域将用于建立香港首座城市原生态森林景观、生态广场以及一个宣传“一个地球生活圈（One Planet Living Loop）”的室外展览场地。建筑有 3 层（含地下一层），包括展览区域、绿色家居展示以及绿色办公室（图 5 ~ 7），依靠现场自主产能所减少的温室气体排放估计量值为 8 250t（按 50 年设计使用期限），其能源效益比目前常规建筑高 38%。而高比例的绿化有减缓了城市热岛效应。

< 2 项目目标 >

该零碳建筑预期于 2012 年中期完工，是一个向香港本地以及国际建筑行业展示先进的生态建筑设计和技术，并同时提升香港公众对可持续生活关注程度的示范性项目。

本项目将为当地建筑行业引进低碳相关实践知识和经验，同时还是一个具有实验性并不断变化发展的实例，鼓励建筑行业从业人员、其他行业的利益相关者以及全体社做出应对气候变化的积极回应。

零碳建筑将作为教育基地接受有组织的参观，推广可持续生活理念。建筑行业从业者将通过它了解

3 零碳建筑鸟瞰

最先进且最适应香港当地特点的零碳建筑的设计与建造技术；对于业界相关者来说，它将成为一个更新观念，促使零碳或低碳建筑发展的交流平台；学生及普通民众则能通过项目切身感受零碳建筑及周边生态空间环境和其可量化的益处。环绕建筑的室外景观也对公众开放，用于休闲和室外展示。通过日常行为、文化观念、市场活动，实践低碳和可持续发展的生活模式。

< 3 关键设计策略 >

该零碳建筑所应用的绿色建筑技术特别针对香港当地的气候。结合建筑设计的被动式节能措施降低了建筑能耗负荷，力求在建造和运行周期内保证零碳排放。把现场通过利用可再生能源产生的电能并入市政电网来平衡自身能耗及碳排放，是通常的零碳建筑的实现方式。但事实上，该建筑却超越了常规零碳建筑的定义，它产生的能源不仅能够完全平衡自身运行需求，还能抵消自身所用建材生产和运输过程中产生的碳值。其产能方式主要通过太阳能光伏发电以及利用废食油制造的生物柴油来发电（图8）。

如果换算成电能，建筑及周围景观的能耗负荷则为 145MWh/ 年，其中建筑自身能耗值则低于 100kWh/m^2/ 年，这比香港建筑能源法（BEC，Building Energy Code）所规定的值降低 40%。

在设计方面，通过采用全生命周期分析（LCA，A Life Cycle Analyses），使得建筑总体能耗降低 40%（20% 通过被动式节能手段获得，20% 通过高效的主动节能系统获得）。

模块化的单元式设计使得建筑能够灵活应对未来需求变化。室外景观区则强调了与周边环境的联系，在最大程度降低环境负荷的同时提升城市绿洲的品质。本项目还将建立香港首个城市原生态森林。

3.1 关键的被动式节能技术

3.1.1 优化建筑朝向与体型

建筑的朝向与体型显示了对其所在地气候的积极回应。

（1）自然通风：建筑东南立面造型尽可能扩大了建筑特别是夏季对自然通风的利用，同时，其整体造型也提升了背风面负压区压力，以便进一步加强拔风效果；有效的通风布局能达至每年超过 >34% 的时间可用自然通风。整个平面图充分考虑了地域气候

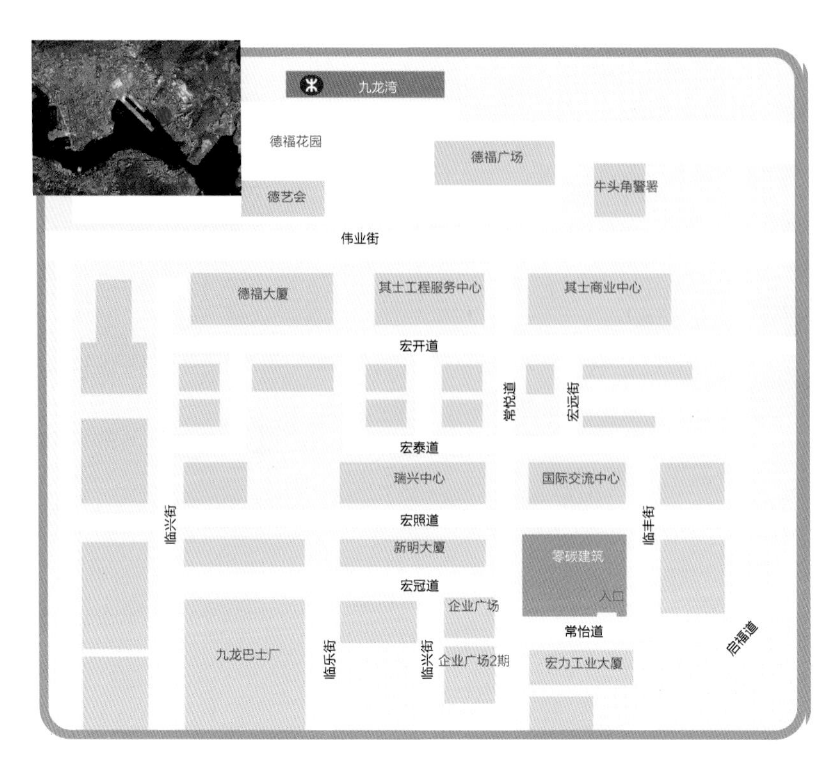

4

1 绿色办公区
2 临时展区
3 永久展区
4 门厅
5 多功能厅

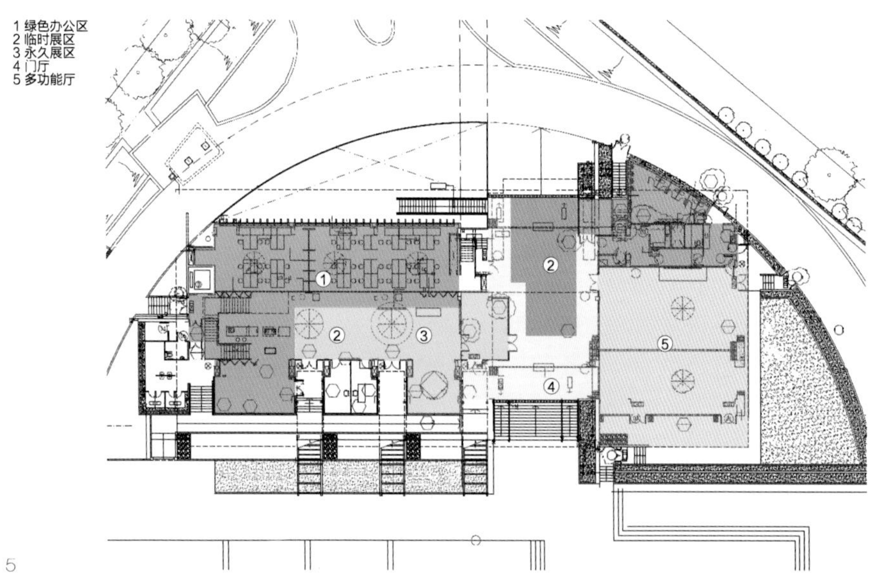

5

1 绿色居家
2 永久展区
3 临时展区

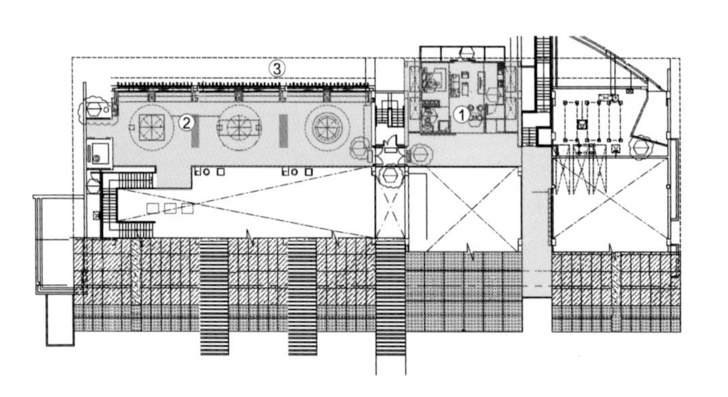

6

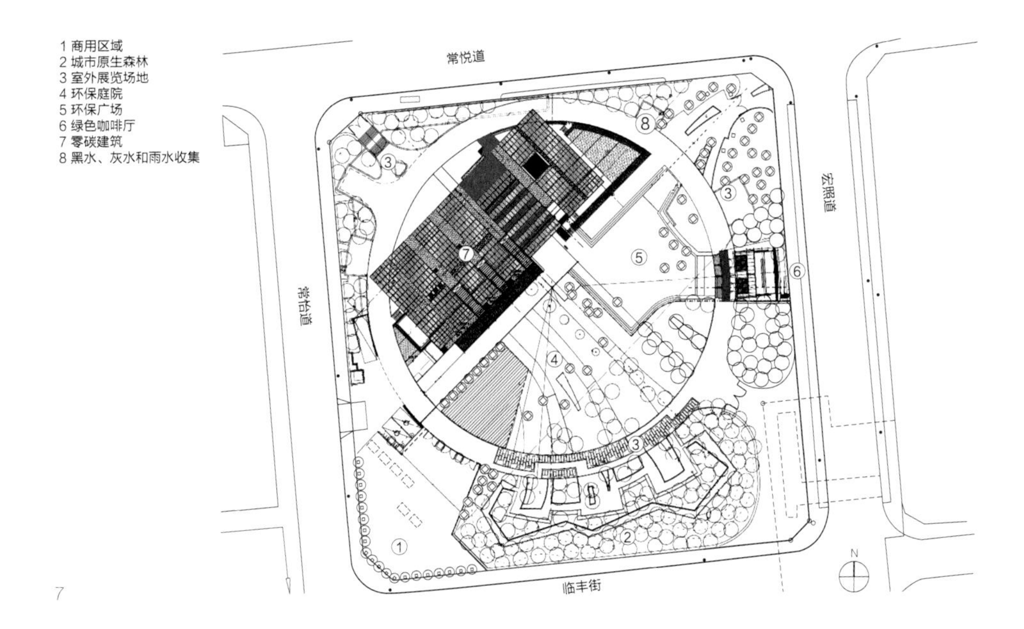

4 零碳建筑位置示意
5 首层平面
6 夹层平面
7 建筑总平面

条件解决香港炎热和潮湿的环境下的建筑布局，加强的空气速率使得室温更加舒适（空气速率 >0.6m/s 的情况下不超过 30℃的室温最舒适）。此外，还使用捕风构件加大建筑核心区域的自然通风量。

（2）烟囱效应：展示区和多功能厅室内进行通高处理，从而通过拔风作用大大强化通风效果；

（3）遮阳：通过斜坡式剖面处理，使南立面面积减小的同时北立面面积增大，进而降低了南向太阳辐射得热。东南立面的 45° 的出挑，能有效遮挡夏季日照；

（4）自然采光：斜坡式造型增大了自然光经由北向天窗向室内的漫射；通过倾斜屋顶、光格栅、光导管以及大面积的北向立面，利用自然光提高室内亮度（图 9），可减少 70% 光能耗；

（5）太阳能辐射：渐渐升起的斜坡屋顶（17 ~ 20° ）使太阳能光伏板能最大限度获得太阳辐射；

（6）与室外景观相结合：坡向室外景观的斜坡式屋顶很好地协调了室外景观与建筑体量。

3.1.2 建筑通透性

入口 / 门厅以及临时展览区不设置横向隔墙，通透的空间形式促进了建筑通风，同时也对城市微气候环境产生了影响。该零碳建筑全年 30% 的时间采用自然通风（包括多功能厅与门厅的烟囱效应）。天花板上的吊扇也对节能有所贡献，它们将使用空调的临界温度提高了 2℃。

3.1.3 遮阳及外围护结构

通过外遮阳以及高绝热性能的玻璃，进入建筑的太阳辐射被削减。针对各个立面的设计策略是在优化自然采光以及景观视野的同时阻隔阳光辐射进入室内：在建筑面向常悦道的北侧立面，使用了透光率较高的玻璃；在东南立面，深远的挑檐在降低辐射得热的同时保证了良好的景观视野。带有印花图案的高性能玻璃有效控制了两个立面的透光性并阻止过量的辐射。

外围护结构的气密性在香港这样的高湿地区对于零碳建筑的实现至关重要，良好的气密性能够阻止潮湿空气进入室内，从而降低空调的除湿负荷并缩小空调系统规模，改善冷凝现象。高性能围护结构，降低了 40% 的建筑幕墙得热量。

展览空间以及多功厅的存在使得建筑空调负荷发生波动，置于以上空间中的裸露混凝土材料作为蓄

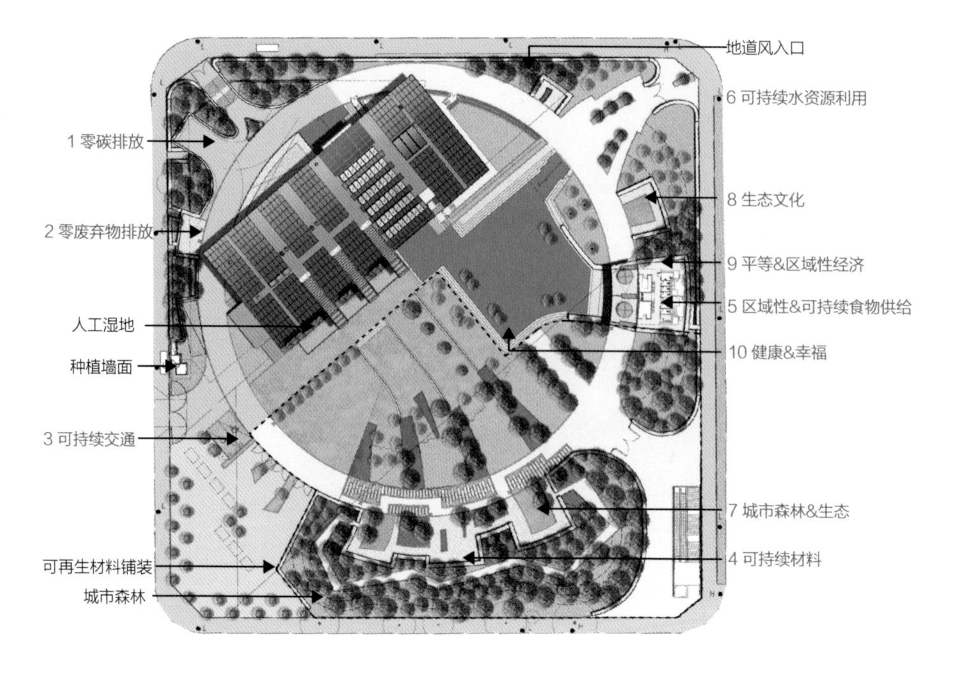

8 零碳建筑场地设计策略平面

热体发挥了调节温度的作用：在人流密集时段吸收过量热辐射，并在空间闲置时通过自然通风将吸收的热量释放。

3.2 关键的主动式节能技术

（1）使用高风量、低转速、低噪音风扇，获得和缓、风向一致的自然通风；如果操作正确，1 年中超过 50% 的时间可以采用自然通风；

（2）高能效地板送风及天花吊顶辐射系统，增加节能减排果效；

（3）高温空气调节系统；

（4）使用超过 3 000 个传感器对建筑各项性能进行综合监测；

（5）通过微气候监测提升对建筑性能并加深对建筑与环境互相作用机制的理解；

（6）使用人工控制的自动开启式窗户；

（7）自动调节天窗；

（8）重点照明（指突出工作区照度并减弱非工作区照度，旨在强调照度对比值的高效照明方式——译注）；

（9）高能效照明设施；

（10）设备运行及空间使用感应器。

< 4 可再生能源制造及使用 >

大规模从废弃食油提炼生物柴油在香港尚属首次。传统能源系统中，燃烧化石燃料将释放封存于地下的 CO_2，或者封存于地下。相比之下，生物柴油则是一种可再生能源。通常情况下，利用废弃食油降解所形成的沼气作为能源不仅比燃烧传统化石燃料排放更少的 CO_2。因此，利用废弃食油降解所形成的沼气作为能源不仅比燃烧传统化石燃料排放更少的 CO_2，而且能够避免掩埋处理废气食油导致向大气释放甲烷气。

ZCB 首次在大型的热电冷三联供系统中使用生物柴油燃料，与通常的利用市政电网电能的系统相比，该三联供系统能源效益高达 70%（吸附式制冷 / 干燥剂除湿技术），而前者仅为 40%，大部分能量白白排入大海或空气。

ZCB 每年产能值 145MWh（建筑年平均能耗值 130MWh，绿化带年平均能耗值 15MWh）；大规模使用了太阳能光伏系统并与天窗一体化集成，太阳能光伏硅晶板总面积 1 015m²（其中 80% 置于建

室内意向

筑屋面）；发电量 80MWh/ 年（超过建筑能量需求的 60%）；太阳能热水系统为生态咖啡屋供应热水。此外，ZCB 还展示了新型产品——超轻圆柱式太阳能薄膜电池。

< 5 景观区节能策略 >

（1）通过地道冷却系统对进入建筑的空气进行预冷；

（2）绿化覆盖率超过 60%，能有效削减城市热岛作用；

（3）都市原生态森林以促进区域生物多样性，并降低区域耗水及水环境维护成本；

（4）平衡场地开挖及回填，降低开挖土方的废弃量；

（5）构建人工湿地，用于中水及雨水的过滤净化；

（6）使用低蒸发的节水滴灌系统；

（7）使用可回收材料用于地面铺装，使用 FSC（FSC，Forest Stewardship Council）木材和废弃的建筑垃圾修建石笼种植墙壁。

< 6 结语 >

ZCB 项目旨在达到绿色建筑环保评核体系 BEAM Plus（香港建筑环境评估标准）认证的最高级别，即代表建筑环境表现最佳的级别。

作为香港首座零碳建筑，现场产能系统可供给建筑能耗需求，且多余的能量可并入市政电网，实现了碳中和的目标；通过生物燃料三联供系统以及太阳能光伏系统产生的能量多于建筑本身及景观区的需求，且性能高于通常的零能耗建筑——自身制造的能量能够抵消生产建筑材料及运输过程所需能耗量。通过建筑的智能综合管理系统对建筑各项性能进行实时监测。

ZCB 的公共景观，包括香港第一个城市原生态森林，大于 60% 的绿化覆盖率，有效地削减了热岛作用，改善周边的微气候质量。在废物利用方面，大规模地将废弃食油转化为生物柴油，能量利用效率高达 70%，远远超出通常的 40%，实现了变废为宝，并使用低碳值并可循环利用的可持续建筑材料。

ZCB 将对公众开放，目标年接待量为 40 000 人次。作为示范项目，其将激发公众及建筑行业人员采取积极碳减排措施以及走可持续生活发展道路的热情，也是多项最先进的设计及技术（其中一些尚属在香港首次运用）的实验基地。灵活可变的设计，满足了生态建筑技术日新月异的飞速发展以及需求的不断变化。

鹿儿岛环境未来馆

KAGOSHIMA MUSEUM OF ENVIRONMENT: PLANET EARTH AND ITS FUTURE

吉生宽 / Hiroshi YOSHIO

< 1 项目概述 >

该项目位于日本最南端的鹿儿岛县的鹿儿岛市，是一座公共博物馆（图 1 ~ 4），当地政府长期以来一直致力于环保事业。鹿儿岛县东起大隅半岛（Osumi Peninsula），西至萨摩半岛（Satsuma Peninsula），二者隔着鹿儿岛湾（Kinkou Bay）相望。鹿儿岛的标志——樱岛火山（Sakurajima），就坐落于海湾之中。建筑基地在汇入海湾的甲突川沿岸。

樱岛是闻名遐迩的旅游胜地，而它同时也是一座非常活跃的活火山。据记载，仅在 2010 的半年中它就喷发了 600 余次。每次火山爆发都会造成大量火山灰喷涌而出，这些四处弥漫的烟尘对当地的土壤造成了严重的破坏。

博物馆基地内原本建有一所高中，但已废弃多年，破败成了一片不毛之地。附近的甲突川，也因 1993 年那场造成 121 人死亡（失踪）的洪灾而臭名昭著。如此一来，通过新的建筑来扭转人们对这一场所的负面印象，就成为了该项目的重要意义。鹿儿岛环境未来馆设计了一条绿化坡道，游客们可以通过它漫步到博物馆的绿化屋顶。

通常而言，建筑往往是多元目标的结合产物。除了上述目的之外，该博物馆还以“环境”作为主题，旨在于唤起人们对于生态环境的思考。因而，业主自然希望建筑物本身也能积极推动周边环境的改善。

1　博物馆正视景观

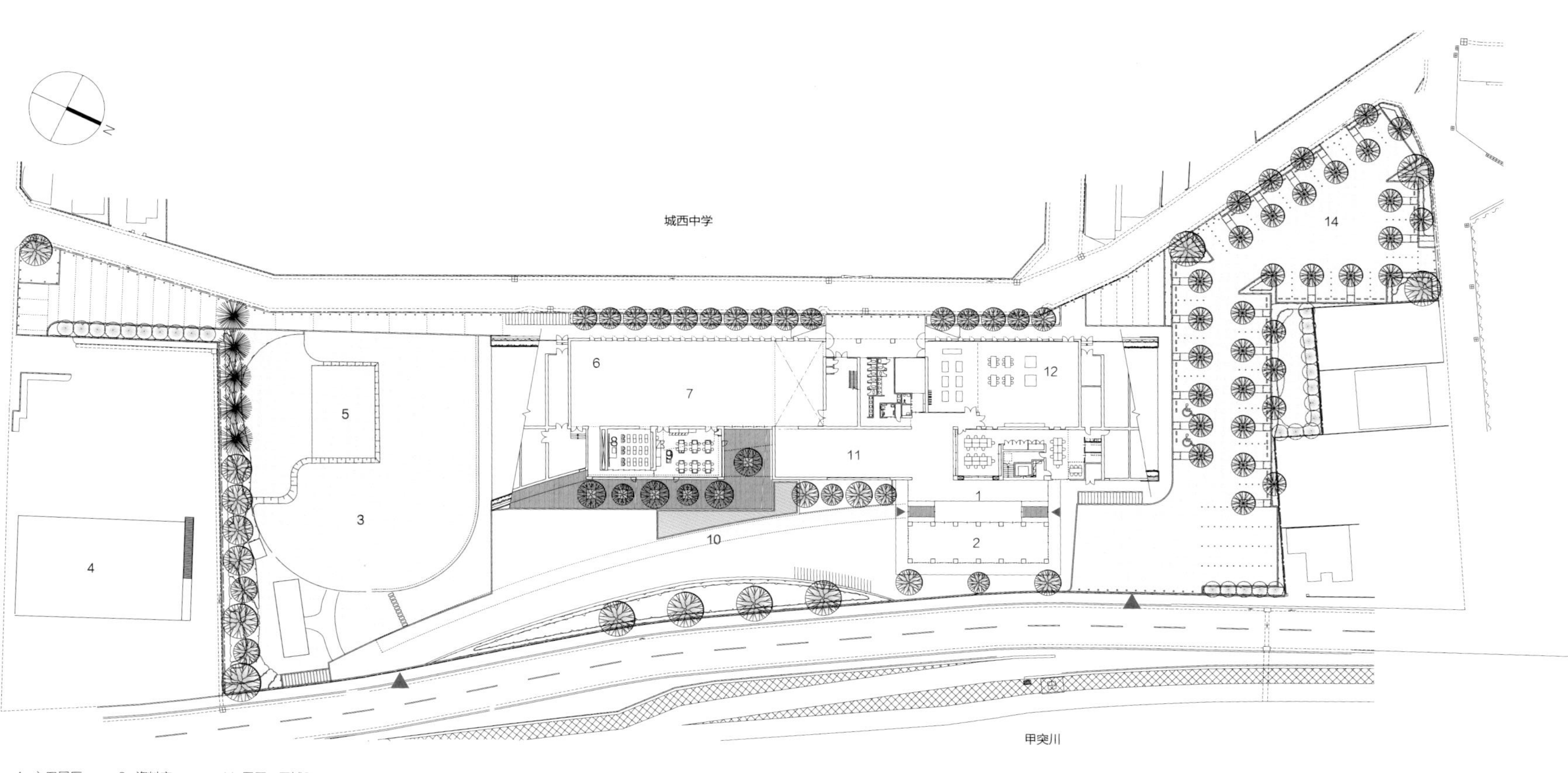

1 入口展厅
2 环保专卖店
3 活动区域
4 消防部门
5 舞台
6 资料室
7 展厅：区域3
8 展厅：区域4
9 生态厨房
10 回廊
11 展厅：区域2
12 手工艺品中心
13 停车场

2 首层平面

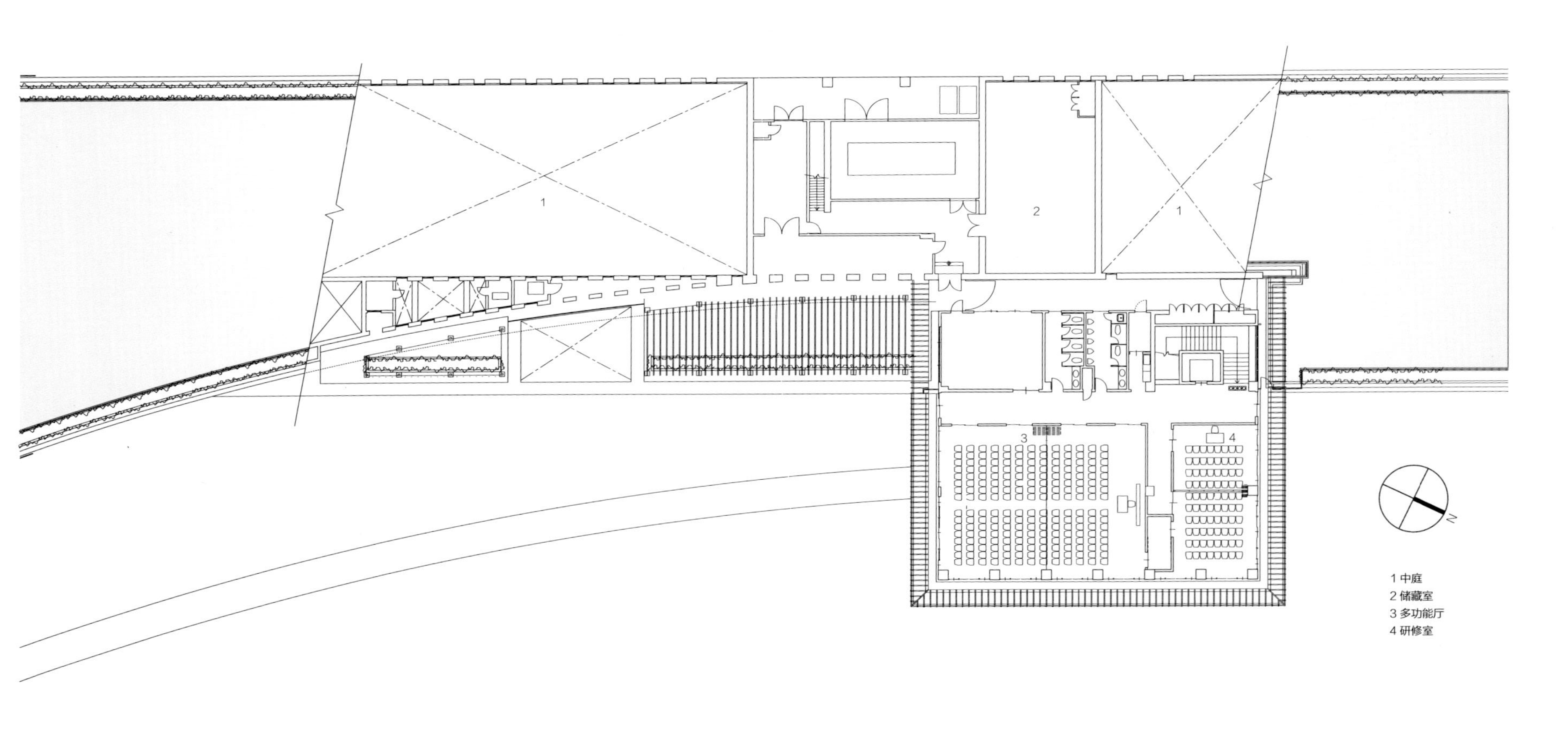

3 二层平面

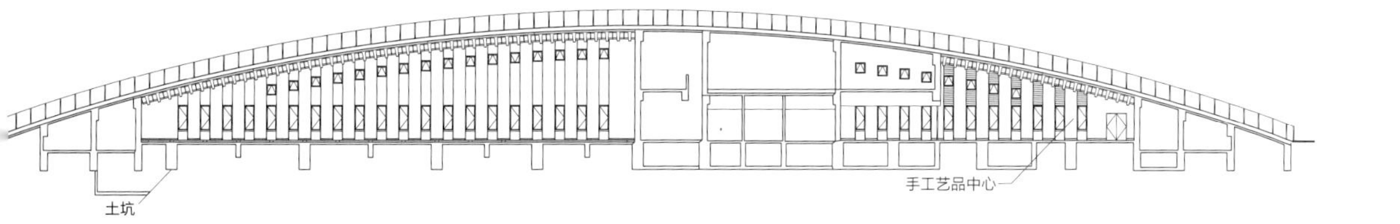

4　剖面
5　建设前后的基地对比
6　风向示意
7　西侧景观

< 2 屋顶绿化 >

项目从植树造林、绿化基地着手。在建成了一条通往屋顶的绿色坡道之后，整个基地都掩映在绿色之中（图5）。为了能够利用鹿儿岛盛行的西风，设计师为博物馆设计了合理的朝向以及山丘般的形状（图6）。

整个博物馆形如一座缓缓升起的小山，屋顶上的绿化则让建筑与环境融为一体（图7）。坡前的空地可以作为露天的舞台，而自然上升的屋顶正是观看演出的最佳场所。电车是鹿儿岛市内重要公共交通工具，它们行驶在设有轨道的绿化铺地之上（图8）。这些铺地采用了当地出产的火山灰板材（图9），我们借鉴了这一经验，也将其运用到博物馆的绿化屋顶之中。事实证明，屋顶绿化能够有效缓解城市热岛效应。表1显示了铺设绿化前后，屋顶的表面温度变化情况。比较7月间某一晴天的温度，铺设绿化之前，表面温度有68℃，之后则仅为38℃，二者间的差距达到30℃。

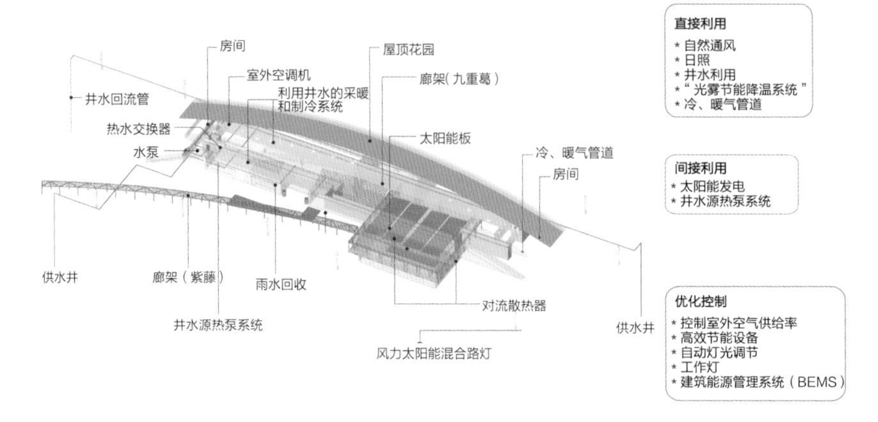

10

8　设有轨道的绿化铺地
9　植物板材
10　技术方法一览
11　水池与回廊的处理
12　地板下方的盘管

除植树造林外，设计者还通过了多种方式利用基地内的可再生能源并对这些方法进行了整理，分别为“直接利用”、“间接利用”和“优化控制”3 大类（图 10）。

< 3 井水利用 >

在图 10 中提到的诸多方法中，首先介绍井水的利用。由于博物馆坐落在甲突川沿岸，因此基地的地下水资源非常丰富。这些井水不仅可以用于绿化景观的灌溉，还为空调系统等其他方面提供服务（图 11）。园区内有两口供水井。井水经由水泵抽取后，通过热交换器，为空调系统提供冬暖夏凉的水资源。设计师在展厅等净空较大的空间中安装了地板辐射采暖和制冷系统。盘管就埋在地板下方（图 12）。部分井水在经过空调系统的热交换之后，将作为冲洗用水和植被的灌溉用水，其余的井水则回流到地下。

夏季到来时，我们将井水引向入口处的对流散热器，游客们可以在那里与空调系统进行零距离的接触。对流散热器中的冷凝水最终将流入室外的亲水平台。表 2 左侧的数据显示了 2008 ~ 2009 年的井水利用情况。井水的温度常年保持在 20℃左右。回流温度的曲线表明夏季的井水在使用后温度升高，冬季则温度降低。蓝色与橙色的柱状图分别表示为制冷以及供暖而消耗的井水热量。夏季制冷总耗能为 130GJ，冬季供暖耗能为 87GJ。表 2 右侧的饼图则显示了所有用水中自来水与井水的比例。蓝色的代表自来水，灰色的代表井水。博物馆在运行期间大概每年消耗自来水 600t，仅占总用水量的 3%。

< 4 制冷和供暖管沟 >

另一项利用地热的方式是通过制冷和供暖管沟进行的。博物馆的体型南北向较为狭长，设计师在地下安装了 2 套 100m 长的制冷和供暖管沟。室外的空气通过它们预热和预冷后进入室内。管道的进风口安装有空气阀，以隔绝樱岛的火山灰进入管道。表 3 显示了制冷和供暖管沟的进风口与出风口温度差，夏季通过管道的空气被冷却了大约 10℃，冬季则升温了约 15℃。制冷和供暖管沟的利用，使空调系统的 CO_2 排放降低了 9%。

表 1　铺设绿化前后温度

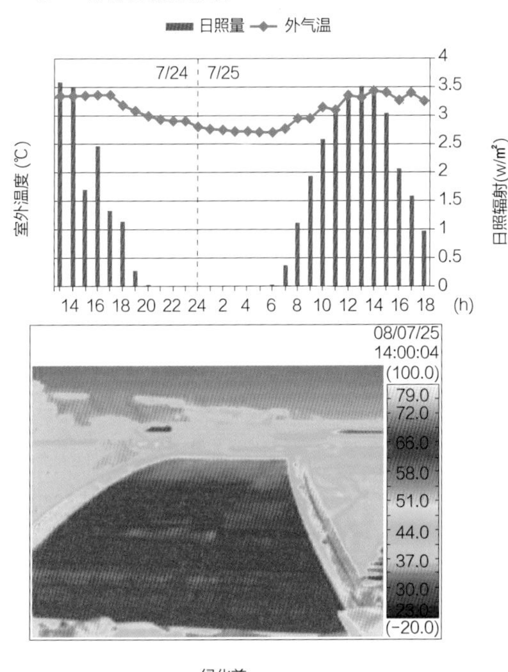

绿化前
25/7/2007　14:00
68℃

绿化后
14/7/2008　14:00
38℃

表 2　井水利用情况（2008 ~ 2009）

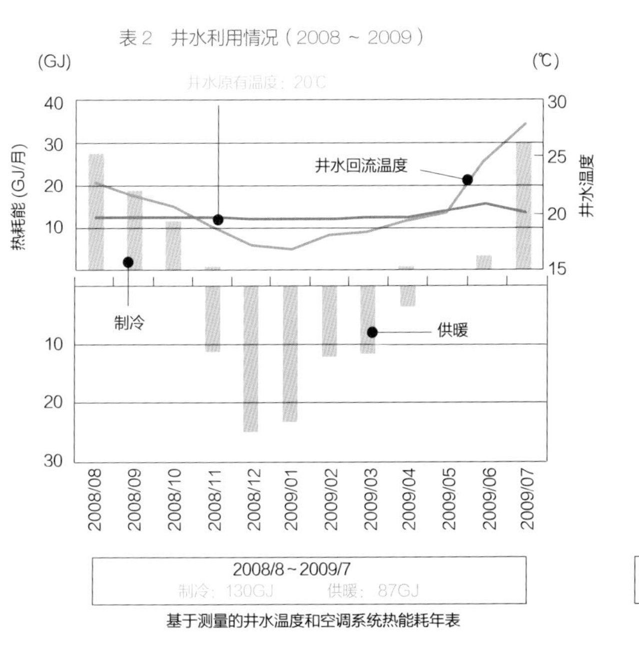

基于测量的井水温度和空调系统热能耗年表

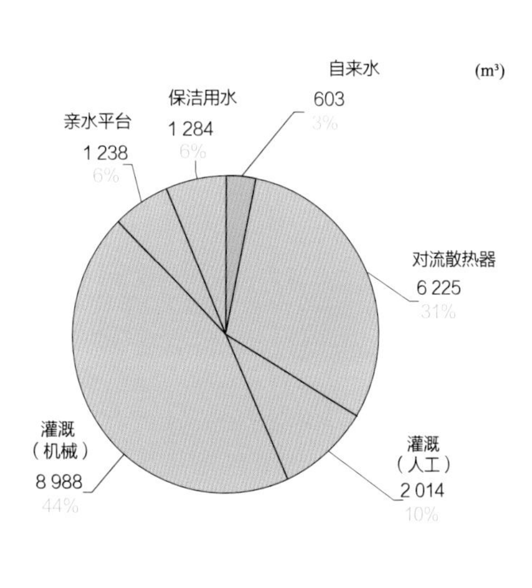

自来水与井水使用比例

表 3　进风口与出风口温度差

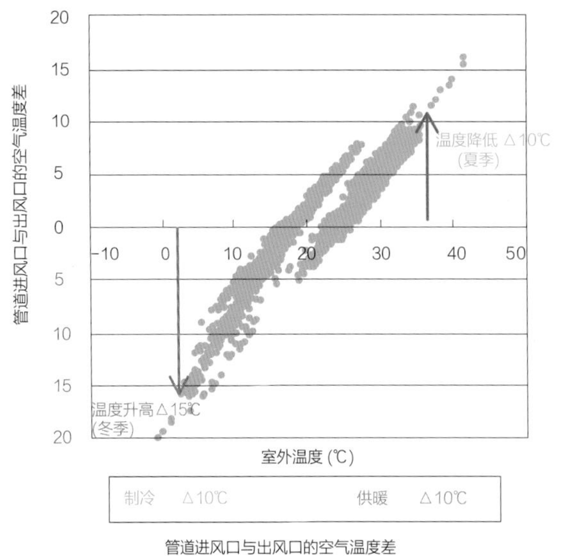

9%

空调系统能耗

表 4　电能利用比例

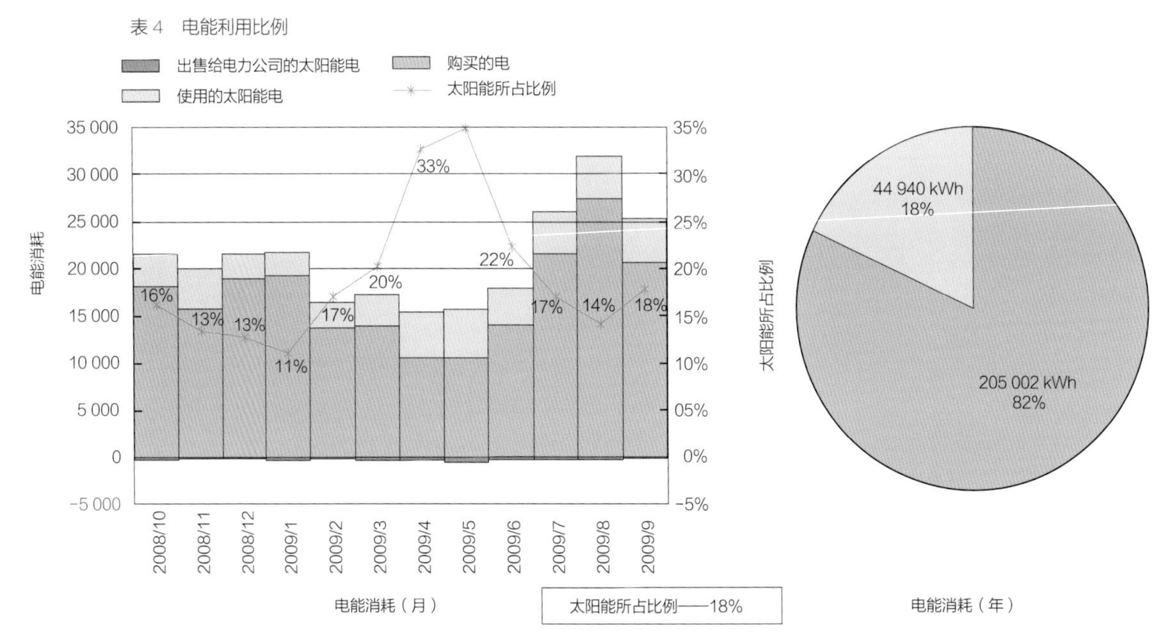

电能消耗（月）　　太阳能所占比例——18%　　电能消耗（年）

表 5　日本不同类型建筑能耗比较

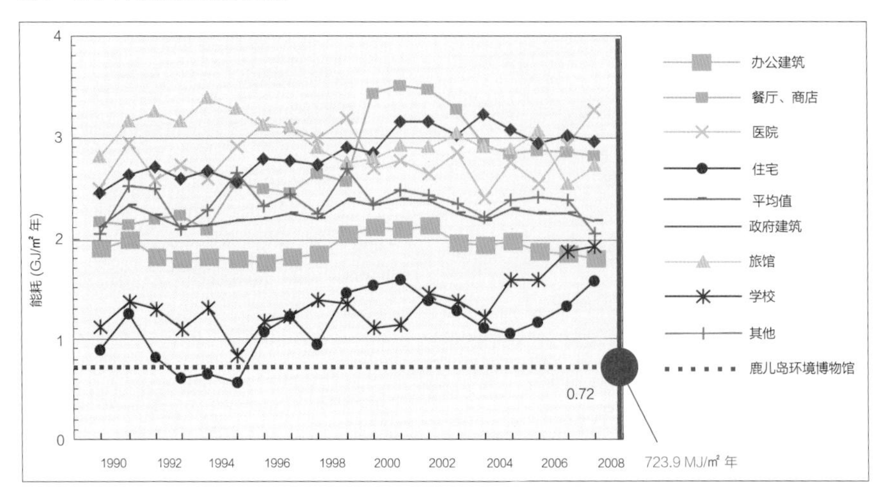

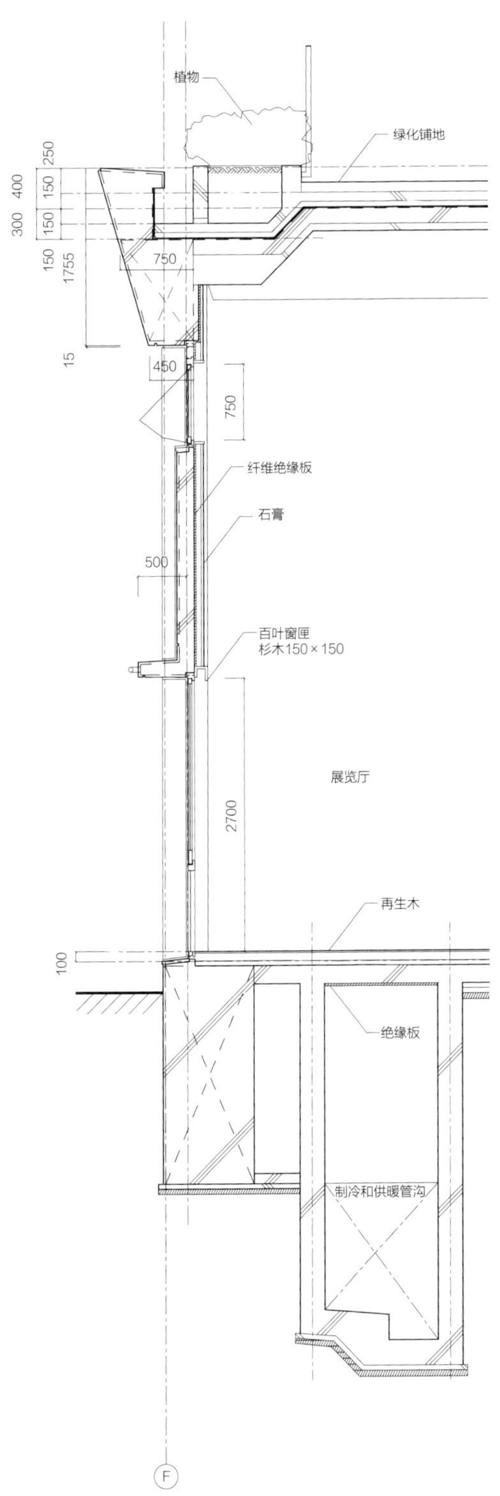

13　墙身剖面

< 5 太阳能 >

最后一项利用自然能源的示范是光电板。博物馆屋顶的部分区域装有40kW的太阳能板，在天气晴朗的时候，它足以为博物馆提供春秋两季的日常所需电力。因此，这座建筑在某些时候可以被称之为“零耗能建筑”。表 4 左侧的图表显示了博物馆的耗电量。黄色部分表示的是太阳能板产生的电能，灰色部分是向当地电力公司购买的电能，橙色部分则是有盈余而出售给电力公司的电能。右侧的图标显示了两种电能所占的比例，即大约年耗电量的 18% 可以由太阳能提供。

< 6 运行手册 >

在考虑能源消耗的问题时，最重要的并非是采用各种新能源新技术，如“井水利用”、“制冷 / 供暖管沟”和“太阳能”等等，而是如何让系统合理地运行。为了使博物馆能够高效节能地运行，业主、设计师和施工单位共同制定了一本运行手册。如此一来，即使业主发生了变化，建筑也能够继续依照设想的模式运行。该手册描述了在不同室外环境下所需采取的节能策略、建筑物 CO_2 的目标排放量、以及每项设备每小时 CO_2 的排放量。中央监控器能够依照外界的气候状况显示当前的最优运行策略。

< 7 年耗能 >

通过使用可再生能源以及合理的运行策略，建筑的主要能耗约为每年 732.9MJ/m^2。表 5 显示了日本不同类型建筑的能耗情况。从中可以看出，鹿儿岛环境

had more than it can stand.
products fill 90% of the world's food
An increasing
年間およそ
14

YES
YES
-20%
地球2.7周
1990
1995
15

14　区域 2
15　区域 3
16　区域 4
17　馆内展品
18　从二层看景观

未来馆比任何其他类型的建筑都更节能。

< 8 空间分区 >

展览空间被划分成 4 片区域。首先是入口区。入口区陈列有部分鹿儿岛海岸边的沉船遗骸，提醒游客人类的世界与海洋密切相连。区域 2 展示的是世界范围内正在发生的环境危机，其中的墙壁是用天然石膏（天然灰泥）筑成的（图 13、14）。

区域 3 位于山形建筑的正中部分，也是最主要的展览空间（图 15）。其顶部由跨度达 14m 的预制混凝土支撑。墙壁和入口区一样，由天然石膏筑成。地板铺设了用石蜡处理过的雪松木和柏木，这些木材均回收自原先的鹿儿岛市政厅。地板下安装有辐

19. 作为公共娱乐空间的绿化坡道

射采暖系统。区域 4（图 16）被布置成了一间教室，其中的桌椅是从该市一所已经关闭的小学中搬运过来的。这里的展览试图让游客们感受到日本城市生活所发生的天翻地覆的变化，进而推动他们去思考和展望未来。展厅中的许多陈设也都是利用废弃的材料制作而成的（图 17）。

< 9 绿色表皮 >

博物馆外墙和木制花架都为九重葛、紫藤等爬藤类植物所覆盖，它们带来了绿色，也柔化了建筑色调（图 18）。北侧的停车场则由各种花坛加以装点。

< 10 结论 >

简单的创意，简洁的建筑。但却拥有顽强的生命力，相信它能够经受住时间的考验。如今，绿色的屋顶已经成为了当地居民的休憩圣地（图 19）。

项目信息

业主：鹿儿岛市
地点： 鹿儿岛县鹿儿岛市城西 2-1-5
总面积：10 162.44m²
建筑占地面积：2 755.52m²
建筑总面积：3 042.52m²
结构：钢筋混凝土结构（预制混凝土结构）
层数：地上 2 层
建筑高度：GL+9.20m
停车泊位：43
工期：2007 年 3 月～ 2008 年 5 月
共同设计、监理：下舞建筑设计事务所（Shimomai Architects & Engineers, Inc.）
获奖：2010 日本建筑师协会可持续建筑奖（JIA Sustainable Architecture Award 2010）
2008 亚太地区绿色建筑奖（MIPIM Asia Award）

万宝至马达株式会社总部大楼

MABUCHI MOTER HEADQUARTERS

柳井崇 佐佐木正人 秋元孝之 / Takashi YANAI, Mashato SASAKI, Takashi AKIMOTO

< 1 建筑概况 >

万宝至马达株式会社总部位于东京郊外的松户市，毗邻郁郁葱葱的都营八柱陵园。这幢大楼是为公司总部提供高质量工作环境和服务的办公建筑，同时在多个方面采用了提高环境效率的设计。大楼共四层，为两翼加中庭的典型平面。每一个侧翼都是38m×38m约1 500m^{2}的无柱高敞空间（图1、2）。主要建筑数据如下：

建筑类型：办公

场地面积：4 782m^2

建筑面积：19 169m^2

楼层等级：1～4层

建筑高度：25.81m

< 2 规划高质量的工作场所 >

两翼中间是被称作“三维一体”的工作空间，这里配备了具有工位空调的地板下送风空调系统，环境照明和其他支持大面积高质量室内空间的设备。其设计基于通用空间的概念，不仅可为各种组织架构提供多变的布局，而且每一个独立工位都安装了个人工作环境控制装置（图3），如进气温度补偿阀（Intake Air Temperature Compensator，ITC）及工位空调。

< 3 作为环境调节器的建筑 >

引入环境调节技术（图4）是这座建筑在环境设计方面的一个概念，在节约能源的同时提供一个舒适的室内环境，并与建筑设计紧密结合在一起。

1 建筑主立面

2 建筑中庭

3　建筑内的工作空间

大尺度玻璃幕墙覆盖了建筑南北两侧立面，采用隔震结构与大跨度 PC 板，和“通用”单元的家具布置这些元素造就了一个满足高效能工作空间的新奇设计。为实现建筑功能作为“环境控制器”的理念，本项目通过独特的室内环境控制、能源效益和长寿命的设计综合体现出建筑、结构、施工相结合的成就，这也是该项目的最大特点。

< 4 双层呼吸幕墙 >

双层呼吸幕墙（Double-skin Façade, DS）是由整层楼高的整块玻璃构成（图 5）。

它的优点在于使用者没有被封闭的感觉，并能充分利用阳光。在日本的气候条件下，DS 需要具备多种功能，如，在夏天排出双层玻璃之间的热空气，在冬天保温，在春秋两季则自然通风。这些功能通过双层玻璃之间的自动控制通风挡板完成。DS 已经安装了各种类型的通风挡板，如顶部通风挡板，底部通风挡板，中庭顶部及各层的通风挡板。

夏季，双层幕墙之间的顶部挡板和底部挡板打开，自然通风带走其中的热量，由此来降低建筑的热负荷。冬季，顶部和底部挡板关闭，可以提升双层幕墙的隔热性能。在春秋过渡季节，打开底部通风挡板、各层通风挡板和一个中庭的顶部通风挡板，即可实现自然通风。

< 5 整体工位空调系统 >

地板下送风空调系统将气流送至人员活动区（地面以上 1.7m），使人员活动区的温度与更高处有明显分层。因此在垂直方向上，空调区可划分为人员活动区和非人员活动区，并且人员活动区的隔断又可将其再细分为背景区和工作区两个部分。其中工作区利用工作区 / 周围环境空调系统（Task/Ambient Air Conditioning System，TAC）使用安装在隔墙上的给气口。

屋顶花园
通过屋顶花园降低空调负荷
中庭与自然通风
为了实现自然通风，在中庭顶部和每层的双层幕墙之间安装了通风挡板。这样在过渡季的空调负荷可以被降低
一个适当的核心布局规划
为了降低空调耗能，在东西两侧设计了小窗和核心区的布局规划
建筑构件及空心板上的蓄热设备
利用过渡季夜晚室外的冷空气可以降低空调的耗能
制冷和供暖管沟
制冷和供暖管沟是为了充分利用地热资源。首先，空气通过管沟进入双层幕墙，将更为有效的排出热量；其次，通过设管沟通道，引入新鲜空气，降低空调耗能。
隔墙板空调系统
采用工作区和背景区空调系统在大尺度高空间创造高效的空调系统，这一系统在常用的隔墙板上设置了为地板下空调送风的出风口
双层呼吸幕墙
在南北两面采用了全尺度的双层呼吸幕墙

4　主要的环境设计技术

此外，主通道沿DS延伸，成为周边缓冲区。因此，这幢大楼没有为建筑边缘专门设计的空调系统。为了适应建筑空间高、广的特点，空调设计中将空间假定为垂直和水平两个空调区（图6）。基于这个假设，设计了压力式地板下送风空调系统的组合系统。而安装在隔墙上的排气口的设计目标如下（图7）：

（1）在工作区和背景区的空调机组容量（空调设备的体积）不超过计划总容量值（75cmh/人）；

（2）利用地板下送风空调系统及压力差控制（地板下和室内的压力差）；

（3）利用地板下送风空调系统的供水温度设定点。

< 6 板式储热系统 >

在这一系统中，作为建筑构件的空心板被用作空调管道。在平时的空调时段（白天），地板下的空调系统送出冷风，而被加热的回风由天花板回到空心板中。而夜间，空心板也同样被用作送风管道（图8）。

夜间，空心板被空气处理单元（AHU，Air Handling Unit）的送出来的风冷却。而在白天，这一蓄热体（TSS，Thermal Storage）又被温暖的回风重新加热。在夏天使用这一蓄热装置和作为热源安装在楼内的冰蓄冷系统可以改变用电高峰期的情况[而且在过渡季（Middle Term），利用这一蓄热体就可以用夜间的室外冷空气取代热源冷却水来降低制冷空调的负荷]。空心板作为一种空调路径包括两种形式。一种是安装在接近建筑边缘的空心板中的圆管。这些圆管作为空调送风和回风通道，主要目的以蓄热和辐射为主。这一形式的空心板被用在大楼每一层的南北4个区。另一种形式是在室内区安装的有很大中空层的板材。与中空层连通的气流出口安装在板底向里的一面。在白天的空调时段内，从AHU送出的空气先经过中空层，然后经过安装了圆管的区域，最终回到AHU。

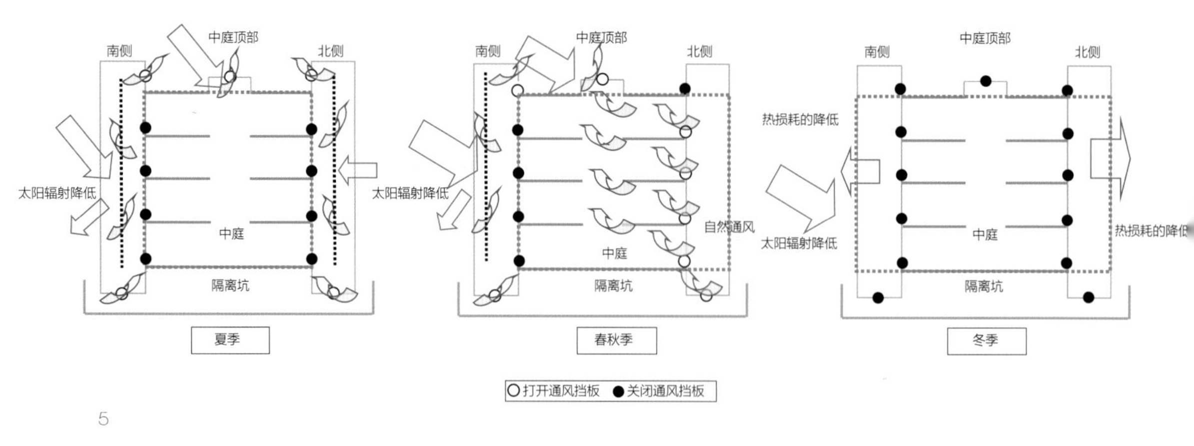
南侧
中庭顶部
北侧
太阳辐射降低
中庭
隔离坑
夏季
春秋季
自然通风
热损耗的降低
冬季
○打开通风挡板 ●关闭通风挡板

5

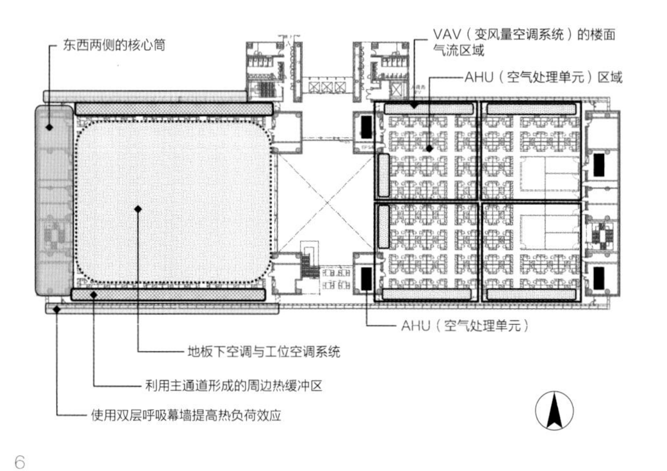
东西两侧的核心筒
VAV（变风量空调系统）的楼面气流区域
AHU（空气处理单元）区域
AHU（空气处理单元）
地板下空调与工位空调系统
利用主通道形成的周边热缓冲区
使用双层呼吸幕墙提高热负荷效应

6

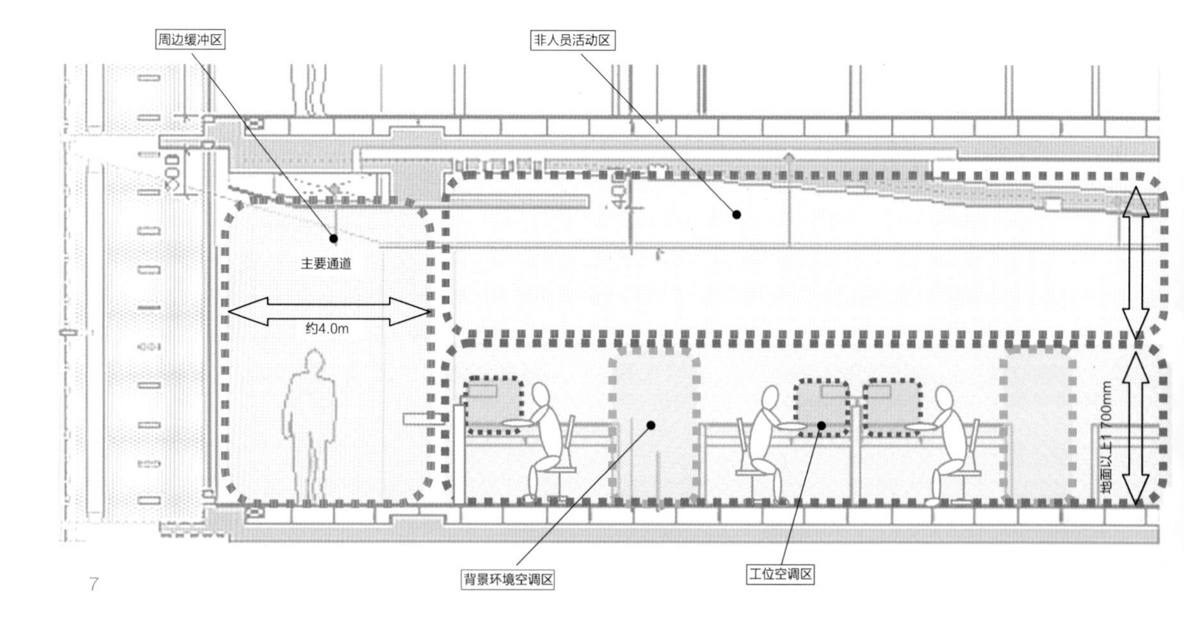
周边缓冲区
非人员活动区
主要通道
约4.0m
地面以上1700mm
背景环境空调区
工位空调区

7

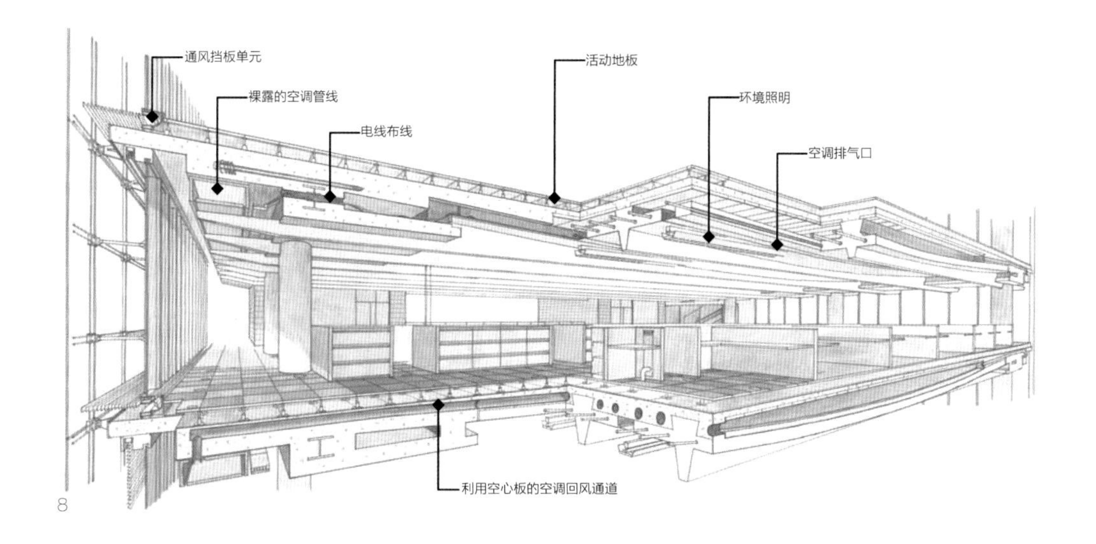

8

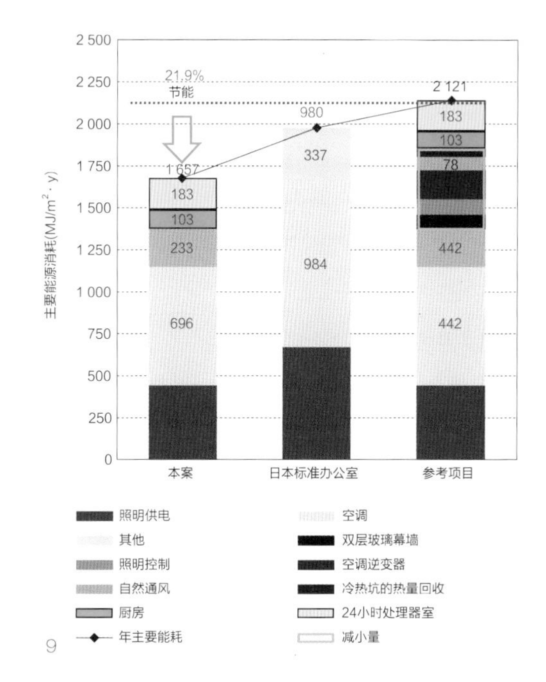

9

5 双层呼吸幕墙系统原理
6 空调系统平面布置
7 工作场所的空调分区概念
8 建筑板式空调系统复合功能
9 主要能源消耗

< 7 效果评价与结论 >

通过使用环境技术（如双层呼吸幕墙，自然通风）减少热负荷，冬天的热水用量和过渡季的冷热水用量都很小。主要能源消耗为 1 657 MJ/m^2 年。DS，TAC 和多项技术（如自然通风、冷热管和太阳能）估计共能减小 21.9% 的主要能源消耗（比较值: 2 121MJ/ m^2 年，图 9）。

我们用建筑效能综合评定系统（CASBEE）进行评估，结果为 S 级（优秀 BEE 值 =3.7）。同样，在新建筑使用前和使用后的问卷调查中，满意度也由 50% 上升至 88%。

这一建筑是将环境效率与优雅的设计和使用者的满意度相结合的最佳实践。

（译 _ 王朗）

参考文献

[1] Japan Sustainable Building Consortium (JSBC). CASBEE Manual 1 Dfe(Design for Environment) Tool[S]. The Institute for Building Environment and Energy Conservation, 2003 .
[2] T.Yanai, Sasaki, The Practical Example of the Air Conditioning Load Reduction Method Integrated with the Building Environmental Design [G]. The 2005 World Sustainable Building Conference, 2005 .
[3] M.Sasaki, et al. Personalized HVAC System in a Sustainable Office Building - Building Design Concept and HVAC System Performance [J], Healthy Buildings (Lisbon, Portugal), 2006.6.
[4] T.Akimoto, et al Personalized HVAC System in a Sustainable Office Building -Field Measurement of Productivity and Air Change Effectiveness [J], Healthy Buildings (Lisbon, Portugal), 2006.6.
[5] Arsen K. Melikov, Radim Cermak, Milan Majer. Personalized Ventilation: evaluation of different air terminal devices[J], Energy and Buildings, 2002.

创新工场
——尼桑先进技术研发中心

CREATIVE WORKPLACE:NISSAN ADVANCED TECHNOLOGY CENTER

大坪泰 上口泰位 武田匡史 佐佐木正人 / Toru OTSUBO, Yasunori KAMIGUCHI, Masashi Takeda, Masato SASAKI

< 1 项目概况和设计概念 >

尼桑先进技术研发中心（图 1、2）旨在促进技术发展，引导革命性产品开发的基础研究和技术发展。它将成为尼桑环保与安全科技的创新研发中心，同时让各个不同领域的专业工程师，能够在完全整合的工作环境中作业，并发挥出最佳的研发效能。NATC 包括给研究人员提供的办公室、自助餐厅建筑以及实验室。这些建筑由连廊互相联系。在北部有个大型的绿色开敞空间，建筑的外部设计充分考虑了与周围的山脉形成良好视觉延续性的效果。

办公室和自助餐厅建筑高 7 层，地下 1 层，总建筑面积将近 70 000m^2。设计团队建议为了进一步发展而建设的知识型创意办公大楼，应该具有以下几个特点：

（1）依托周围的自然环境，激发创意；

（2）可促进自发的、持续互动的交流；

（3）为未来的需求提供灵活的工作场所；

（4）营造类似于研讨会的气氛，激发汽车创造的火花。

为了能够感受自然，并与周边的地形产生共鸣，设计师提出了阶梯状工作空间的方案。玻璃屋顶覆盖的北部阶梯状楼层，打造出一个宽敞的办公空间（图 3、4）。阶梯状的工作场所包括工作间、展览区、绿色立方体和交流场所，并期望能达到以下目标：

（1）优化自然要素，包括自然采光、自然通风、和周围景观的视觉联系；

（2）能够看到整个工作场所；

（3）加强员工之间自发的联系和交流；

（4）创造汽车制造公司的团队感和个性；

“绿色立方体”得名于尼桑的“立方体”（Cube）车系，是沿阶梯状的工作空间层层上升的小花园。3 个绿立方是空间视觉上的焦点，并通过安装在玻璃幕墙上的通风阀门装置实现自然通风。这里也是一个茶水间，研发人员可以在此交流沟通不同领域的科技技术，激发新的火花。

< 2 环境优化控制 >

为了减少玻璃的热负荷，在玻璃外层使用了遮阳装置。百叶窗作为玻璃清洁的维护平台，同时设置了可减少北向玻璃表面辐射温度的喷雾系统。在南侧屋檐下镶嵌了光伏电池，中庭装有外遮阳百叶窗（图 5）。

（1）安装有可旋转的幕帘，散热装置和局部的冷风排气系统，阻挡可能通过玻璃进入使用空间的热量；

（2）其他技术手段包括，绿立方的自然通风，太阳能烟囱和生态空隙（Eco-void）的自然排气；

（3）引入新风处理。通过使用地热的制冷 / 供暖管沟对进入室内的新风进行预热或预冷处理；

（4）安装在玻璃顶棚上的外遮阳百叶窗在阻断

1　NATC 鸟瞰

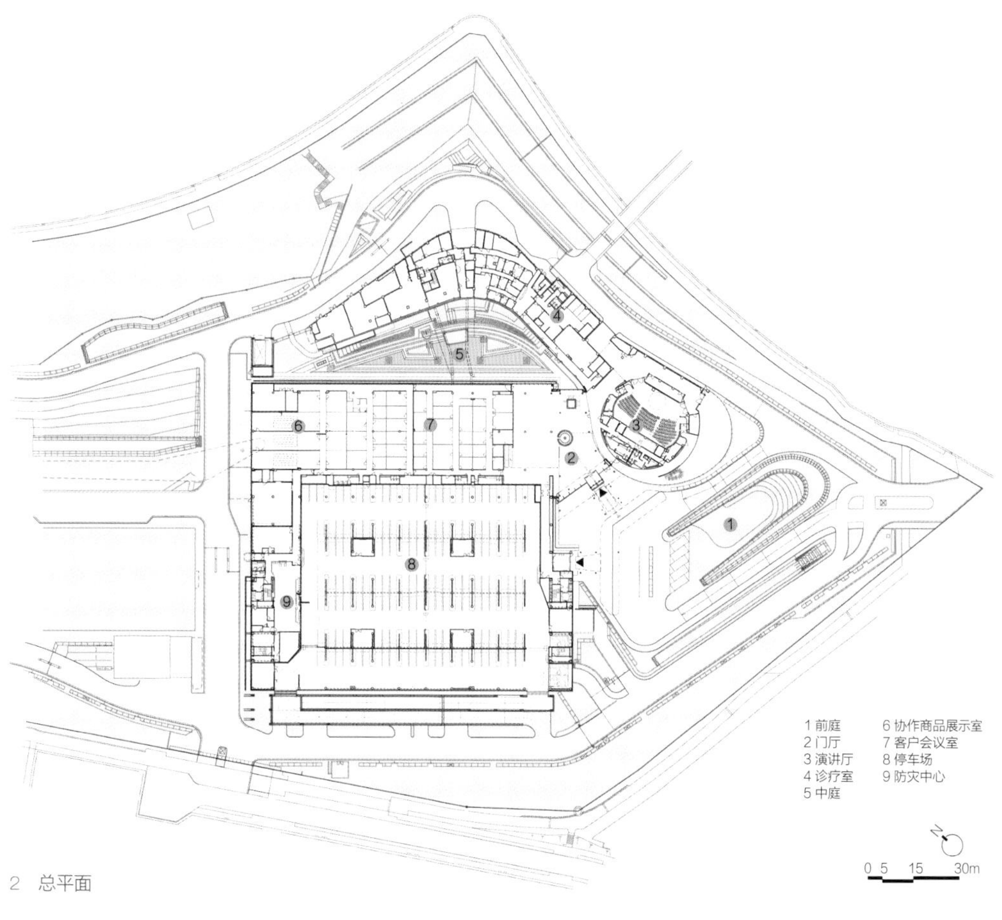

2　总平面

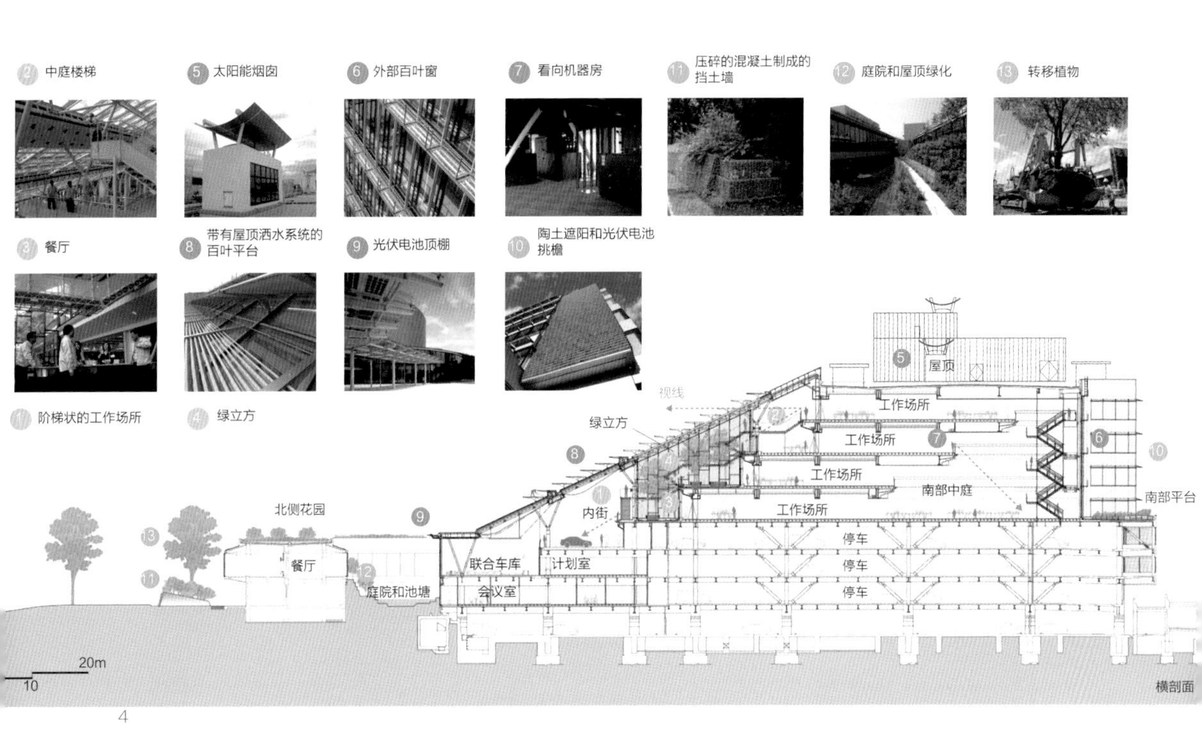

2 中庭楼梯
5 太阳能烟囱
6 外部百叶窗
7 看向机器房
11 压碎的混凝土制成的挡土墙
12 庭院和屋顶绿化
13 转移植物
3 餐厅
8 带有屋顶洒水系统的百叶平台
9 光伏电池顶棚
10 陶土遮阳和光伏电池挑檐
1 阶梯状的工作场所
4 绿立方
屋顶
视线
工作场所
绿立方
工作场所
工作场所
南部中庭
工作场所
南部平台
内街
北侧花园
餐厅
联合车库
计划室
停车
停车
停车
庭院和池塘
会议室
20m
10
横剖面

4

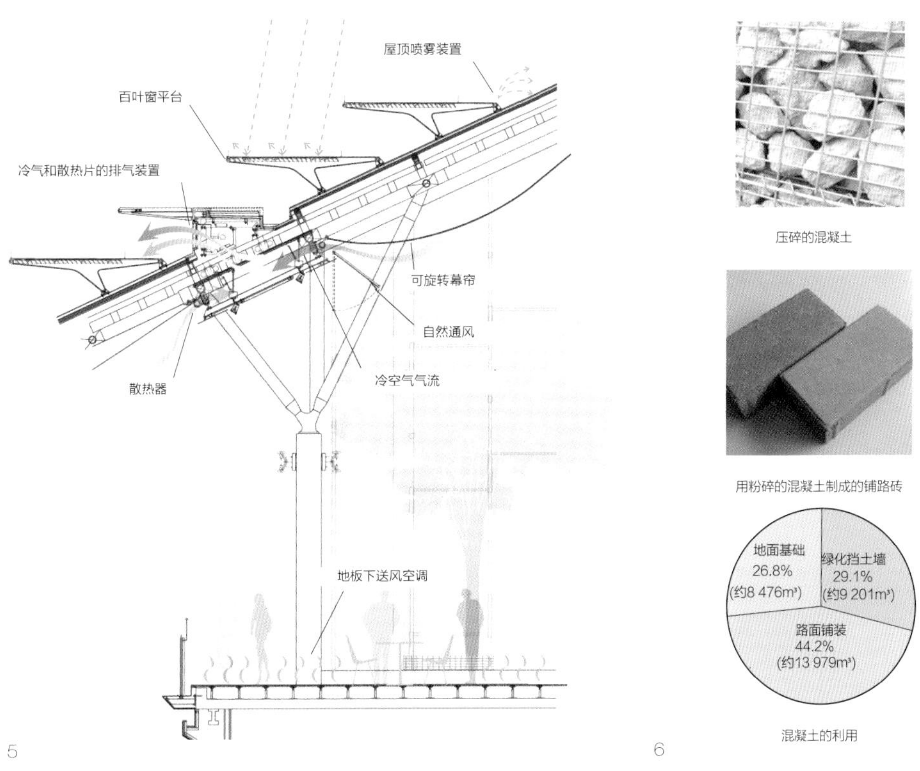

屋顶喷雾装置
百叶窗平台
冷气和散热片的排气装置
可旋转幕帘
自然通风
散热器
冷空气气流
地板下送风空调
压碎的混凝土
用粉碎的混凝土制成的铺路砖
地面基础
26.8%
(约8 476m³)
绿化挡土墙
29.1%
(约9 201m³)
路面铺装
44.2%
(约13 979m³)
混凝土的利用

5

6

3 阶梯状工作空间
4 剖面
5 优化控制
6 废弃混凝土的再利用

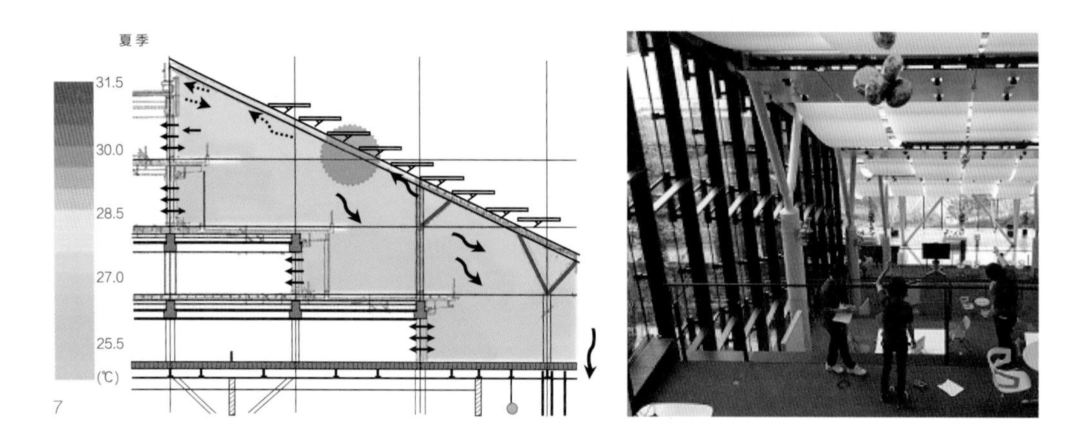
夏季
31.5
30.0
28.5
27.0
25.5
(℃)
7

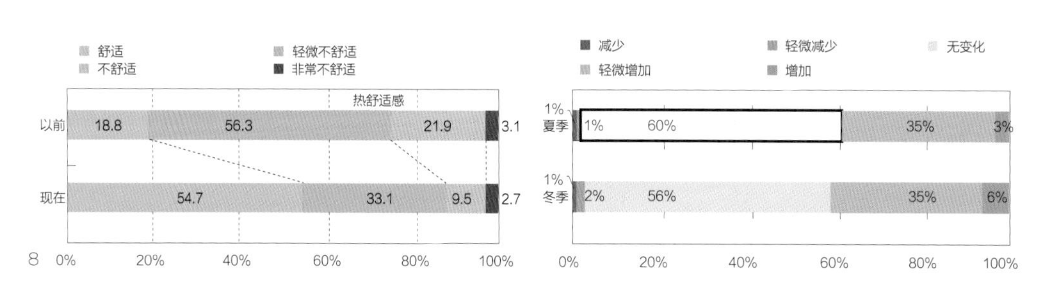
舒适
不舒适
轻微不舒适
非常不舒适
热舒适感
以前
18.8
56.3
21.9
3.1
现在
54.7
33.1
9.5
2.7
8
0%
20%
40%
60%
80%
100%
减少
轻微减少
无变化
轻微增加
增加
1%
夏季
1%
60%
35%
3%
1%
冬季
2%
56%
35%
6%

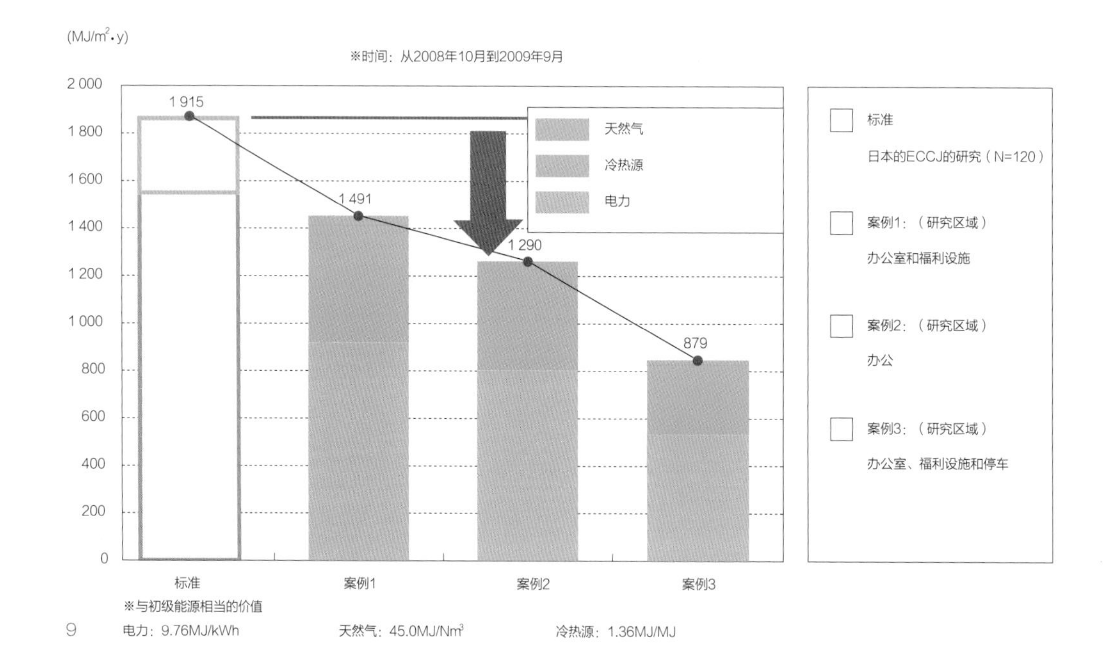
(MJ/m²·y)
※时间：从2008年10月到2009年9月
2 000
1 800
1 600
1 400
1 200
1 000
800
600
400
200
0
1 915
1 491
1 290
879
天然气
冷热源
电力
标准
日本的ECCJ的研究（N=120）
案例1：（研究区域）
办公室和福利设施
案例2：（研究区域）
办公
案例3：（研究区域）
办公室、福利设施和停车
标准
案例1
案例2
案例3
※与初级能源相当的价值
9
电力：9.76MJ/kWh
天然气：45.0MJ/Nm³
冷热源：1.36MJ/MJ

7 场地温度测量
8 使用者舒适度分析
9 初级能源消耗
10 CASBEE 评价

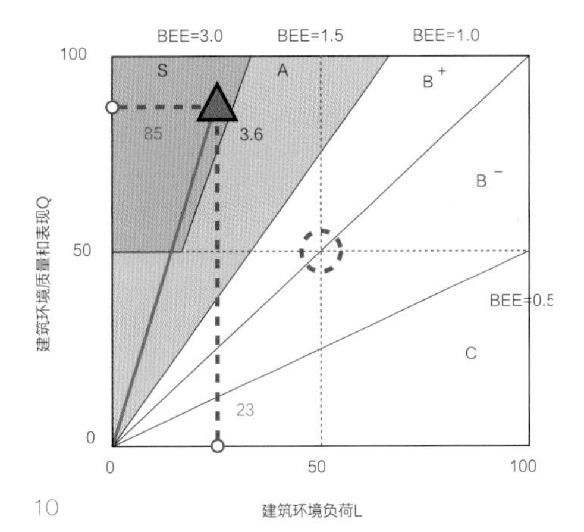

10

阳光的同时，不影响水平视线和日常简易维护。

（5）部分玻璃顶棚上安装了电器线路，并整合了采光、喷雾和排气系统。

这些优化措施提供了一个良好的工作环境，在这里能感受到外部自然和天气的变化以及控制得当的自然光和热环境。

< 3 环境恢复措施 >

建筑的开发涉及到从大学校园用地到公司研发设施用地的土地利用性质的转变。开发计划包括地形、植被和水系统三个方面的恢复。地形恢复是在北面形成一个斜坡来恢复山脉的连续性，并设置了绿色的挡土墙来修复植被边坡的界限。

植被的恢复措施为采用乡土植物用于绿化。南面平台、绿立方和种植屋面的绿化同样也使用了乡土植物。设计师在办公楼和自助餐厅建筑之间的庭院建造了一个池塘，用于水体的恢复。雨水被收集回收利用，在这里人们甚至可以看到野生鸟类。

为减小对环境的不良影响，该项目非常重视可回收材料的再利用，原有大学校园建筑所有废弃的混凝土被用于绿色挡土墙的建造或者路面铺设（见图6）。右图显示了废弃混凝土的再利用。大约有一半的废弃混凝土被用于路面铺设，其余则用于挡土墙和地面基础的建造。

< 4 节能效果及环境质量 >

4.1 热环境

在试运行期间，阶梯状的工作空间中使用了气球来实测热环境，包括通风窗、可旋转幕帘开启和关闭时的情况，以及喷雾装置在不同间隔时间的情况。夏季，天窗附近的顶部温度接近 30℃，但是在阶梯状工作间的温度则被保持在 25℃左右（图7）。

设计团队通过使用者的主观评价，调查了新办公环境和阶梯状工作空间的舒适度。和旧办公室相比，舒适度从大约 19% 提高到了 55%。而另外 40% 的被访者则认为，他们的工作效率由于在新工作环境中得到了提高（图 8，共 150 名员工参与了调查）。

4.2 能耗评价

本节是初级能耗的记录。由于采用了各种节能技术，据估计能耗比普通的日本办公建筑减少了 32.6%（(1 915 MJ/m²/year)）。春、秋季的自然通风大大节约了供暖和制冷的能源。自然采光和地板送风空调系统也降低了照明和空气通风的能耗。图 9 显示了使用自然采光和新风制冷的效果。

4.3 环境评估（CASBEE）

尼桑先进科技中心的建筑在日本环境标准 CASBEE（Comprehensive Assessment System For Building Environmental Efficiency，建筑物综合环境性能评价体系）中达到了 S 级。在质量标准“Q”中得到了高分 85，在环境影响项目“L”中得到低分 23。总体上讲，其 BEE（建筑物环境效率）为 3.6（见图 10）。

< 5 结语 >

尼桑先进技术研发中心的设计把富有创造力的工作场所和较高的可持续性很好地融合。建成之后，我们调查了实际的使用者活动，并且根据反馈继续优化工作环境和其可持续性。

（译 _ 解丹）

净零碳设计
——韩国三星“绿色明天”

NET ZERO CARBON DESIGN:KOREA SAMSUNG GREEN TOMORROW

文森特·成 伍尚 梁伟豪 / Vincent Cheng, Trevor Ng, Wai-ho Leung

< 1 “净零碳”定义 >

净零碳建筑策略仅关注建筑的能源消耗问题。这些策略可以被宽泛地分为以下5个类别（UKGBC，2007[①]）：

（1）建筑的能源消耗完全自给自足，建筑所有的能耗需求都可以通过实地生成的可再生能源得到满足；

（2）建筑连接到当地电网，在一年时间内建筑实地产生的可再生能源能够抵消从电网消耗的电能；

（3）建筑就近连接到当地的低碳或零碳的电力供给；

（4）建筑连接到远处的低碳或零碳的电力供给；

（5）建筑的碳排放量通过从碳排放交易市场购得的碳排放额度来抵消。

经过多年的实践，奥雅纳工程顾问基于以上有关“净零碳”的定义根据不同的建筑类别建立了一整套减排策略的框架并将其运用在建筑上：

（1）建筑能够完全自给自足，建筑所有的能源需求都由实地产生的低碳或零碳排放的能源来满足；

（2）建筑连接到当地电网，实地生成的可再生能源能够部分抵消建筑从电网中消耗的电能；

（3）建筑就近从当地的低碳或零碳的电力供应中获取部分能源；

（4）建筑从远处的低碳或零碳的电力供应中获

1 零能耗楼

2 “绿色明天”周边环境
3 “绿色明天”实景（左：公共关系楼；右：零能耗楼）

取其部分能源；

（5）建筑的部分碳排放通过从碳排放交易市场购得的碳排放额度进行抵消。

以上并非严格的定义，而是作为一个框架来帮助对不同减排方案相对的优点和效果进行认识。通常来说，属于类别 1 的建筑要优于类别 5 的建筑。

< 2 实现净零碳的策略 >

以净零碳排放为目标的渐进式能源管理概念主要包括以下 4 个策略：

（1）减少需求——减少建筑设备的使用并降低设备能耗，比如采用高效节能的电器，减少小型电器的数量等；

（2）需求控制——通过与建筑结合的设计手段来采用被动式设计策略以降低能耗，包括高性能的建筑立面、气密性、外部遮阳措施、建筑朝向等；

（3）能源的高效使用——在机电系统的设计中采用主动式的节能系统，包括采用高效系统，热回收，采光控制等；

（4）可再生能源——通过实地利用可再生能源来满足建筑余下的能源需求，包括太阳能发电系统和光热系统等。

< 3 净零碳策略在“绿色明天”中的应用 >

名为“绿色明天”的零能耗建筑是韩国的一个可持续设计示范项目。该项目位于韩国龙仁市（Yongin，Korea），场地面积为 2 456m²，主要由 2 个建筑组成——零能耗楼（Zero Energy House，简称 ZEH 楼，建筑面积 423m²）和公共关系楼（Public Relation Pavilion，简称 PR 楼，建筑面积 298m²）。零能耗楼是一座以建筑零能耗为目标的设计展示楼，公共关系楼则包括对外接待区和展览及建筑管理人员的工作区（图 1 ~ 4）。

4 “绿色明天”夜景环境

3.1 主要的可持续设计策略

该项目的建筑运用了在零碳定义的基础上发展的“碳中和框架”中的策略——“建筑连接到当地电网。场地生成的可再生能源能够部分抵消建筑从电网中消耗的电能”。当产生的可再生能源超过零能耗楼的能源需求时，多余能源就被储存在电池中留做将来用。当产生的电能超过电池的储存能力时，超出的部分就被用于抵消公共关系楼内的电力消耗，以在一年中达到零能耗和零碳排放的目标。

“绿色明天”零能耗楼除了电力需求外没有其他的能源需求（建筑不需要使用其他的燃料，如生物质、煤炭或天然气等）。电能则是由可再生能源系统产生（太阳能光电系统和光热系统）。

该项目所采用的基于能源管理概念的多个节能策略（表1、图5）。

3.2 零碳设计的验证

计算机能源模拟被用来评估零能耗楼的全年能耗和碳排放（图8）。

（1）模拟工具——能源模型

能源模拟由计算机软件 eQUEST 3.61 来进行，该软件是一个能够生成专业结果的复杂的建筑能源使用分析工具。eQUEST 运用复杂的建筑能源使用模拟技术让使用者能够对建筑设计和技术进行详细的比较分析。为了比较采用被动式策略、主动式节能系统和可再生能源的全年能耗情况，两个 eQUEST 模型得到了建立和比较，一个是基于 ASHRAE②标准 90.1 设计的基准模型，另一个则是本项目所采用的设计方案。

（2）模型参数

根据初步建筑设计和获得的机电系统参数，能

表 1　能源管理概念与节能策略

能源管理概念	设计策略
被动式节能策略	降低建筑能源消耗首先要做的是被动式设计策略的概念设计并将其结合到建筑设计中。成功的被动式设计策略能够有效降低空调和采暖能耗，从而降低暖通空调系统的能耗和运行成本。零能耗楼采用了以下策略： （1）自然通风 自然通风就是通过自然的手段为室内空间提供新风和排风的过程，这也就意味着不是通过使用风扇或其他机械系统来进行这一过程。随着人们对成本和能源消耗的环境影响问题越来越重视，自然通风这一手段的运用当然就显得格外有利。 （2）高性能的建筑围护结构 良好的建筑围护结构设计能够在空调运行期间防止过多的太阳辐射进入建筑内，并减少传导热损失或渗透导致的热损失。这就能够把空调和采暖的负荷降到最低，从而减少暖通空调系统的能耗。建筑的围护结构设计结合了以下一些设计策略： 采用遮阳设施——遮挡直射太阳光； 使用高性能玻璃窗——采用保温效果良好的三层玻璃窗； 采用保温材料——使外墙和屋顶具有较低的传热系数； 良好的气密性——降低空气渗透导致的热损失。 （3）采光控制 通过自动采光控制系统关闭或调低人工光照明水平，可以节约人工光的能耗。 有外窗的房间都安装了光电传感器，因此在自然采光的照度水平 ≥300lx 时，人工光的照度可以被调低。 （4）相变材料（Phase Change Material，PCM） 巴斯夫相变材料石膏板和高密度水泥纤维板被用于吊顶和房间的内隔墙中（图 6）。这种材料能够在白天吸收热量，并在较冷的夜间通风换气时将热量释放。
主动式节能策略	为了提高室内热舒适度和空气质量，建筑中采用了主动式系统以维持稳定的温度、湿度和通风质量。主动式系统的设计使其在消耗最少能源的情况下达到设计的室内环境质量。下面的段落将阐述所设计的系统和节能策略。 （1）辐射采暖 / 冷吊顶 该项目的建筑采用的不是全空气系统，而是结合了地板辐射采暖和冷吊顶来提供采暖 / 制冷负荷。和其他类型的集中采暖系统相比，采暖时可将温控器调低几度，制冷时则将温控器调高几度，这样能够达到节约能源的效果。否则在相同的温控器设定温度条件下，辐射系统的能耗会比压力空气系统更高。 （2）自然冷却 空气节能器在过渡季能够提供自然冷却。节能器控制和机械制冷系统相结合，这样即使在需要额外的机械制冷来满足余下的制冷负荷的情况下仍然能够提供部分的制冷效果。 （3）热回收 热交换器焓轮通过捕获和回收余热来预热 / 预冷空气处理机中的新风。通过回收余热所节约的能源可能会因风机压降而抵消，因此需要安装旁路系统。 （4）地源热泵（Ground Source Heat Pump，GSHP） 该系统利用稳定的地下土壤温度来提供采暖 / 制冷。和地下埋管连接的热泵在冬季利用土壤的热量，而在夏季则将热量释放到土壤中。
电器设备	该建筑项目的设备能耗占总体能耗的 25% 以上。为了把这部分显著的能耗降到最低，应通过安装节能设备来降低电能需求。
可再生能源	（1）光伏发电 光伏发电是通过采用太阳能电池板把太阳能直接转化成电能来利用能源的技术。该建筑项目安装了 163m^2 的光伏板，一年大约能够产生 22.41MW 的电能，足够建筑项目一年的能源消耗（图 7）。 （2）太阳能光热 太阳能热水系统通过收集太阳能加热水，并为淋浴间提供热水来利用可再生能源。太阳能集热器被安装在开敞的屋顶上。

5 “绿色明天”节能策略示意
6 室内吊顶
7 屋顶光伏板

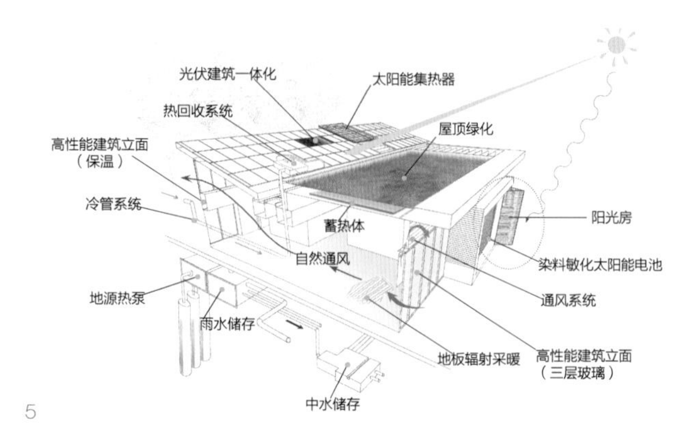

5

源模型按照项目的各个特征建立，并在一些类别中采用了 ASHRAE 标准。

3.3 结果对比

图 9 显示了该建筑采用被动式策略、主动式系统和可再生能源所达到的全年节能效果。

能源成本的节约主要来自以下 4 个方面: 采暖能耗的减少——包括采暖、辅助加热和热泵辅助热源；照明能耗的减少；风扇能耗的减少；可再生能源的利用（光伏发电系统）。

6

3.3.1 采暖节能

设计方案在采暖方面显著地节约能源的主要原因包括：基准模型中大部分的采暖期都采用电采暖，导致系统性能系数较低；建筑围护结构（外窗和外墙）采用极好的保温措施（U 值）；建筑围护结构具有较低的空气渗透率（良好的气密性）；采用地源热泵，而不是组装式屋顶热泵；热回收系统的采用。

根据 ASHRAE 90.1 的表格 G3.1.1A（ASHRAE，2004），基准方案的暖通空调系统是系统 4，也就是具有风扇控制的定风量的组装式屋顶热泵。

7

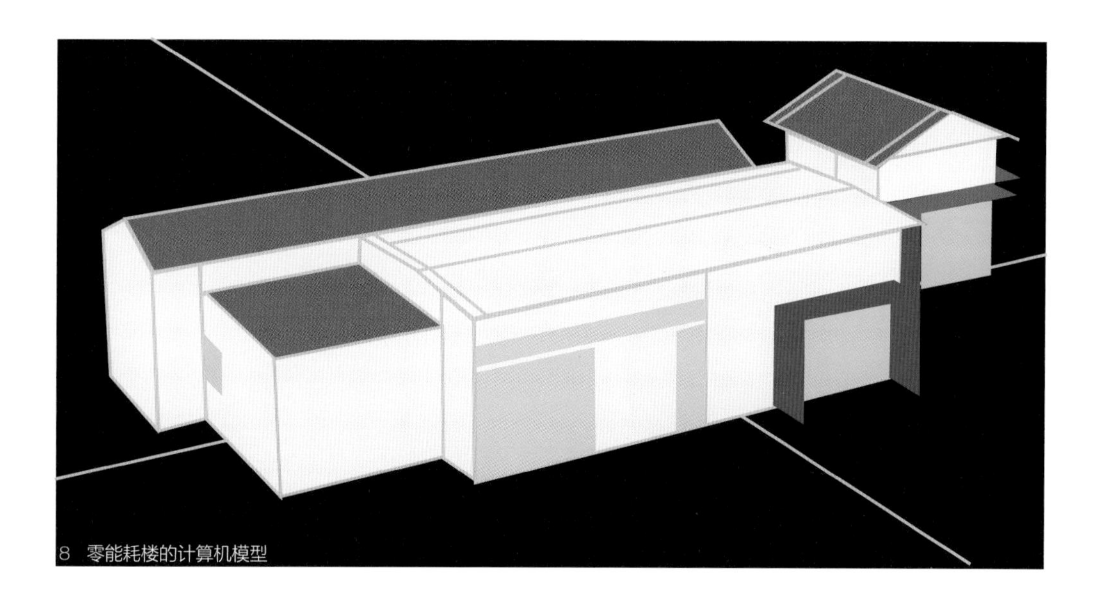

8 零能耗楼的计算机模型

条文G3.1.3.1的补充说明指出“电动空气源热泵应配备电力辅助加热进行模拟。系统应由多级控制的恒温器进行控制并连接室外空气恒温器，在达到最后一级恒温控制或室外气温低于4℃时启动‘辅助加热’”。项目场地龙仁市所处的气候区被归为4A类（混合一潮湿）。根据从EnergyPlus能耗模拟结果分离出来的地方气候数据，基准模型在4℃以下需要进行电采暖的时期很长（超过总运行时间的45%）。因此，“热泵辅助（包含辅助加热）”就会被启动以提供额外的电采暖，并以较低的采暖效率进行运作（电采暖的系统性能系数较低）。与设计方案（采用地源热泵）相比，基准模型的能耗中“热泵辅助”和“采暖”的比例较高。

再者，由于“绿色明天”项目的室内空间靠近建筑的围护结构，大部分的室内区域都被归类为周边区域。因此，暖通空调系统的能耗主要是受到室外环境的显著影响。高性能的建筑立面、良好的气密性和厚保温层的运用可以节约建筑的暖通空调特别是采暖所消耗的能源。

在设计方案模型中，很多节能策略被应用到该项目中。

（1）外墙、屋顶和地坪构造的传热系数大大低于基准模型的值，其中零能耗楼的U值比基准模型高7倍，而公共关系楼的U值则比基准模型高2.5倍。

根据传热方程式：传热量=UA(ΔT)

其中U=传热系数，A=传热面积（围护结构面积），ΔT=室内外温差

（2）在冬季，韩国的室外气温约为0～13℃，而采暖的设计室内气温为20℃。在室内外温差巨大的情况下，建筑围护结构的U值在冬季减少热损失而夏季减少得热方面就起到非常巨大的作用。

（3）零能耗楼的空气渗透率保持在$1m^3/h/m^2$围护结构面积，这是比较优良的（基准模型的渗透率为$2L/s/m^2$）。建筑围护结构具有较低的空气渗透率（即气密性良好）可以使建筑形成“封闭区域”，把照明和设备产生的大部分内部得热保留住。因此，大部分的采暖需求可以通过内部负荷得到满足，降低了地源热泵的运行和负荷，从而大大减少采暖能耗。

（4）零能耗楼安装了性能很高的窗户，包括采用PVC（Polyvinyl Chloride，聚氯乙烯）窗框的三层玻璃窗和铝合金窗框的双层玻璃窗。三层和双层玻璃窗的综合U值仅为$0.85W/m^2K$，这比模拟使用的基准模型大大提高了性能。考虑到导热传热，较低的窗扇U值可以在夏季降低空调的热损失，而在冬季则避免围护结构的得热。

（5）暖通空调系统设计中采用了地源热泵系统。它具有比典型的空气对空气热泵更高的COP（Coefficient of Performance，制热能效比）值。再者，地源热泵系统无需提供“辅助加热”，而在采用电动

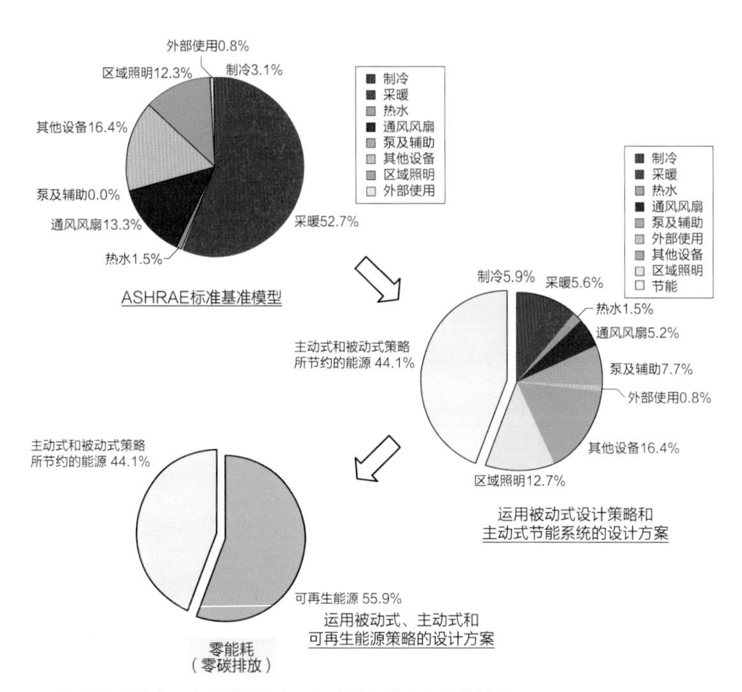

9　采用被动式策略、主动式系统和可再生能源的全年节能情况

表 2　设计方案中零能耗楼和公共关系楼各自的暖通空调系统的运行时间

		承担内部负荷的主要系统	运行时间（小时）	和基准模型相比的风扇能耗	和基准模型相比的泵的能耗
零能耗楼	采暖	地板辐射采暖系统	1 024	无能耗（1）	较大（3）
	制冷	吊顶式风机盘管机组	932	较小（2）	较大（3）

注:

（1）地板辐射采暖系统和冷吊顶系统不存在风扇能耗（风机盘管系统通风的能耗除外）;

（2）由于设计方案因具有更好的围护结构保温和更低的空气渗透率而降低了采暖和制冷需求，其风扇能耗与基准模型相比也得到了降低;

（3）由于设计方案中存在水环系统，因此暖通空调泵系统必须驱动冷热水循环（基准模型则不存在这方面的暖通空调泵的能耗）。

热泵的基准模型中，这一部分耗费了大量的能源。

（6）建筑安装了热回收设备。热交换器焓轮通过捕获和回收余热来预热 / 预冷空气处理机中的新风。通过回收余热所节约的能源可能会因风扇压降而消除，因此需要安装旁路系统。

3.3.2 照明节能

照明系统中采用了以下两个主要的设计策略：较低的照明功率密度和自然采光的利用。

设计方案的照明功率密度比基准模型大大降低，从而减少了建筑正常运行情况下的能耗。另外，项目的两个建筑中都应用了自然采光策略。所有使用空间中都安装了带有日光传感器的可调节和可进行开关控制的照明设备。通过建立采光模拟模型 RADIANCE，对采光策略的节能效果进行评估。模拟结果显示超过 60% 的照明系统运行时间可以得到减少并由自然采光代替。

3.3.3 风扇节能

该项目的风扇节能主要源于两方面：“地板辐射采暖”和“冷吊顶”的采用不存在风扇能耗；采暖和制冷负荷的降低减少了暖通空调系统的风扇能耗。

和基准模型的全空气系统相比，该项目方案结合了“地板辐射采暖”和“冷吊顶”来为零能耗楼和公共关系楼提供采暖和制冷负荷。

零能耗楼采用了地板辐射采暖。辐射采暖系统通过泵系统驱动热水在管网中的循环来为建筑供暖。方案模型的风扇能耗和全空气系统相比得到降低，但是泵的能耗却因为管网（辐射）的水循环而增加。从表 2 可以看出，零能耗楼超过 55% 的暖通空调运行期均运行没有风扇能耗的辐射采暖系统。

通过采用冷吊顶系统，公共关系楼中也结合了类似的节能理念。由于通过辐射和对流换热，无需风道系统，和全空气式暖通空调系统相比，公共关系楼具有更高的环境舒适度和较低的风扇能耗。

尽管“绿色明天”项目设计方案节约了少量的风扇能耗，但是和基准模型相比，则产生了更多的泵的能耗（和基准模型相比每年额外产生 3 840kWh 的泵能耗）。

< 4 结论 >

本文总结了零碳设计的概念和以建筑净零碳排放为目标的可持续设计系统的应用。减少和控制能源需求，能源的有效使用和清洁可再生能源的利用是降低能耗达成净零碳排放目标的最重要也是最有效的手段。通过对“绿色明天”项目的评估，验证了一些可持续理念在达成建筑的零能耗和零碳排放方面的有效性。

在建筑的总体能耗中，和基准模型相比采暖节能策略所节约的能源是最显著的。这是由于（1）建筑围护结构极好的保温（U 值）；（2）建筑围护结构较低的空气渗透率（良好气密性）；（3）采用地源热泵，而不是组装式屋顶热泵；（4）热回收系统的运用。在减少建筑能耗方面这些策略被证明是十分有效的。其他有效的节能策略，包括照明节能和风扇节能，也对总体的主动式和被动式节能做出贡献。

（译 _ 彭伟洲）

注释

①该分类基于英国绿色建筑委员会《关于新建非住宅建筑减少碳排放的报告》，2007 年 12 月。

② American Society of Heating, Refrigerating and Air-Conditioning Engineers, Inc.，美国采暖、制冷与空调工程师学会。

参考文献

[1] ASHRAE. ASHRAE90.1-2004《除低层住宅建筑外的建筑物的能源标准》[S]，2004.
[2] 英国绿色建筑委员会（UK-GBC）.《关于新建非住宅建筑减少碳排放的报告》[C]，2007.
[3] 美国能源部（Department of Energy，DOE）EnergyPlus 能耗模拟软件 [CP/OL]. http://apps1.eere.energy.gov/buildings/energyplus.
[4] 美国劳伦斯伯克利国家实验室（Lawrence Berkeley National Laboratory，LBNL）.Radiance 采光模拟软件 [CP/OL].http://radsite.lbl.gov/radiance.
[5] 美国劳伦斯伯克利国家实验室（LBNL），J.J.Hirsch, Associates.eQuest 能源模拟软件 [CP/OL].http://www.doe2.com/equest.

SOLARIS
——攀升可持续建筑设计中的更高境界
SOLARIS: SOARING TO GREATER HEIGHTS IN SUSTAINABLE DESIGN

林俊强 胡毓钧 / LIM Choon Keang, FOO E-Jin

1 Solaris 大厦人视效果

Solaris 坐落于纬壹科技城总体规划中的启汇城(Fusionopolis)地块，是一个面向通信、媒体、自然科学、工程研究及清洁技术的 15 层复合型科研大厦（图 1）。该建筑的概念设计在裕廊集团（Jurong Town Corporation）组织的设计招标中脱颖而出。Solaris 大厦获得了新加坡建设局（Singapore Building & Construction Authority）颁发的绿色标识铂金级认证（Green Mark Platinum）——新加坡可持续建筑认证级别中的最高荣誉。值得一提的是，该建筑的总能耗与当地普通建筑相比，缩减超过 36%（图 2）。

Solaris 的景观规划总面积在 8 000m² 以上，超过了原本建筑基地的绿化面积。这个绿色生态基础建设以超标的 113% 的绿色覆盖率，代替了基地原始的绿色足迹。

< 1 基地概况 >

启汇城地块是裕廊集团致力开发建设的纬壹科技城总体规划的一个组成部分（图 3）。毗邻的启奥生物医药研究园(Biopolis)和媒体城（Mediapolis）地块，与启汇城地块一起，构成了纬壹科技城的 3 个战略性发展目标，它们分别是——成为新加坡和东南亚地区生物医学研究、新媒体

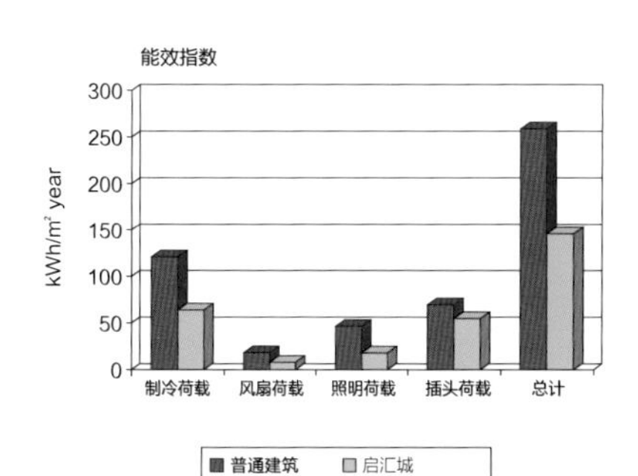

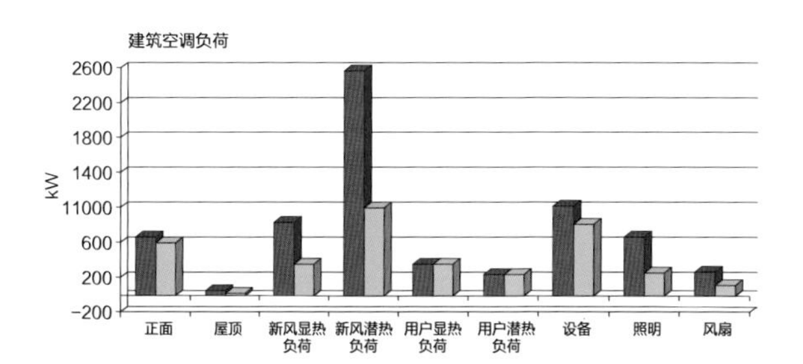

2

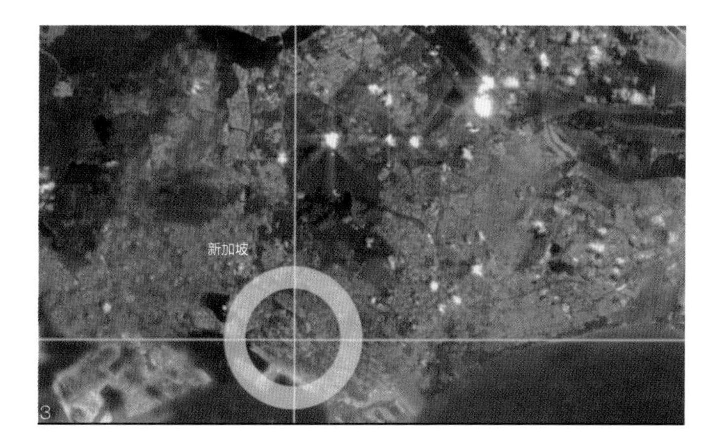

3

4

2 Solaris 大厦能耗对比表
3 纬壹科技城、启汇城基地位置
4 从北塔楼街看 Solaris

制造与高技术软件工程开发的孵化器。

< 2 螺旋线性的外围景观空间 >

Solaris 建筑设计的关键元素是一条长达 1.5km 的延续不断的生态骨架，它将毗邻的纬壹地面公园和建筑地下的生态单元，以及最高处层层叠叠的屋顶花园的连结起来（图 4 ~ 8）。

连续的线性景观是该项目生态设计理念的重要构成部分，建筑绿化区内所有的植物和有机体在这个连续的动线上形成一个多样化的平衡的小生态。坡道的大幅度出挑和其上高密度的遮阳植物是建筑表皮调节外部温度的重要元素。生态基础设施的建设为使用者提供社交沟通和创意思考的环境，同时大量的绿化植物能够平衡建筑自身的有机体和非有机体，将富有生命气息的绿色带入 Solaris 作为一个技术工程开发的灰色工业环境。

广泛的生态基础设施构建、耳目一新的竖向绿化理念——“一木不能成林”，Solaris 的可持续设计不仅仅试图机械化地替代城市中渐渐消失的绿色，而是力图优化场地本身现有的绿化来创造互动和谐的生态系统。

< 3 自然通风 >

Solaris 的建筑设计最大可能地实现了整体和局部的自然通风，以降低对空调系统的依赖。例如一层对外开放的中庭空间、体块间的架空廊道、楼梯及厕所等公共区域，都是自然通风的空间（图 9）。

中庭空间（图 10）顶部的智能控制天窗系统是通过计算流体力学（Computational Fluid Dynamics）模拟设计的，在炎热

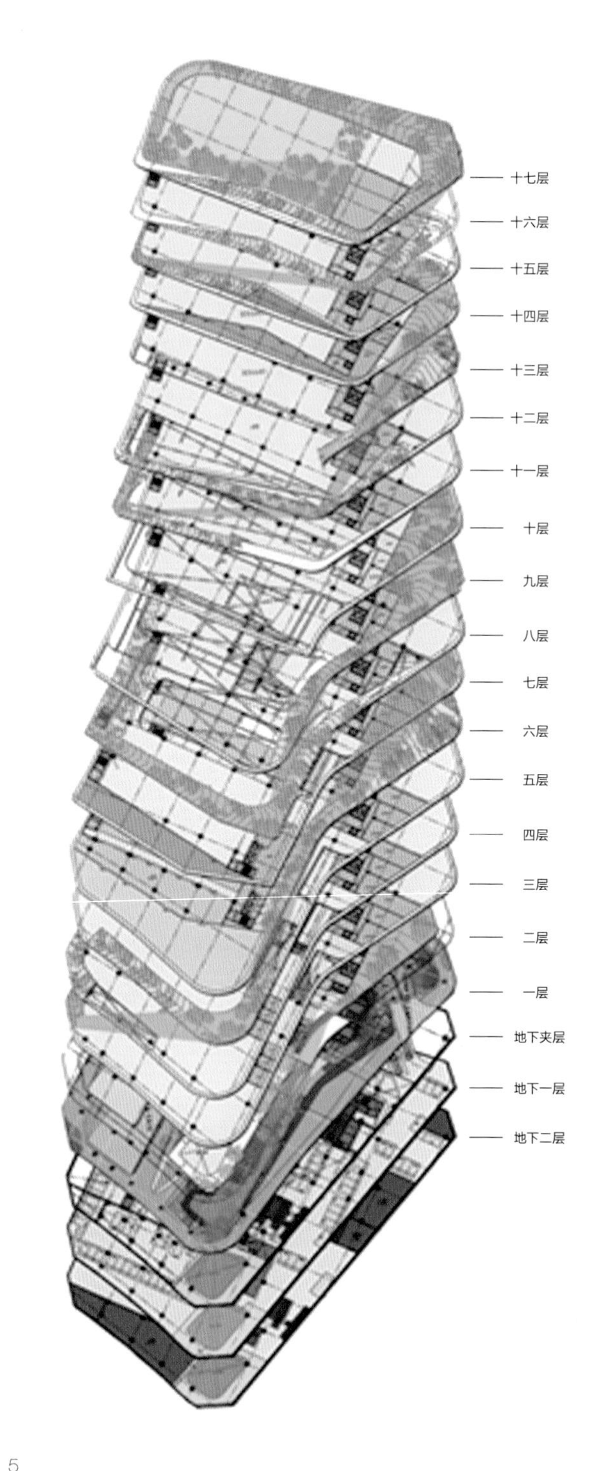

5

5　大厦平面轴测分析
6　各层平面
7　螺旋形绿化带概念
8　鸟瞰

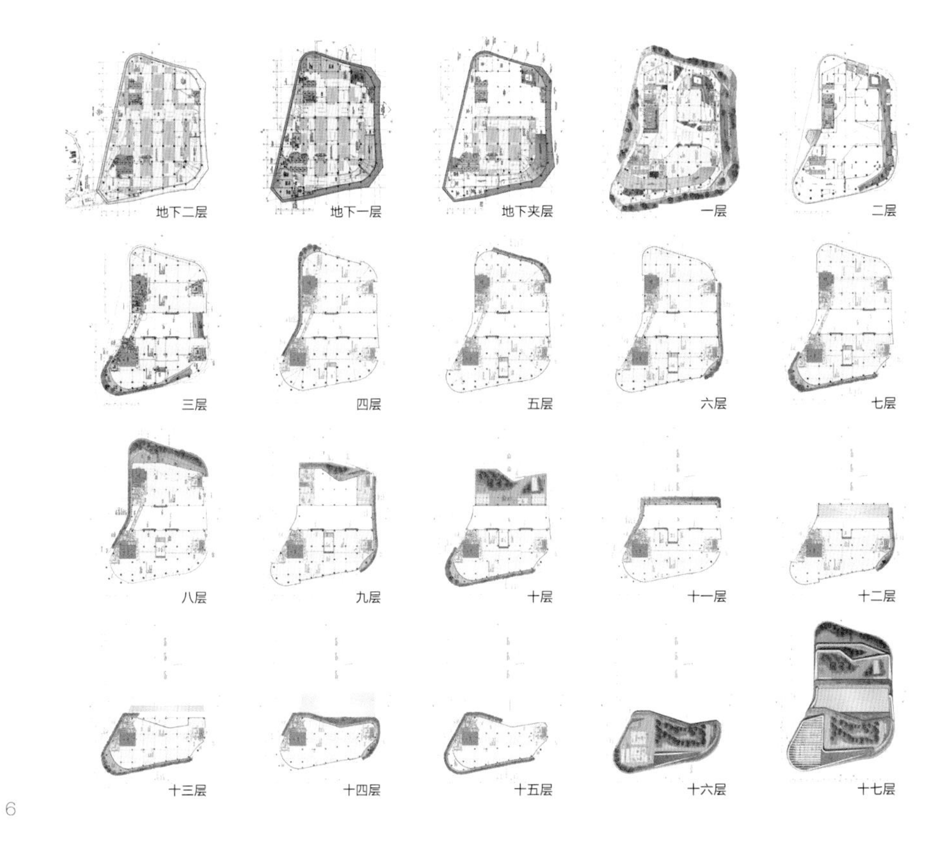
地下二层
地下一层
地下夹层
一层
二层
三层
四层
五层
六层
七层
八层
九层
十层
十一层
十二层
十三层
十四层
十五层
十六层
十七层

6

7

8

雨水收集屋顶存储
6100
12000
12000
12000
20157
12000
10196.3
9000
屋顶层
十六层
十五层
十四层
十三层
十二层
十一层
十层
九层
八层
七层
六层
五层
四层
三层
二层
一层
地下夹层
地下一层
地下2层
暖风
驱动百叶天窗
中庭
采光井
Light shaft
螺旋式斜坡
生态单元
雨水收集存储罐
9

10

11

的天气条件下能够利用烟囱效应进行有效的自然通风。热空气从顶部天窗排出，能保证建筑地面层不断抽吸冷风，提高了室内使用者的舒适度，避免中庭空间采用主动式空调制冷而消耗大量能源。中庭地面入口处安装一系列挡雨板，在恶劣天气里挡风避雨的同时，能保持室内的空气的均衡流动。

< 4 天窗及智能排烟窗 >

在正常情况下，中庭顶部的智能控制通风天窗系统（图 11）利用烟囱效应通风；当遇到火患时，它将以故障安全系统运行——当建筑智能控制系统检测到建筑内部或周围有火情时，通风天窗会自动开启，排出室内的烟雾和热量。故障安全系统的能源供给来自建筑主能源和辅助能源（不间断电源储备和备用发动机），避免故障安全系统因主能源受到大火破坏而失效。这种策略避免了传统中庭设计中常见的昂贵且耗能极大的烟雾控制系统。

此外，天窗系统设有一系列雨水监测感应器，在不利的天气条件下能自动关闭以保护室内。但当火灾发生时，主监控系统发出信号控制天窗还原至开启位置。

< 5 采光井 >

倾斜通高的采光井（图 11）穿透面积较大的楼体（南楼），使自然光更深地渗透进建筑物的内部空间。室内照明由智能系统控制，能感应自然光线是否充足而自动关闭人工照明来减少能耗。采光井边缘设置的景观平台为周边的空间增添品质，也使从街面上观眺的建筑景象更加引人入胜。

采光井的独到之处是创造了令人耳目一新的高层办公环境。从办公楼室内室外，居者游客举目可见

9　建筑主体剖面
10　中庭
11　中庭天窗的遮阳百叶和采光井
12　主要建筑局部透视

螺旋上升的绿带携着树木虫蝶，在动人的光影中千变万化，分外有趣。

< 6 生态单元 >

生态单元位于建筑东北角，是螺旋坡道的终端或起点。生态单元穿透直至地下停车场，将光线和空气带入地下层。它还是生物沼泽池系统的一个重要部分，收集屋面雨水用于植物灌溉（图12、13）。

< 7 雨水收集灌溉系统 >

建筑的大面积景观区通过雨水回收系统进行灌溉。景观区内通过虹吸式排水系统进行雨水收集，然后贮存在位于生态单元之下的底层主体集水箱，或屋顶的小型传输

13 生态单元概念
14 遮阳百叶实景
15 太阳运动轨迹及立面系统分析

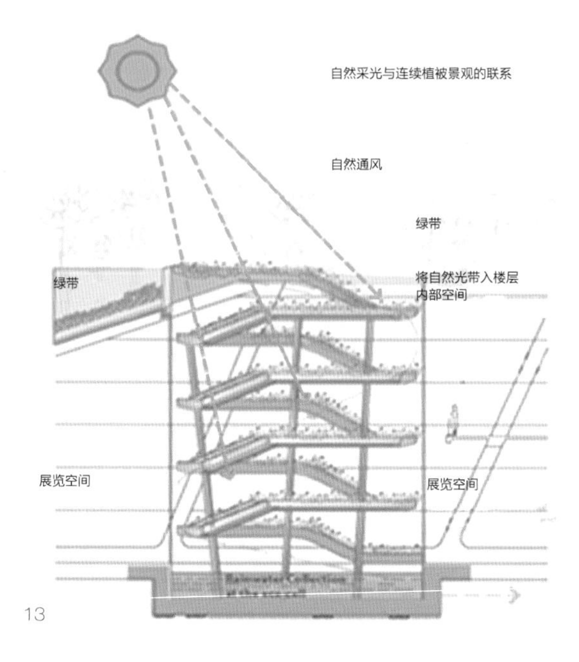

13

14

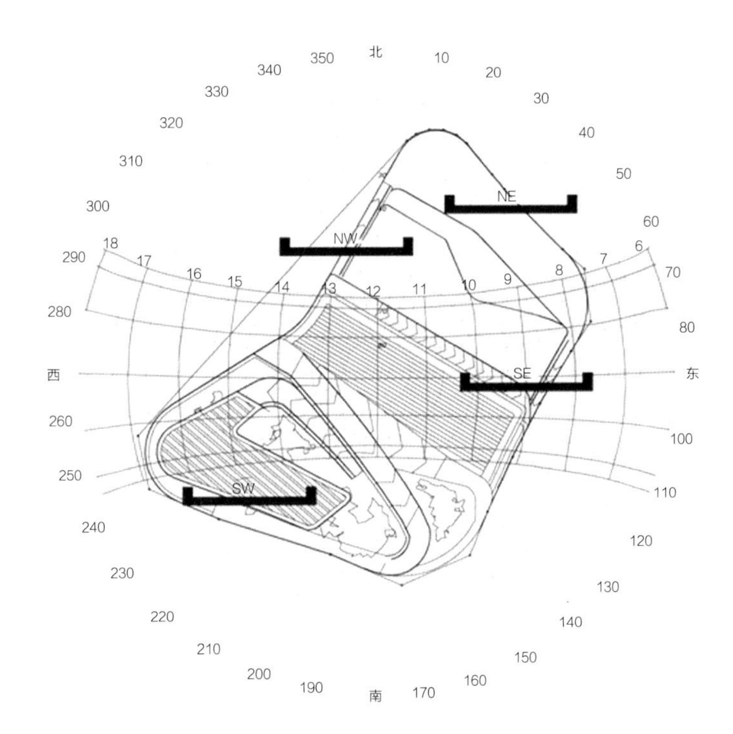

	6月21日	12月21日	3月21日/9月21日
9:00 am	41.0°	40.0°	45.0°
1:00 pm	62.0°	75.0°	60.0°
5:00 pm	14.0°	12.0°	14.0°

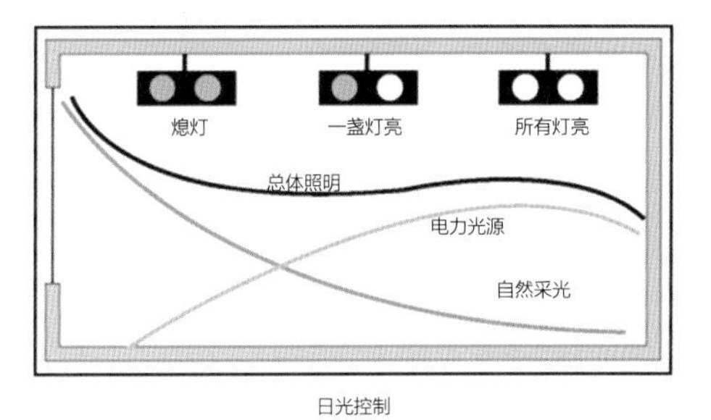

日光控制

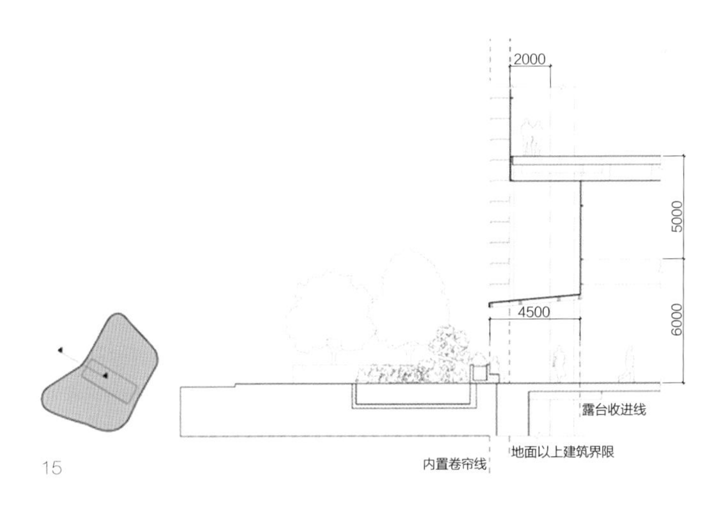

16　典型的双层通高空中花园效果
17　螺旋坡道景观实景
18　景观坡道绿化种植箱剖面
19　屋顶花园实景

水箱。由于两个水箱的总蓄水能力超过 400m^3，建筑的绿化种植区可完全依赖收集到的雨水进行浇灌。同时，施肥系统结合集水系统，在灌溉周期中维持所有绿化植物所需养分的正常供给。

< 8 气候应变性表皮系统 >

此项目的气候应变性表皮设计源于太阳轨迹的分析。新加坡位于赤道，太阳的运动轨迹几乎完全在正东正西方向上。在建筑物表皮的研究设计中，太阳运动轨迹的分析决定建筑各部分遮阳百叶的形状和宽度。遮阳百叶同时作为导光板来增强室内自然采光效果（图 14、15）。

遮阳百叶 / 导光板的设计是为了遮挡直射的太阳光以及隔热，使经过百叶过滤的柔和光线，均匀地渗透进室内空间。自然光的充分导入可大大降低白天建筑室内的人工照明需求。光感应器安装于所有租赁单元的周围，网络分布，一旦感应检测到自然照明光线大等于 500lx，将自动关闭幕墙周围的日光灯。

气候应变性表皮的遮阳策略减少了幕墙 Low-E 玻璃的热传导，使总体外墙热能转移标准（Envelope Thermal Transfer Value）低于 40W/m^2。建筑体外缘的螺旋式景观坡道、大悬挑、遮阳百叶和空中花园相结合，共同构建了可居、可赏、可游、可学的舒适的外围空间和微气候环境（图 16）。

建筑的遮阳百叶的总线长超过 10km。这些遮阳百叶在一些关键位置如建筑入口、空中露台处进行“拉提”，以彰显建筑体量和特色空间。

< 9 景观坡道的绿化设计 >

螺旋景观坡道最小宽度为 3m（图 17）。除了种植区，还有一条与其平行、贯穿坡道全长的人行步道。这个步道连通从地面到屋顶的所有绿化空间，构建了一个名副其实的线性景观公园。坡道的种植区通过这条步道进养护，无须另外征得允许从租赁空间接近坡道。

为了保持建筑立面的优雅，避免建筑外观的可能出现的厚重感，螺旋坡道种植箱的设计尽量减小其深度。这意味着无法为植物提供深层土壤，因而在选择绿化植物的品种上，要确保所选植物的根系适合水平扩展，没有太大的纵深要求。

典型的绿化种植箱仅有 80cm 深（图 18）。网络分布的排水沟和土层底部的排水管有效保证了种植箱在最恶劣天气和大降水量下的排水要求。由于景观坡道倾斜度大，土壤必须允许快速渗透排水，避免雨水汇集冲刷土壤表层。

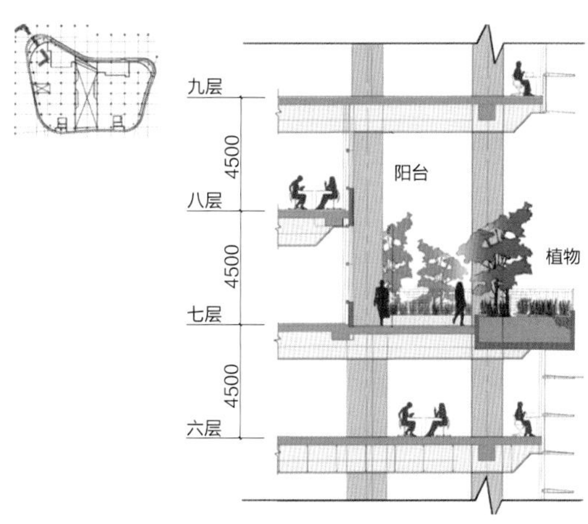

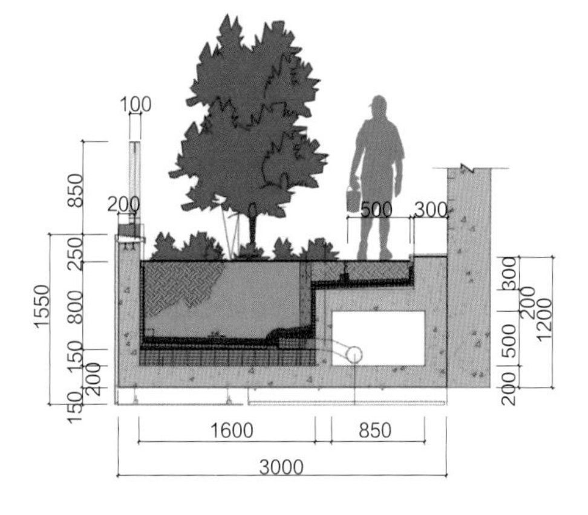

18

19

< 10 阶梯状的屋顶花园 >

竖向线性的景观设计运用了层层叠叠、连结互动的屋顶花园和空中露台，这些花园既是建筑物的热缓冲地带，也是派对、社交、娱乐、休闲的活动空间（图 19）。使用者与自然互动、体验室外环境，还能远眺享受纬壹绿化园区的迷人景色。整个项目的景观绿化面积超过了基地原有的绿化面积，并且 95% 的绿化集中在地面层以上，成就了一个生机盎然的绿色空中花园。

（译 _ 李珺杰）

项目信息

土地所有者：Jurong Town Corporation 裕廊集团
开发商：SB（Solaris）投资有限公司
建筑设计：CPG 咨询有限公司（新加坡）
设计咨询：T. R. Hamzah & Yeang Sdn Bhd （马来西亚）
结构工程：Arup 新加坡私人有限公司
机电工程：CPG 咨询私人有限公司
工程造价概算咨询：PEB Consultants
表皮咨询：Aurecon 新加坡有限公司
可持续设计技术咨询：Aurecon 新加坡有限公司
概念景观设计咨询：T. R. Hamzah & Yeang Sdn Bhd
景观设计咨询：Tropical Environment 私人有限公司
承包商：Soil-Build （私人）有限公司
首席建筑设计总监：林俊强

可持续发展之路
——新加坡滨海湾花园

APPROACH TO SUSTAINABILITY:GARDENS BY THE BAY, SINGAPORE

林俊强 / LIM Choon Keang

1 从滨海水道看花园的主要标志物（由右到左分别为“花穹”、“云雾林”和“擎天大树”）

< 1 引言 >

滨海湾花园（图1）是新加坡国家公园局（National Parks Board's，NParks）为实现“花园城市”愿景实施的一个重点发展项目。滨海湾花园占地101hm²，由3块环绕滨海蓄水池的滨海花园构成：滨海南花园、滨海东花园和滨海中花园（图2、3）。

占地54hm²的滨海南花园是最具吸引力的景点，包括两座植物冷室和18棵众所周知的人造“擎天大树”（图4），它们的高度从25m到50m。公园其他特色还包括一个相互连通的湖泊，以及展示数千种植物的多个主题公园。它们将激发公众对于园艺和环境的兴趣，并启发一定的教育作用。

植物冷室的两座名为“花穹”和“云雾森”的生物群落温室，种植了不适宜在新加坡生长的植物。“花穹”模仿了凉爽干燥的地中海和半干旱亚热带气候（如南非、西班牙、和意大利）。“云雾林”（图5）则模仿了海拔约为1 000～3 500m凉爽湿润的热带山区与南美洲高海拔地区的气候（比如马来西亚沙巴州基纳巴卢山）。

具有未来主义特征的擎天大树构成了16层楼高的垂直花园。这18棵擎天大树分别设置在3个不同的组团中，其中12棵位于花园中央的擎天大树林区，3棵位于项目西北侧的银色花园中，另外3棵位于项目东边的金色花园（图6～8）。这些擎天大树不仅具有赏心悦目的景观功能，而且也具备很多其他的功能。例如，位于花穹附近的银色花园中的擎天大树起到了植物冷室的排气管道作用；而金色花园内的3棵超级树中，1棵是园内产电厂的烟囱，另外2棵则起到收集太阳能的作用。在花园中心地区的擎天大树林区中，2棵42 m高的擎天大树衔接着空中128 m长的空中吊桥，是观光客的上下处（图9）。最高的擎天大树顶部核心位置设有一个吧台，顾客能够在上面鸟瞰整个景区以及滨海湾周边的景色。植物冷室、能源中心和擎天大树之间的紧密联系使得整个花园具有高度可持续性地节能特性。

< 2 节能及可持续设计 >

滨海湾花园采用了高效的可持续节能系统并结合在其基础设施中，为新一代公园规划和建设树立了新的基准（图10）。

新加坡国家公园局和项目团队联合对花园进行了精心的总体规划并将其付诸实施。在进行花园规划设计之前，先对植物冷室的技术要求进行了专题研究，以更好地认识并确定相应的技术条件。为了让国家公

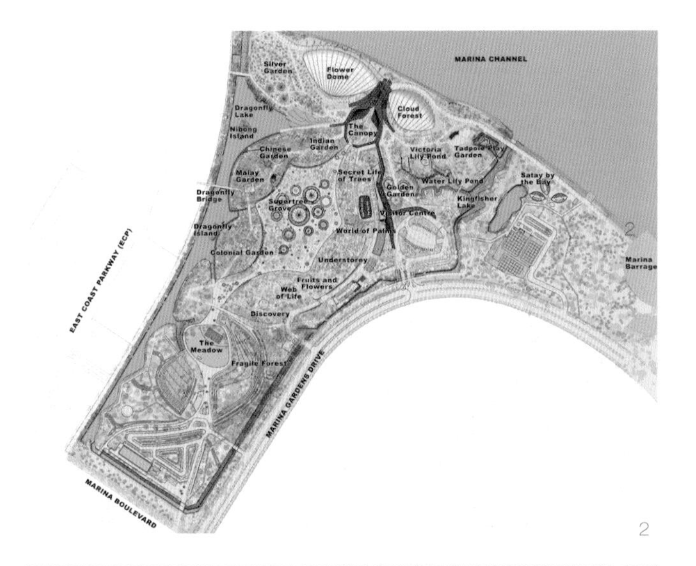

园局能够测试温室中的建筑设备性能，新加坡 CPG 咨询一共设计了 6 种温室方案供测试使用。这些研究成果被运用于花园规划实施的发展策略。

项目的可持续设计探索以下的几个主题。

2.1 节水

作为节水策略的重要部分，本项目充分利用滨海蓄水池的广阔海岸线并引入蓄水池的水（图 11）。这些引入翠鸟湖（King Fisher lake）并在花园相互连通的水体中进行循环的水，再通过特别设置在水道中的过滤床后，多余或溢流的水往返滨海水道中，以保持设计水位的稳定性。水体的相互连通，与水循环系统中特别设置的天然过滤床产生水中降低营养物含量的效果，从而在保证水质洁净的同时，也保持良好的池水生态系统。因此，这些天然过滤系统有利于污水的管理，并形成花园中的生物多样性。

1 新加坡河
2 金融区（珊顿路）
3 红灯码头
4 未来的滨海湾帆船
5 滨海中心
6 滨海艺术中心
7 滨海大道
8 鱼尾狮公园
9 滨海湾
10 未来商务金融中心
11 滨海中心花园
12 新加坡摩天轮景观
13 东海岸公园大道（ECP快速路）
14 薛尔恩桥
15 综合度假胜地
16 加冷内湾
17 未来的运动中心
18 东海岸公园
19 滨海东花园
20 高尔夫球场
21 滨海堤坝
22 花园的滨海南
23 滨海水道

2 滨海南花园总平面
3 滨海湾花园鸟瞰平面
4 从滨海水道看“擎天大树”

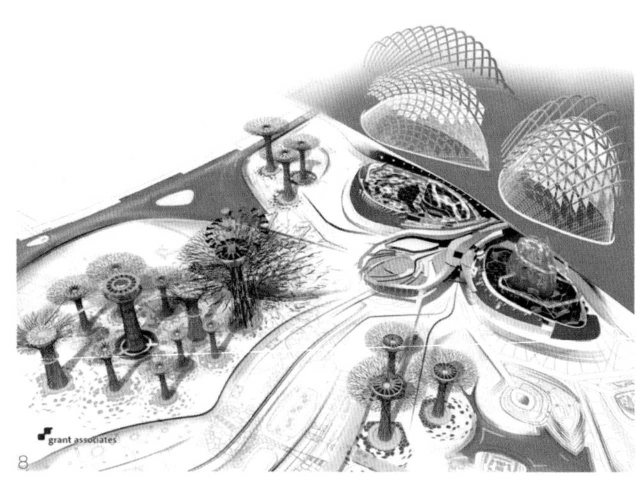

5 “云雾林”的人工瀑布景观
6 “擎天大树”近景
7 “擎天大树”夜景
8 “擎天大树”鸟瞰模型

9 连接擎天大树的空中吊桥
10 可持续节能系统示意
11 花园中的水循环系统
12 热电联产系统

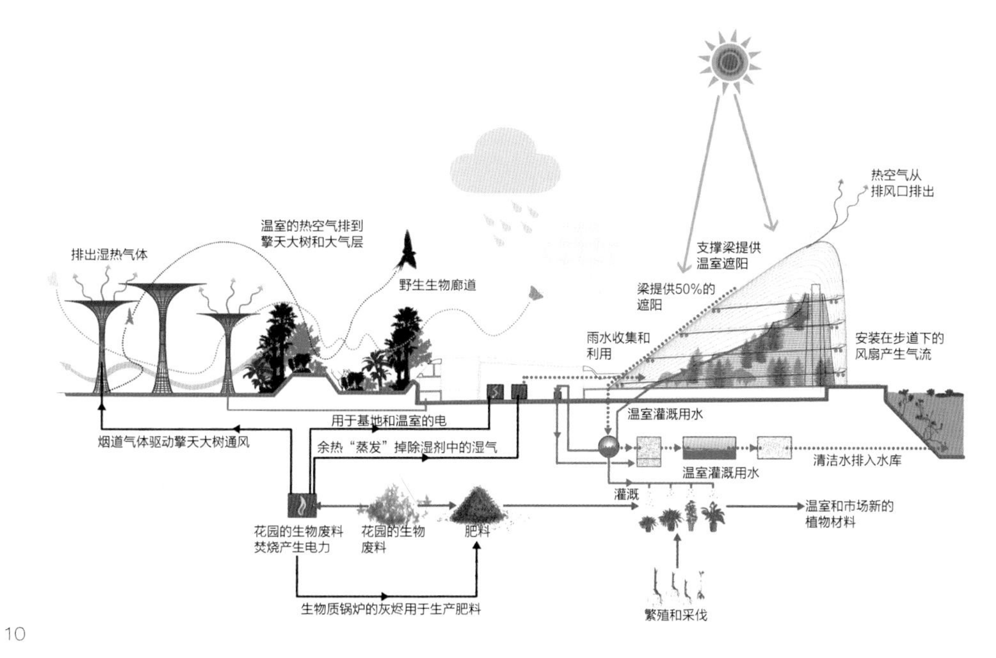

10

新加坡滨海湾公园 — 回收水

湿地

流水将排出

蜻蜓湖

滨海湾水库

滨海湾水库

翠鸟湖

日月湖

湿地

水从日月湖，通过蜻蜓湖，
转移到翠鸟湖

水库里的水抽进湿地后，运送
到日月湖

捕捉花园里的径流
通过花园循环水库水

11

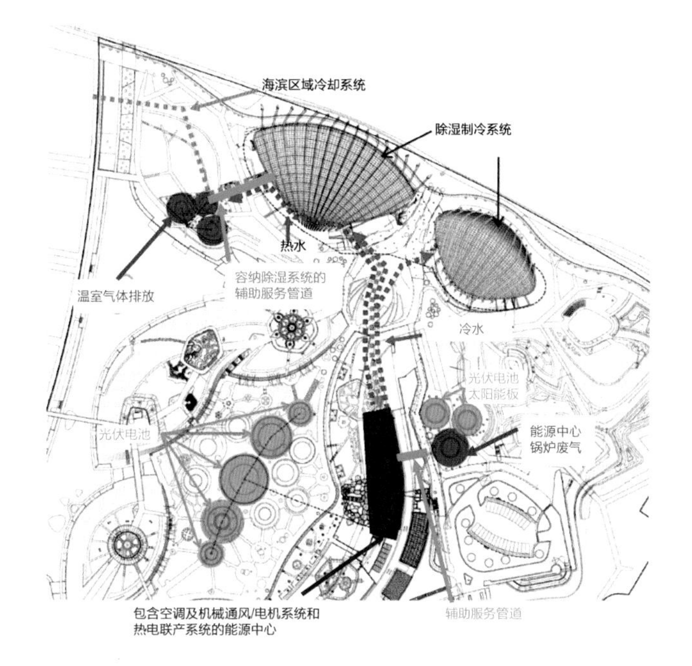

12

2.2 节能

能源中心是整个体控项目能源的枢纽。它设有一个热电联产锅炉系统（图12），并运用生物质（如落叶与树杆）作为燃料。作为国家公园局可持续策略的一部分，全新加坡和该花园范围内修剪和砍伐的树木都会经过收集、压缩并处理成木片，从而用作生物质热电联产系统的燃料。这些木片在生物质锅炉中进行焚烧，产生蒸汽来推动涡轮机，从而产生用于整个花园的电力。发电过程产生的余热则被用来“蒸发”掉除湿剂中积累的湿气，使其能够再生并重新发挥作用（除湿系统是花穹必须的系统）。这些余热也被吸收式制冷机所利用，而热电联产（Combined Heat and Power，CHP）机组则同时为吸收式制冷机和电动式制冷机提供电力。这些制冷机是植物冷室提供冷水的主要推动力。锅炉产生的废气得到彻底的清洁过滤，通过花园主入口附近的金色花园中的一棵擎天大树内部设置的烟囱排到大气中。整个过程产生的烟尘也经过适当的回收作为肥料，从而加强系统不留下任何废弃物的宗旨。

通过使用生物质发电，花园所使用的是低碳或零碳燃料（如生物质）所产生的能源。生物质锅炉系统除了能够使运行成本降至最低外，产生碳足迹也比较小，符合国家公园局发展滨海湾花园可持续设计的绿色策略。

2.3 降低植物冷室需求的措施

植物冷室内的环境既需要满足植物的生长要求，又必须保证

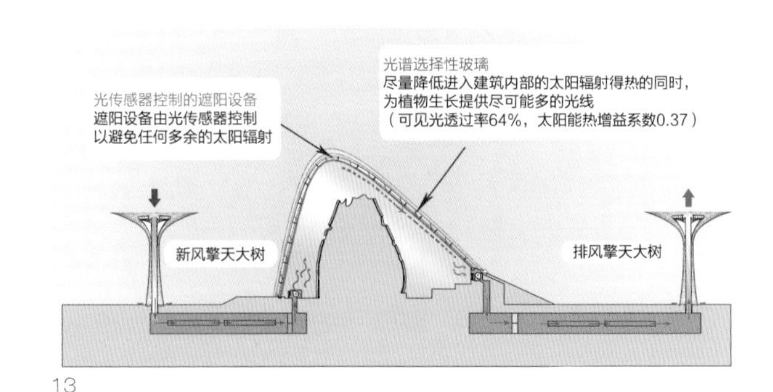

13

15

13 植物生长和人体舒适度所要求的温度平衡

14 “花穹”的遮阳系统

15 “云雾林”的遮阳系统

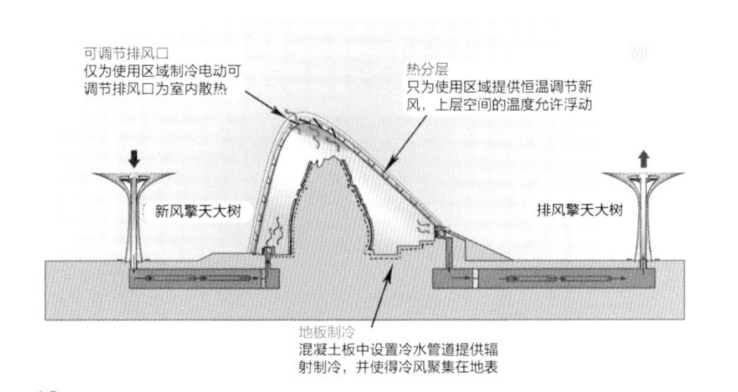
可调节排风口
仅为使用区域制冷电动可
调节排风口为室内散热
热分层
只为使用区域提供恒温调节新
风，上层空间的温度允许浮动
新风擎天大树
排风擎天大树
地板制冷
混凝土板中设置冷水管道提供辐
射制冷，并使得冷风聚集在地表

16

排风口

17

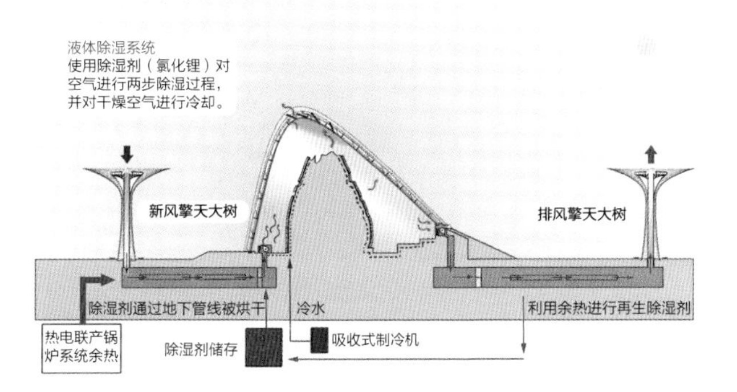
液体除湿系统
使用除湿剂（氯化锂）对
空气进行两步除湿过程，
并对干燥空气进行冷却。
新风擎天大树
排风擎天大树
除湿剂通过地下管线被烘干
冷水
利用余热进行再生除湿剂
热电联产锅
炉系统余热
除湿剂储存
吸收式制冷机

18

16 置换通风和热分层示意
17 排风口被打开以排除“云雾林”的热风
18 节能制冷系统

参观者的舒适性。为了减少温室效应产生的热量，植物冷室必须进行制冷。因此，降低制冷负荷的能源需求成为重中之重。

植物冷室的制冷主要采用了下文 3 个策略。

2.3.1 减少建筑立面的太阳辐射得热

（1）选择适当的建筑表皮——玻璃

基于对现有玻璃种类的研究并考虑到新加坡的气候，最适宜的玻璃类型应是能够透过最多光线且获得最少热量的类型。因此，植物冷室所采用的是一种高性能、光谱选择性、低辐射的玻璃构造（图 13）。该构造由一层 10mm 厚玻璃和两层压合在一起的 6mm 玻璃组成，中间则是 12mm 的空气层，可见光透过率达到 65%，而太阳能热增益系数则达到较低的 0.37。这种玻璃构造能够获得最高的制冷系数，在允许最多光线透过的同时控制太阳辐射得热，在建筑中得到更广阔的使用。光谱选择性玻璃的采用能够尽量获得植物光合作用所需的光线，同时控制最低的太阳辐射热量。

（2）遮阳系统

温室的室内照度水平在一年中大约 10% ~ 15% 的时间内会超过植物生长所需的 45 000lx 的水平（新加坡所有的气候情况）。为了避免过度的光线透射形成不必要的太阳辐射得热，温室的外表面安装了自动调节遮阳设备（图 14、15），通过调节三角形的遮阳装置角度，从而控制一天之内植物冷室所吸取的光线水平，以形成缓冲并阻挡太阳辐射的效果。单单这个措施就能够让植物冷室的制冷需求降低 20%。

19 擎天大树林区中的垂直花园

2.3.2 通过针对使用区域制冷减少得热

（1）热分层和可调节排风口

采用高效制冷系统来满足植物生长条件，并避免降低节能标准。通过对温室进行热模拟，发现即使在采用低辐射玻璃和遮阳系统的情况下，植物冷室顶部的气温在较炎热的时期仍可能达到 40℃。因此要采用另一个制冷策略，即温室中空气的热分层，其根据是温度差异导致的空气对流原理（图 16）。也就是说，不是对高大空间的混合空气进行整体制冷，而是仅为较低的区域提供制冷，因为这一区域是植物和使用者所处的空间。冷风在较低高度从种植床的侧边排出，同时采用地板辐射制冷来抵消地板所吸收的热量也是非常必要的（因为地板材料会吸收太阳的辐射）。这样一来，可以避免过热的地板干扰热力分层的过程。地板夹层中安装了冷水管道以保持地板的低温，而设置在其中的感应器能够全天候监测温度。当温度超出某一预设水平时，地板制冷系统就会开始运作。这两个制冷措施能够保持较低处的高度使用空间中的清凉。

上层空间的温度则按照空气的自由流动浮动或升高。当空气的过热达到一定水平，热风就会从设置在高处的排风口排出（图 17）。这些排风口也是由温度传感器控制的，在需要保持温室内部总体温度水平时，排风口就会发挥作用，以达到控制温室内部过热的目的。

2.3.3 节能制冷系统

温室采用液体除湿系统来降低室内温度（图 18）。在除湿系统中，采用固体或液体除湿剂来除去空气中的水分。除湿剂需要保持干燥以吸收空气中的水分从而形成冷却效应。除湿剂的干燥过程是通过利用花园里能源中心的生物质锅炉排出的余热来进行的。因此，并不需要额外的电力或能源来为液体除湿系统提供热量，从而达到节约能源的目的。

2.4 垂直花园

滨海湾花园的另一显著特色是花园中垂直绿化和绿墙的创造性展示。这显示了园艺种植的创新手段，使得植物能够在本来无法种植的垂直表面生长。花园主要采用 3 种系统来实现垂直绿化。

2.4.1 土工合成材料加筋挡土墙

用来形成景观构造并减缓陡峭的坡面，避免混凝土墙的建造。

2.4.2 垂直面板种植

该方法采用带有框架构造的面板来承载种植

20 “云雾林”中的垂直绿化

植物的土壤容器，在擎天大树中得到广泛应用（图19）。该系统有利于维护和种植的变化，因为这些面板可以进行单独地移除或重新安装。

2.4.3“活性面层”

通过在混凝土表面形成粗糙和多孔的纹理，并在其中设置一定量的有机物质来形成一定的湿度和种植区域，从而为诸如附生植物等提供生长环境（图20）。云雾林内山丘的垂直绿化就是采用这种方法来展示大量的植物物种。

< 3 结语 >

当前，绿色发展任务越来越紧迫，降低能耗的需求、避免破坏动植物生存环境的社会压力逐步增强，滨海湾花园展示了在这些情况下可实现目标的方式。滨海湾花园也展现了一个如何能够在城市发展中得到充分利用，从而实现节能减排的全面综合系统。

滨海湾花园基于其相互连通的水体系统和天然过滤床，并通过对附近滨海水道，来达到水资源节约和管理的目标。热电联产系统使得整个项目的电力供应更为节能，减少植物冷室内部制冷需求的措施，并降低了制冷负荷。垂直种植系统的特色则展现了创造性的园艺种植方式，并可以在城市环境的发展中得到运用。

滨海湾花园提供了一种可持续发展的成功模式。它融合了艺术自然和技术等方面的先进手段，为整个可持续发展领域树立了具有示范意义的基准。

（译＿彭伟洲）

项目信息

项目名称：滨海湾花园（滨海南）
项目地点：新加坡
建成时间：2012 年 6 月
场地面积：540 000m²
总建筑面积：61 000m²
业主：新加坡国家公园局
设计顾问：格兰特景观设计有限公司（Grant Associates）
威尔金森艾尔建筑设计有限公司（Wilkinson Eyre Architects）
建筑设计：新加坡 CPG 咨询有限公司（CPG Consultants Pte Ltd）
环境顾问：新加坡 CPG 咨询有限公司新工环保署（CPGreen @ CPG Consultants）
机电工程：新加坡 CPG 咨询有限公司
结构工程：新加坡 CPG 咨询有限公司、
迈进（新加坡）工程咨询有限公司（Meinhardt Singapore Pte Ltd）
工料测量：新加坡 CPG 咨询有限公司、
蓝登威宁谢工程咨询有限公司（Langdon & Seah Pte Ltd）
工程造价：10 亿 新币

项目建筑设计团队：

丘新坤、侯金来、李树群、黄惠英、吴高凌、陈美玉、Ahmad Kamal Abdul Ghani、李平平、陈欣薇、李定桂、杨伟良、Hassana Hameed、Thin Thant、何梓永

CH2：墨尔本市政府绿色办公楼的美学和生态研究

CH2: THE AESTHETICS AND PHYSIOLOGY OF MELBOURNE CITY COUNCIL'S GREEN OFFICE BLOCK

米克·皮尔斯 / Mick Pearce

1 CH2 西立面外观（摄影：Dianna Snape）

< 1 引言 >

CH2(图 1)位于墨尔本市中心小柯林斯街(Little Collins)200 号，总建筑面积 12 536m^2，包括 1 995m^2 的地下室。地上共有 10 层，一层是 500m^2 的零售商场。二层以上是政府办公室，每层建筑面积为 1 064m^2（图 2、3）。

2001 年，墨尔本市政府决定建一座新的办公楼，并将其作为到 2020 年前实现零碳排放这一长期战略的一部分。墨尔本市政府公开声明，CH2 是一座全新的建筑，它有可能改变澳大利亚甚至整个世界的生态可持续设计方法。它将争取在建筑物如何实现资源、社会和环境的共赢方面树立一个新标准……CH2 的长远意义还在于为其他城市提供可借鉴的典范。CH2 的设计师曾就读于伦敦的建筑联盟学院（Architectural Association），曾经在非洲，主要是在津巴布韦（Zimbabwe）工作了很长时间，并从自然界中获取了大量的设计灵感。相对于西方建筑师更多地运用他们广泛认可的建筑工程学，非洲的建筑设计在获得大自然的灵感方面比西方的限制要少得多。对于非洲城市的办公建筑，CH2 的设计师已经找到了一种适合的设计方法——直接参考大自然在相同环境下的解决方案。在设计 CH2 之前，他完成了一个位于津巴布韦首都哈拉雷（Harare）的大型写字楼项目，该项目完全模仿开阔草原上的白蚁巢穴，巨大的有机塔以优雅的方式解决了供暖和制冷这两个基本问题，并为居住于其中的居民提供了所有的生命支持系统。在 CH2 中，设计师将他的想法运用到了墨尔本市区这片密集的区域，展示了将仿生学设计嵌入到完全人工都市环境中的可能性。

< 2 建筑立面 >

CH2 建筑的 4 个立面如下。

2.1 西立面

CH2 建筑的西立面朝向斯旺斯顿街（Swanston Street）。整个西墙有随太阳照射而自动变换角度的再生木质百叶窗遮阳，早上完全打开，下午太阳直射时关闭，由一套液压的系统来控制。作为一堵 10 层楼高由再生木质百叶窗构成的外墙，西立面在下午 3 点左右可保护建筑免受阳光的曝晒。等到傍晚时分，百叶窗逐渐打开，如同绽放的花朵般，露出其后的玻璃建筑（图 4 ~ 6）。年代较为久远未经加工过的、可再生木料是这些木材墙面的主要来源。它们是一种天然材料，并随着时间的推移老化变色，这也是大自然氧化的过程。与其说是古朴的玻璃幕墙界定了自然，不如说它本身就是大自然绘画的杰作。CH2 的整个立面都随着太阳的运转而变动，像大自然的一面镜子。一天中除了太阳直射到西立面的 3 个小时外，整座城市的美景在每层楼都能尽收眼底。

2.2 北立面和南立面

北立面和南立面可以视为建筑与环境互动的图示。根据深色物体吸收热量暖空气上升的自然规律，CH2 大楼北立面（墨尔本位于南半球，其北向为朝阳方向）建了 10 个深色的管道（图 7）。南立面则根据浅色反射热效率高和冷空气下沉的规律，设置了 10 个浅色管道（图 8），它们从屋面带入新鲜空气，向下输送到建筑物各层。管道上大下小，在转向立面的时候为每层楼提供换气。上大下小的锥形最大程度地提高了工作效率。北立面向上流动的废气和南立面向下的新鲜空气构成了纵向图示元素。通过吸收太阳的辐射加热内部空气，在“热压原理”作用下热空气上升，由下向上通过屋顶风力涡轮机将废气带出建筑物。晴天，北面管道是深色的，热吸收加大了废气管道的空气浮力，而南面浅色的送风管道则反射太阳能。倒立的锥形扩大了外墙立面窗户面积，从而弥补在建筑的较低楼层逐渐减少的日光。北立面除了玻璃窗户外还有阳台、遮阳板和花园，垂直花园起到遮阳、防眩光和提高空气质量的作用。种植的植物利用再生水浇灌，栽植在每一楼层的阳台的特制种植槽内。墙面上设有不锈钢网，供藤本植物缠绕攀附(图9 ~ 10)。

南立面有 5 个高 13m，直径 1.4m 的喷淋塔（图 11、12），塔之间的纵向平行槽是可活动的，夜间

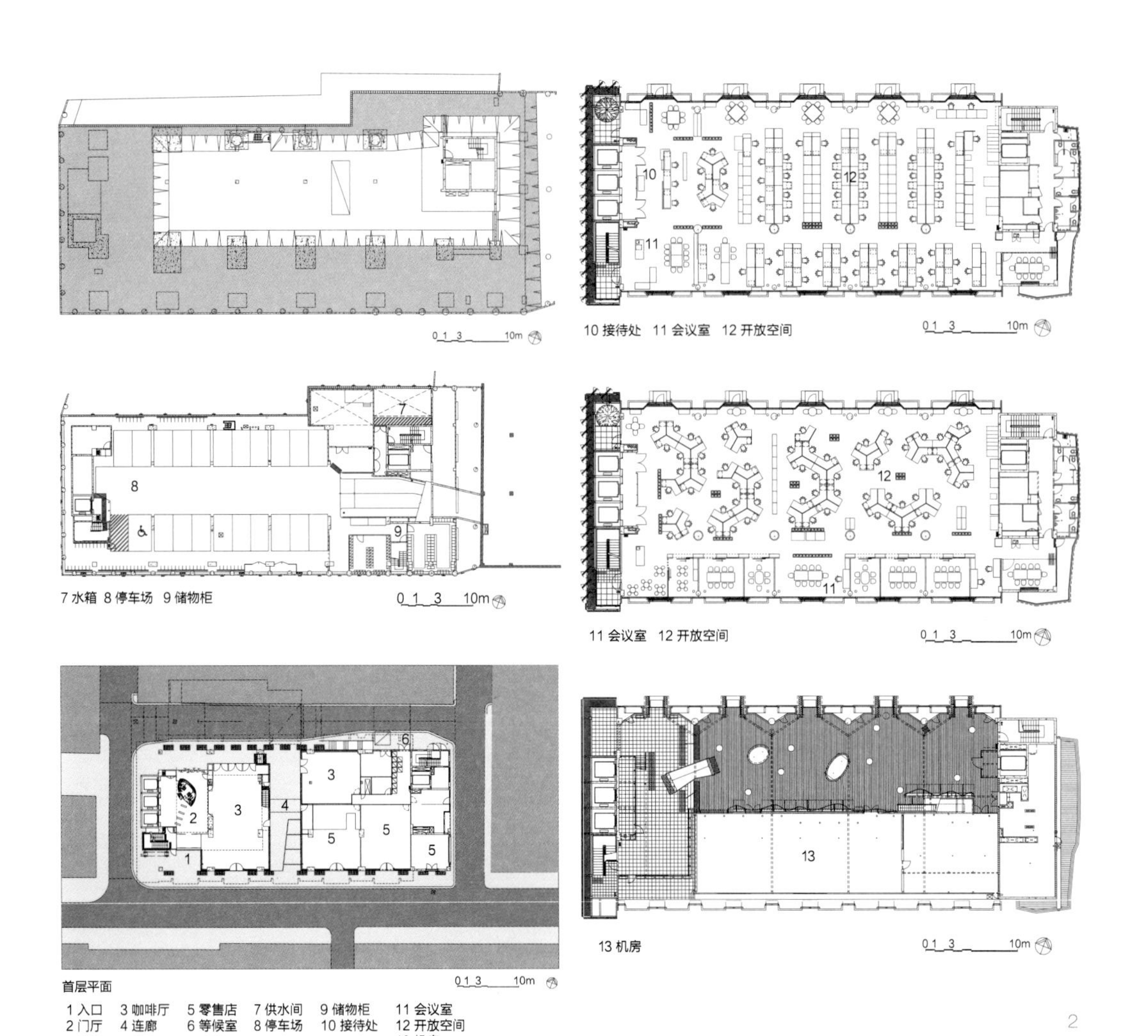

2

窗户自动开启，使冷空气进入室内，为建筑内部空间换气通风。喷淋塔是透明封装的水塔，它们演示了由重力驱动的水和空气的蒸冷却过程。北立面顶部安装了黄色风力涡轮机，通过收集风能在夜间抽取空气。有风的时候，在白天不仅能发电，还能作为整流罩来防止气流下降（图 13）。

CH2 并未因其采用了许多绿色建筑设备和手段而使外立面很不协调，相反它们丰富建筑的立面特征。立面被作为光和能量的表达，因为它们直接展示了一个收集光、风和重力的自然过程，就像在森林里为了获取适当足够的阳光，树顶端的叶子都比较小，而底端的叶子就比较大。树干则为了上方的阳光，努力与地球引力抗争。因此锥形管道更像是自然中的塔状物体而非平行的纵向元素。

2.3 东立面

东立面使用了穿孔金属板（图 14、15），就像西立面一样组成了建筑物的可呼吸表皮。东立面的这些穿孔板由不规则的波纹皱褶组成，打造了一种和树皮类似的，更为自然的图像效果，CH2 内部也沿用了同样的自然肌理。

东墙上的穿孔金属板使卫生间能自然通风，作为阳台的栏杆，并把电梯间等隐蔽起来。

< 3 建筑的仿生学设计 >

设计师曾经研究在非洲研究白蚁的巢穴。和人

3

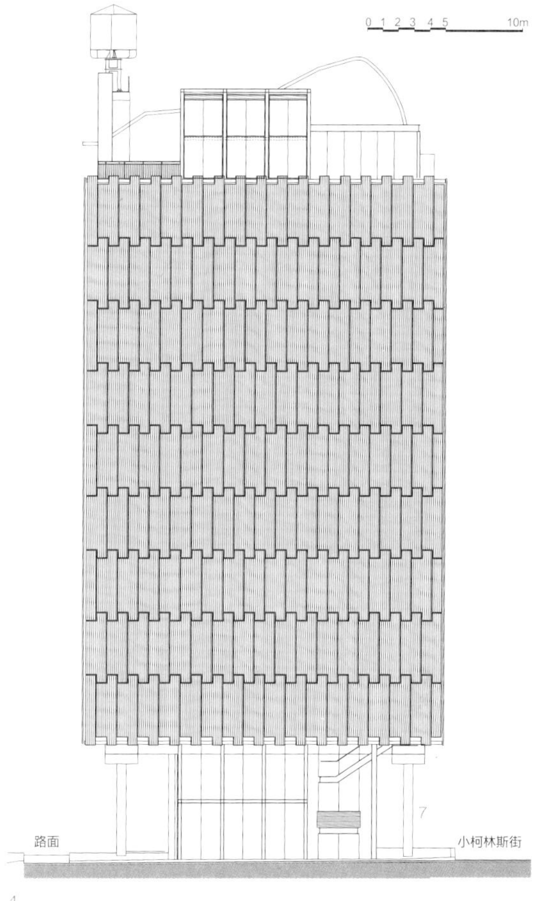

4

2 各层平面
3 一层大厅（摄影：Dianna Snape）
4 西立面

类相比，它们在和大自然打交道时要聪明得多。白蚁建造了一种适合它们和真菌的生存环境，真菌是它们培育出来的食物。正如人类血管中流动的血液一样，在白蚁巢穴内部，空气随着外界的温度和压力而流动。白蚁巢穴是和我们身体类似的一种系统。它在温度上自我调节。这可以成为建筑物的绝佳模式。在某种意义上这也是我们新陈代谢的延伸。这意味着人们可以修建一个耗能很少的建筑物。研究白蚁的科学家们发现蚁穴的中庭堪比一个超级生态系统或者生命体系。对于绿色建筑而言，它提供了一个非常高明的解决方案，让使用者和周围环境互相协调。借鉴白蚁的中庭，考虑更多的是其功能而非视觉层面的象征意义，即设计师并非建议将建筑物的外观设计上类似白蚁的巢穴，而是在设计建筑物的内部时参考蚁巢的运行方式。珍妮·班娜斯（Janine Benyus）在其所著的《仿生学》书中将这种设计方法称作“仿生学设计”。

类似于白蚁巢穴，CH2 的中庭使用毛面预制波浪形喷砂混凝土吊顶（图 16）。吊顶厚 180mm，跨度长达 8m，横跨宽 21m 的楼板。这些波浪形的空间尽可能地延伸以吸收下方空间使用者释放的热量，促进空气对流，增加靠墙空间的自然光照。

CH2 内部环境设计不仅非常切合人类的生理习惯，同时还尝试重构了根植于非洲大草原的自然美学，因此也满足了我们的心理需求。生物自卫本能的理念是由爱德华威尔逊（E.O.Wilson）和他的同事提出的，探讨了人类跟大自然之间更深层次的联系。人类需要

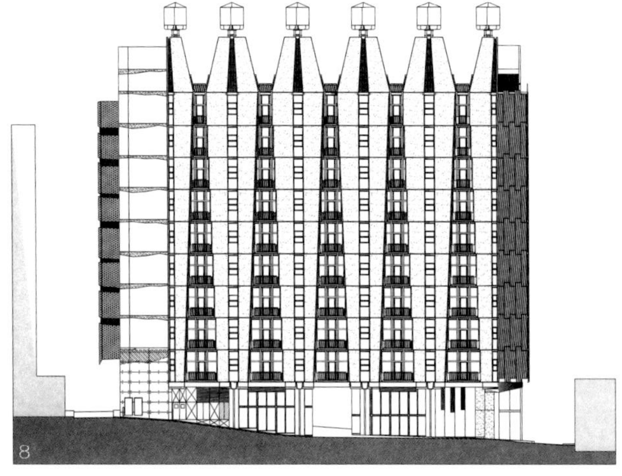

5 遮阳百叶开启状态
（摄影：David Hannah）
6 西立面木质百叶窗
（摄影：Dianna Snape）
7 北立面外观
8 南立面

9　北立面的遮阳板和绿化阳台
（摄影：Dianna Snape）
10　花台上的小鸟

与植物为伴，需要广阔的视野来增加安全感，需要在工作间隙逃离牢笼拥抱自然。我们需要用自然光来修正生物钟，因为人类两三百万年的野外生活之后仅仅经过 15 代人的时间就变成了室内动物。

< 4 建筑内部能量与绿色策略 >

4.1 通风降温系统

CH2 在建筑制冷方面做了很多努力，它采用了吊顶辐射制冷技术。夜间，波浪状预制混凝土吊顶利用自然通风进入室内的冷空气进行降温，并将冷空气储存以供白天使用，减少了 20% 的冷负荷（图 17、18）。

户外经过过滤和干燥的新鲜空气从 17m 高处设备间或更高处抽进来，导入建筑南面的喷淋塔中。新风下降的过程中被喷淋水产生的蒸汽冷却后引入建筑下层的商店，而喷淋塔中的冷水流经固定在吊顶上的冷却板和窗前冷却梁的时候，产生 15℃的凉爽气体并分散到工作区中。最终，冷水再被输送到地下室的 3 个由 30 000 个不锈钢球状相变材料组成的储能水箱中重新开始循环（图 19）。相变材料的冷凝温度是 15℃，水箱同时储存冷空气用于建筑的其他地方。

人体和设备散发的热量中的 20% 被波浪状混凝土吊顶吸收，80% 则被主动式冷板吸收。夜间，当吊顶的空气温度高于室外时，嵌入在南北立面垂直槽上的窗户将自动开启，冷空气涌入，对吊顶进行冷却。CH2 的通风系统提供了 100% 经过过滤、循环的新鲜空气，工作人员可以通过位于地板上的空气通风口进行独立控制（图 20 ~ 22）。有研究表明，低新风量直接导致工作效率低和容易患感冒、流感等疾病，而这些情况在 CH2 中都没有出现。

这个系统是根据墨尔本当地气候特地量身定制的（图 23）。当大气压从西向东横跨南澳大利亚大陆时，风就会从北（热、干）往南（冷、湿）吹。

4.2 采光照明

墨尔本的限高一般为 40m。节能规定建筑立面窗户的最大面积不得超过外墙面积的 50%，从狭窄街道洒落下来的阳光足以让低楼层的窗户得到比楼顶层更多的光照。设计师通过调整 CH2 不同的窗户面积，使各个楼层在狭窄的街道中得到均衡的自然光照，既降低了能耗，又保证理想的自然采光。北立面的窗户展示了如何采用一些辅助设备，让一些即使不能被太阳直射的区域也能获得充足的光线（图 24），穿孔钢材反光板将日光反射到建筑室内的吊顶上，避免了眩光并减少人工照明的需求。

CH2 中采用了 T5 节能灯具与传感器结合，在自然采光充足的时候减少人工照明。个人的工位上配备可以控制的台灯作为补充，根据工作需要来决定是否使用人工照明。

4.3 燃气热电联产

屋顶上的燃气热电联产装置用以发电和产生热量，降低对公共电网的依赖。热电联产装置的 CO_2 排放量比燃煤发电的排放量要低得多，能产生 60kW 的电，满足了 CH2 办公楼 30% 的用电需求。同时，该装置还提供 60kW 的热量作为吸收式制冷机冷却和冬季热水供暖的能源。

4.4 太阳能

屋顶上 $48m^2$ 太阳能热水板提供了 CH2 约 60% 的生活热水供给，燃气锅炉作为太阳能不足时候的后备；$26m^2$ 的光电板产生的电力则用以驱动建筑西立面的木质遮阳百叶窗。

4.5 污水回收利用

小柯林斯街道每天约有 $100m^3$ 的污水从污水管道排出。城市的污水管道中通常 95% 是水，这不仅对污水系统来讲是极其沉重的负担，也是水资源的浪费。

VICTORIA HOTEL

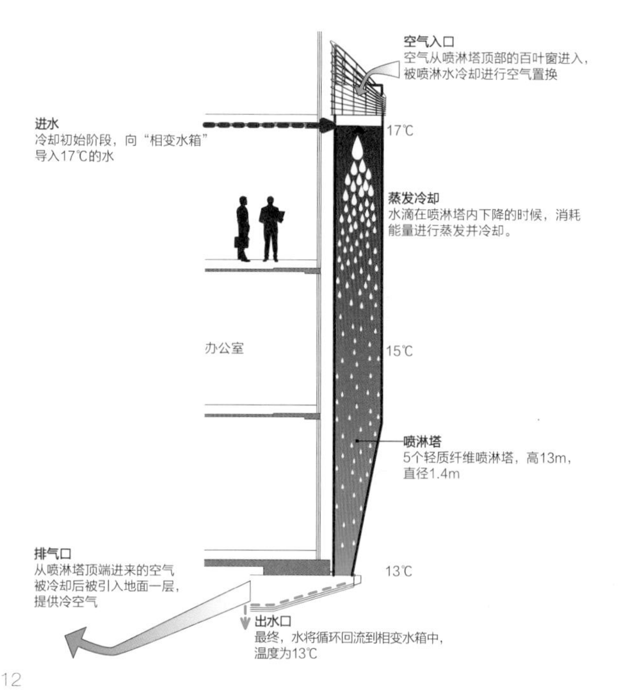
空气入口
空气从喷淋塔顶部的百叶窗进入，被喷淋水冷却进行空气置换
进水
冷却初始阶段，向“相变水箱”导入17℃的水
17℃
蒸发冷却
水滴在喷淋塔内下降的时候，消耗能量进行蒸发并冷却。
办公室
15℃
喷淋塔
5个轻质纤维喷淋塔，高13m，直径1.4m
排气口
从喷淋塔顶端进来的空气被冷却后被引入地面一层，提供冷空气
13℃
出水口
最终，水将循环回流到相变水箱中，温度为13℃

11 南立面喷淋塔（摄影：Dianna Snape）

12 喷淋塔剖面示意

在 CH2 场地产生的污水通过复合净水厂（multi-water treatment plant）处理后，将固废物送回污水管。而抽取出来的水通过微过滤系统处理成优质的非饮用水。其中一部分回收的水用于 CH2 水冷却，浇灌植物和冲厕，剩余的水可供市政府其他办公楼，城市喷泉和植物用水。同时，对消防喷淋系统用水和雨水进行回收进一步节约了用水量。

< 5 建筑使用后评估 >

CH2 建筑为 550 名员工提供了健康的工作环境，并将以此作为未来城市办公发展的基准。由业主和设计方共同推进项目进展，吸纳了广泛的可持续概念，并提供了最终整体设计方案。一份独立的评估报告显示，墨尔本市六星级的绿色建筑 CH2 使用 7 年即可收回成本——比预期提前了 3 年。这份使用评估报告是由英国建筑使用研究机构（Building Use Studies，BUS）的独立分析家艾德里安·利曼（Adrian Leaman）[1]出具的，评价了建筑使用者对其工作环境的感受。

自 2006 年 10 月投入使用后，CH2 已获 18 个奖项，受到广泛的国际好评，这表明 CH2 的商业运营非常成功，超出预期。这份独立报告涉及了 CH2 大楼核心的部分，即财务可行性。最初预测，按照员工工作效率增长 4.9% 来计算可以节省 916 000

13　顶层阳台和风力涡轮机（摄影：Dianna Snape）
14　东立面穿孔金属板（摄影：Dianna Snape）

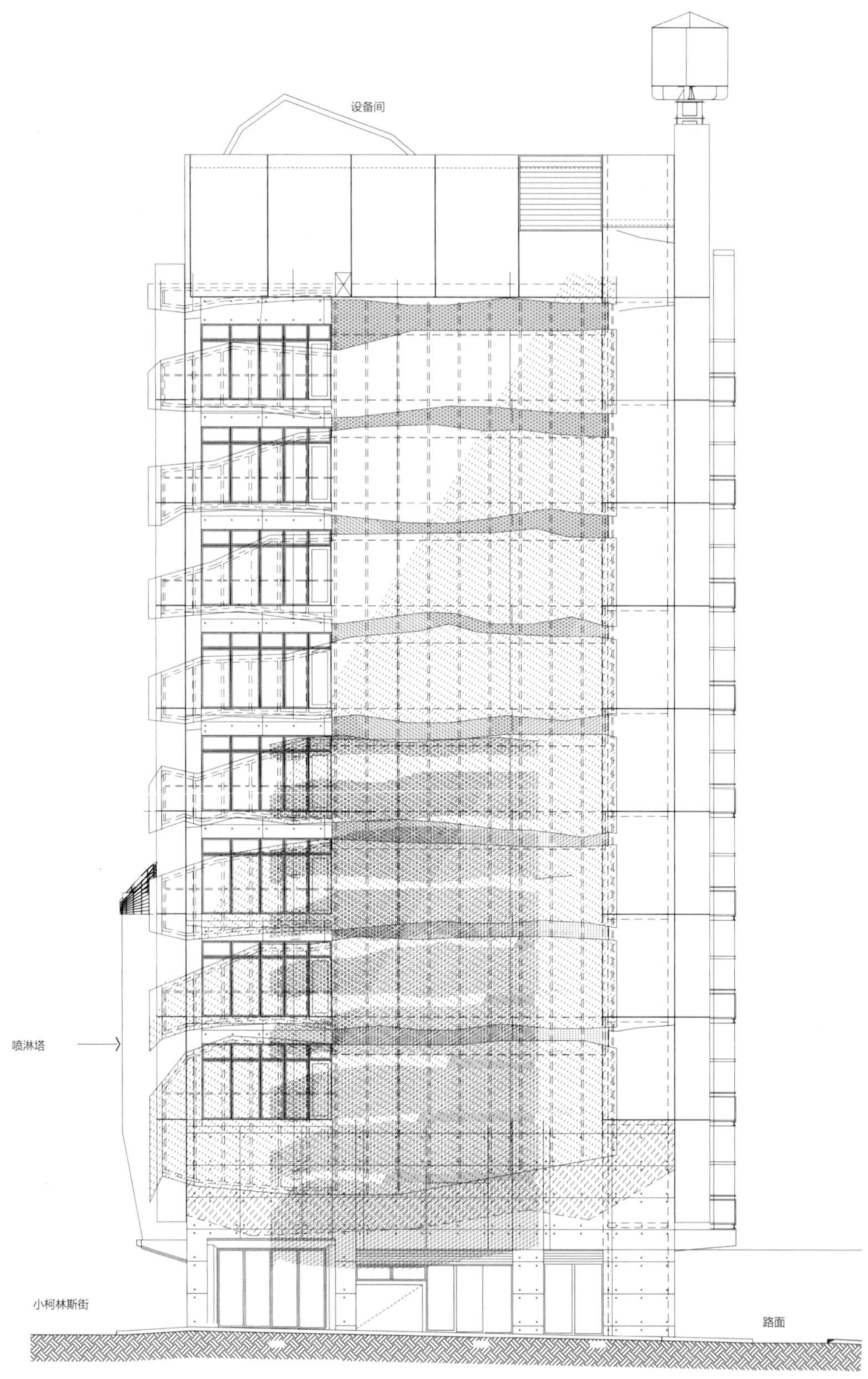

15

15　东立面
16　波浪形毛细管式辐射吊顶
（摄影：David Hannah）

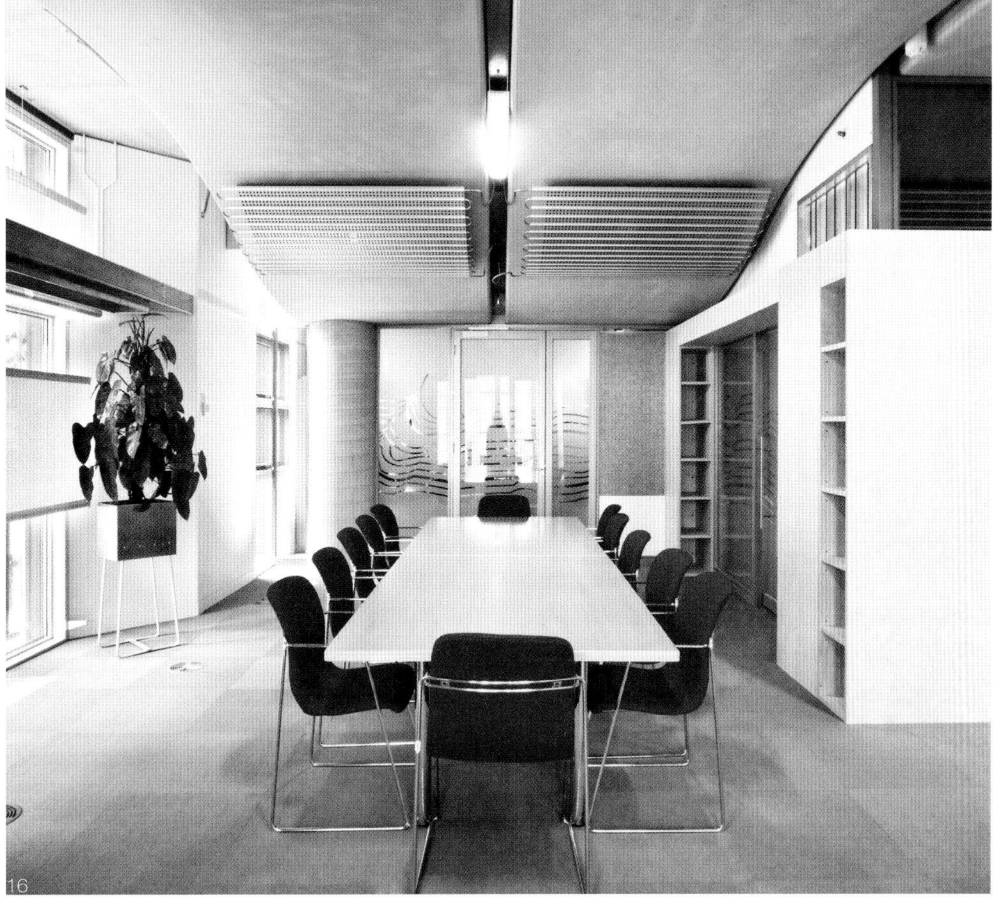

16

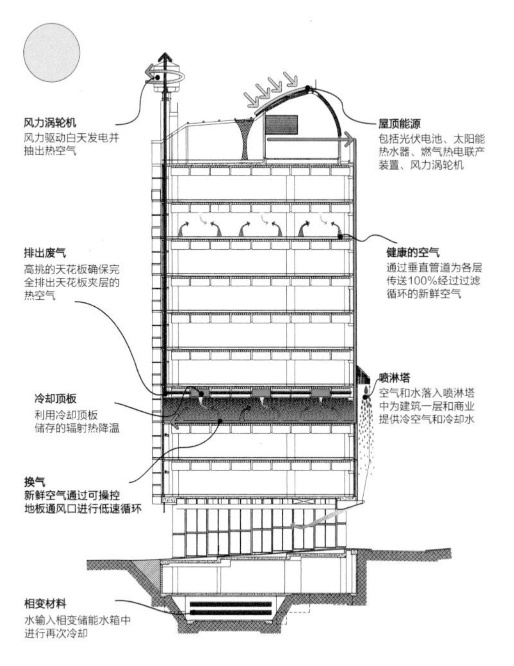

风力涡轮机
风力驱动白天发电并抽出热空气
屋顶能源
包括光伏电池、太阳能热水器、燃气热电联产装置、风力涡轮机
排出废气
高挑的天花板确保完全排出天花板夹层的热空气
健康的空气
通过垂直管道为各层传送100%经过过滤循环的新鲜空气
冷却顶板
利用冷却顶板储存的辐射热降温
喷淋塔
空气和水落入喷淋塔中为建筑一层和商业提供冷空气和冷却水
换气
新鲜空气通过可操控地板通风口进行低速循环
相变材料
水输入相变储能水箱中进行再次冷却

17

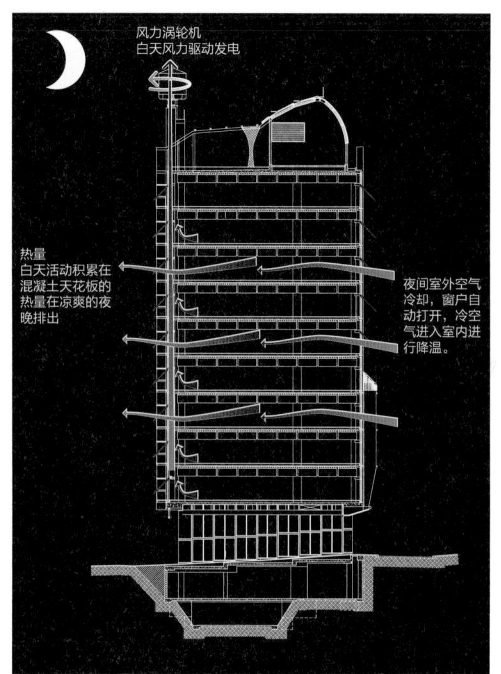

风力涡轮机
白天风力驱动发电
热量
白天活动积累在混凝土天花板的热量在凉爽的夜晚排出
夜间室外空气冷却，窗户自动打开，冷空气进入室内进行降温。

18

19

17　日间通风降温模式
18　夜间通风降温模式
19　相变材料和水箱

美元，CH2 在环保方面的特色需要 10 年才能收回成本。然而评估报告显示员工的工作效率提高，节省了超过 2 000 000 美元。这就意味着之前预计要 10 年收回成本的周期缩短到了 7 年，提前 3 年实现收支平衡。

以下是 CH2 建筑物的一些突出成果（CH2 使用后评估的关键数据）。

（1）员工积极参与调查，当天在场的员工参与比例很高。

（2）员工对 10 个指标中的 8 个进行的评价高于平均水平。这些指标包括：总体舒适度、设计、总体照明、需求、总体的噪音控制、如何看待生产率、夏季的总体温度、冬季的总体温度、夏季的总体空气质量、冬季的总体空气质量、健康、形象。

（3）和 CH1 办公楼相比，CH2 的工作效率提高了 10.9%。

（4）建筑物总体性能的 78% 数据位居前列（即前 22%）。百分位排名舒适度方面为第 59 位，满意度方面为第 87。

CH2 不仅仅为政府树立了典范，也为整个墨尔

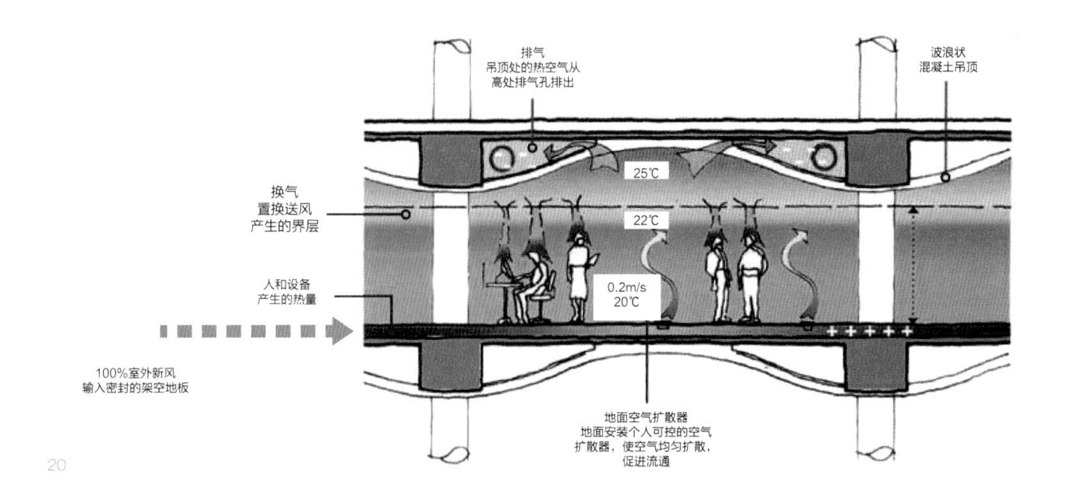
排气
吊顶处的热空气从
高处排气孔排出
波浪状
混凝土吊顶
25℃
换气
置换送风
产生的界层
22℃
人和设备
产生的热量
0.2m/s
20℃
100%室外新风
输入密封的架空地板
地面空气扩散器
地面安装个人可控的空气
扩散器，使空气均匀扩散，
促进流通

20

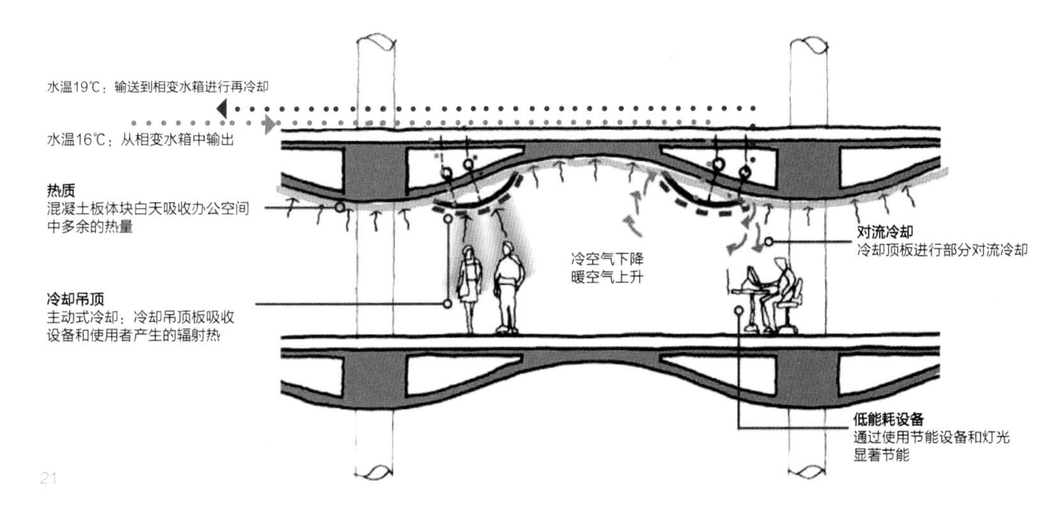
水温19℃：输送到相变水箱进行再冷却
水温16℃：从相变水箱中输出
热质
混凝土板体块白天吸收办公空间
中多余的热量
对流冷却
冷却顶板进行部分对流冷却
冷空气下降
暖空气上升
冷却吊顶
主动式冷却：冷却吊顶板吸收
设备和使用者产生的辐射热
低能耗设备
通过使用节能设备和灯光
显著节能

21

20　办公空间的空气流动
21　办公空间能耗示意

本市树立了一个典范且成果正在显现。报告显示节约成本的方案也可以环保，为更多的员工提供自然光和新鲜空气。

< 6 结语 >

CH2 是澳大利亚首座以获得六星级绿色建筑认证为目标的建筑，对于民用建筑来说它是一种全新的诠释，可以从不同的角度来欣赏和解读。CH2 达到了节电 85%，节气 87%，节水 72%，减少 87% 的温室气体排放和 80% 的污水排放目标，建筑表现或者美学在达成以上目标的过程中发挥了相当大的作用。建筑之于城市，正如树木之于森林，都是个体对所处环境的回应。CH2 被设计作为地球生态系统的映像，这是一个由各个关联部分组成的复杂巨系统。正如要评估一个生态系统中各个组成部分的作用就必须参照系统整体，CH2 建筑物内的各个组成部分协同运转，通过供暖、制冷、供电和供水，才能给整座大厦创造一个和谐的环境。因此，与其说它是一个凝固的雕塑，不如说是一个自适应的过程。

22 建筑绿色策略剖面示意
23 墨尔本 2002 年极端气温
24 北立面采光示意

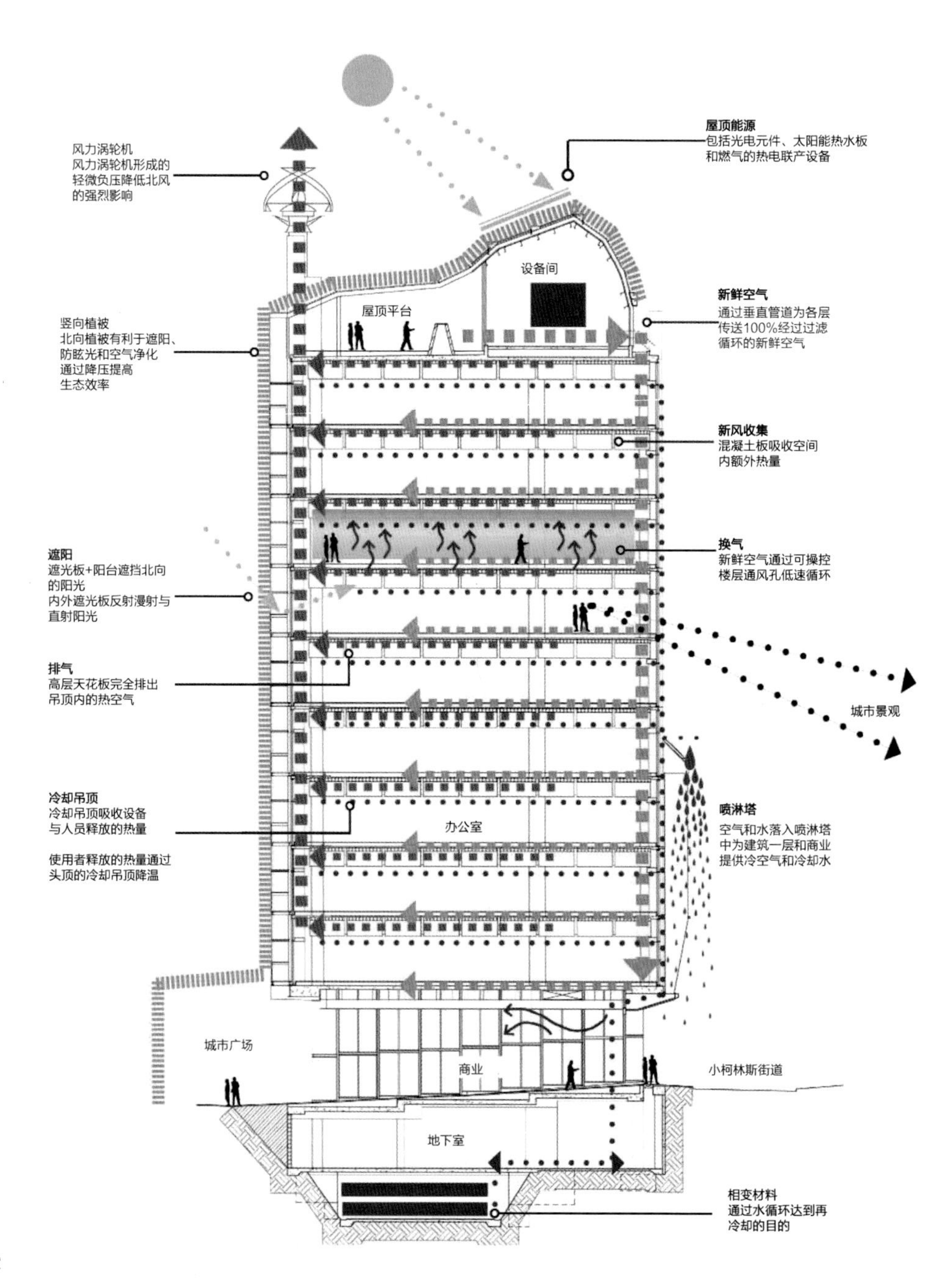

风力涡轮机
风力涡轮机形成的轻微负压降低北风的强烈影响
屋顶能源
包括光电元件、太阳能热水板和燃气的热电联产设备
设备间
屋顶平台
新鲜空气
通过垂直管道为各层传送100%经过过滤循环的新鲜空气
竖向植被
北向植被有利于遮阳、防眩光和空气净化
通过降压提高生态效率
新风收集
混凝土板吸收空间内额外热量
换气
新鲜空气通过可操控楼层通风孔低速循环
遮阳
遮光板+阳台遮挡北向的阳光
内外遮光板反射漫射与直射阳光
排气
高层天花板完全排出吊顶内的热空气
城市景观
冷却吊顶
冷却吊顶吸收设备与人员释放的热量
使用者释放的热量通过头顶的冷却吊顶降温
办公室
喷淋塔
空气和水落入喷淋塔中为建筑一层和商业提供冷空气和冷却水
城市广场
商业
小柯林斯街道
地下室
相变材料
通过水循环达到再冷却的目的

22

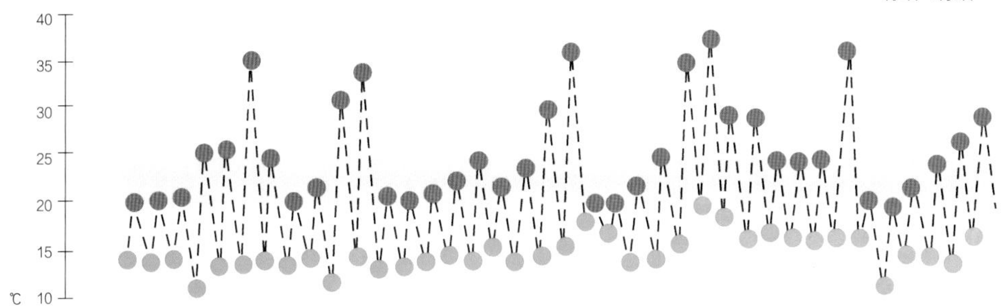
1月1日~2月8日
40
35
30
25
20
15
℃ 10

23

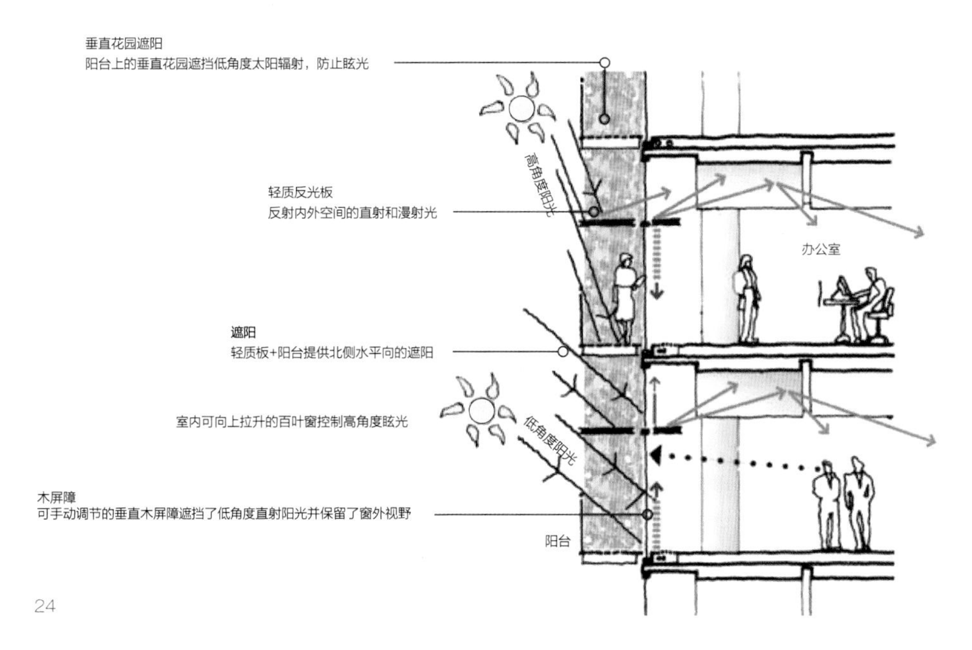
垂直花园遮阳
阳台上的垂直花园遮挡低角度太阳辐射，防止眩光
高角度阳光
轻质反光板
反射内外空间的直射和漫射光
办公室
遮阳
轻质板+阳台提供北侧水平向的遮阳
室内可向上拉升的百叶窗控制高角度眩光
低角度阳光
木屏障
可手动调节的垂直木屏障遮挡了低角度直射阳光并保留了窗外视野
阳台

24

项目信息

地点：澳大利亚维多利亚州墨尔本市小柯林斯街 200 号
总面积：12 536m²
地下面积：1 995m²
一层商业面积：500m²
办公面积：9 373m²
标准层面积：1 064m²
总造价：51 045 000.00 澳元
建成时间：2006 年 9 月
业主：墨尔本市政府
建筑设计：DesignInc 建筑事务所与墨尔本市议会合作
室内设计：DesignInc 建筑事务所
结构工程：波纳契集团（Bonacci Group）
机械 / 电气工程：林肯·斯科特公司 (Lincolne Scott)
景观：墨尔本市议会
建筑环境设计：Advanced Environmental Concepts AEC
能源：Advanced Environmental Concepts AEC
照明设计：Lincolne Scott
声环境：Marshall Day Accoustics
估算师：DCWC
总承包商：Hansen Yuncken

项目主管：罗勃·亚当斯教授（Prof. Rob Adams，墨尔本市政府）
项目经理：Rob Lewis（墨尔本市政府）
设计主管：Mick Pearce（墨尔本市政府）
主创建筑师： Stephen Webb，Chris Thorne（DesignInc 建筑事务所）
项目建筑师：Jean-Claude Bertoni（DesignInc 建筑事务所）
项 目 组 成 员：Vi Vuong, Aldona Pajdak, Juliet Moore, Robert Lewis, Shane Power, Matt Plumbridge, Kate Gorman, Kate Senko, Ione McKenzie

注释

① 利曼是一位室内环境质量方面的专家，以全球 330 座建筑物的测量数据作为评估基准，其中包含 47 座澳大利亚的建筑。

1　像素大楼外观

像素大楼
——澳洲绿色之星

PIXEL BUILDING: GREEN STAR BUILDING IN AUSTRALIA

戴维·沃尔德伦 / David WALDREN

前卡尔顿联合酿酒厂旧址（Carlton & United Breweries Brewery）是墨尔本市区最具发展潜力的关键区域之一。由于区位的重要性，该地块的开发经历了长期的探讨，现正处于多元化研究与多方协作的创作阶段。受格罗康集团（Grocon Pty Ltd.）委托，505 工作室（Studio 505）负责设计其发展规划办公楼——像素大楼（Pixel Building，图 1、2）。该建筑是基地规划设计构想中的最后一栋大楼，却也是最先建造的一栋。像素大楼预期达到两个终极目标，即同时满足最高的期望值和最小的建设量。

像素大楼占地 250m²，建筑面积约 1 000m²，旨在为开发团队和销售人员提供一座六星级绿色标

2 项目区位
3 首层平面

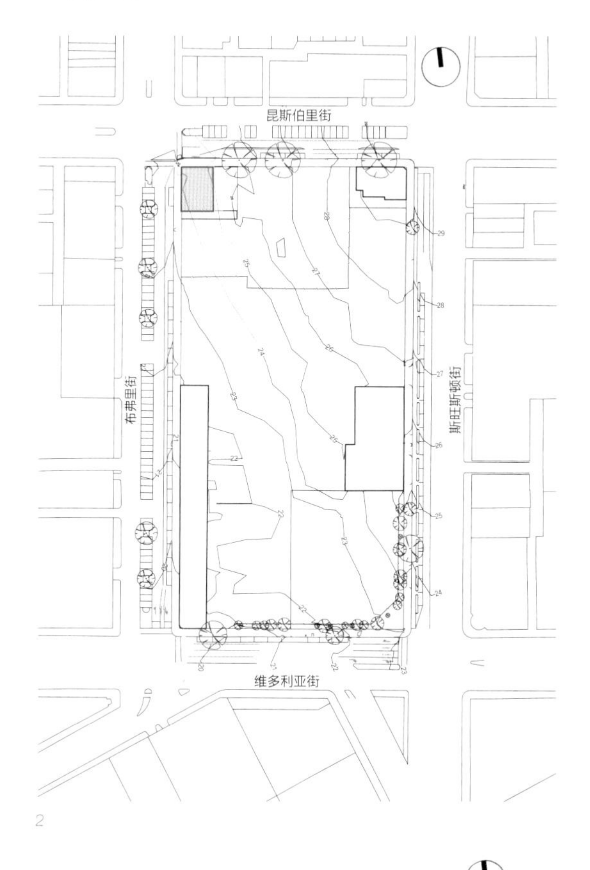

2

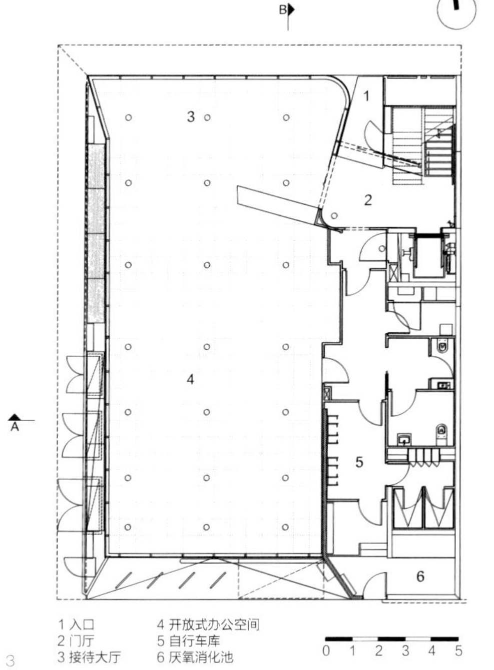

3

准、碳中和的建筑，并为未来该地段的开发建设和销售提供展示区域和绿色景观空间(图3～5)。“碳中和”的说法最早起源于英国，意味着在一年中建筑产生的能量能够自给自足，并且将剩余的能量回馈电网以平衡建造过程中产生的碳排放。

像素大楼建筑外观简洁，并与周边的综合环境体系完美交织结合。在乌莫姆·拉伊（Umow LAI）的带领下，Studio 505 力图将具有可持续设计（Ecologically Sustainable Design，ESD） 的生态可评价性的基本原则传达到满足整个地段价值需求的建筑全生命周期中。

< 1 绿色屋顶 >

像素大楼的屋顶是澳大利亚第一个节水型花园，超过 75% 的建筑屋顶面积由维多利亚草地原生物种所覆盖（图6）。该物种由墨尔本大学专家基于维多利亚土植被资源挑选而得，代表着墨尔本居住区的优势物种。该屋顶草原植被增加了墨尔本地区生态多样性，将吸引当地一度盛行的野生动物（尤其是昆虫、鸟类和蝴蝶）在此繁衍，同时起到过滤雨水并对建筑起到隔热保温的作用。

植被生长的“土壤”基质有两种类型。红色类型主要由矿渣组成（基本上为粉碎的废砖），灰色则是煤炭发电厂底层灰渣的混合物。轻质且保水性能良好的生长基质特点，对屋顶而言至关重要。整个屋面系统，将用来测试维多利亚草原植物节水型屋顶

4　A-A 剖面
5　B-B 剖面
6　绿色屋顶（摄影：Studio 505）
7　雨水收集示意
8　沼气利用示意
9　水资源分配示意
10　雨水循环示意

花园的效率，并针对性地研发该类型绿色屋面，向全球绿色屋顶产业进行推广。

根据建筑设计规范，通往屋顶花园的入口可以满足特殊需求，因此电梯可以直达屋顶 ，所有的斜坡和门的宽度可以满足轮椅或其他特殊人群的要求。

< 2 水循环利用系统 >

像素大楼具有先进的水循环利用系统，其设计目标是，如果墨尔本维持在 10 年（1999 ~ 2009 年）降雨量的平均值水平，像素大楼可实现水资源的自我供给（图 7 ~ 10）。从可收集雨水的原生态绿色屋顶到建筑外立面的种植阳台，像素大楼绝非仅仅汇集了可持续设计的概念，而是一座共生系统整体覆盖的实验室，其中包括最显而易见的元素——像素表皮。

在澳大利亚，像素大楼将首次采用独特的芦苇基系统对灰水进行回收利用，该系统同时也可作为窗户遮阳。由于主要供给水源为回收雨水，在建筑中仅需利用极少量的饮用水。滴落到像素大楼的每一滴雨水都会重复利用 3 次。第一次是浇灌屋顶花园。植物和土壤作为雨水初步过滤，穿过花园储存到建筑地下层的雨水箱中，直到有使用需求。通过反向处理，将水置入建筑所有的水龙头和设备中去，作为第二次利用。第三次利用则是水的回收，分为两个部分：第一部分的水是用于洗手和洗澡的“灰水”。灰

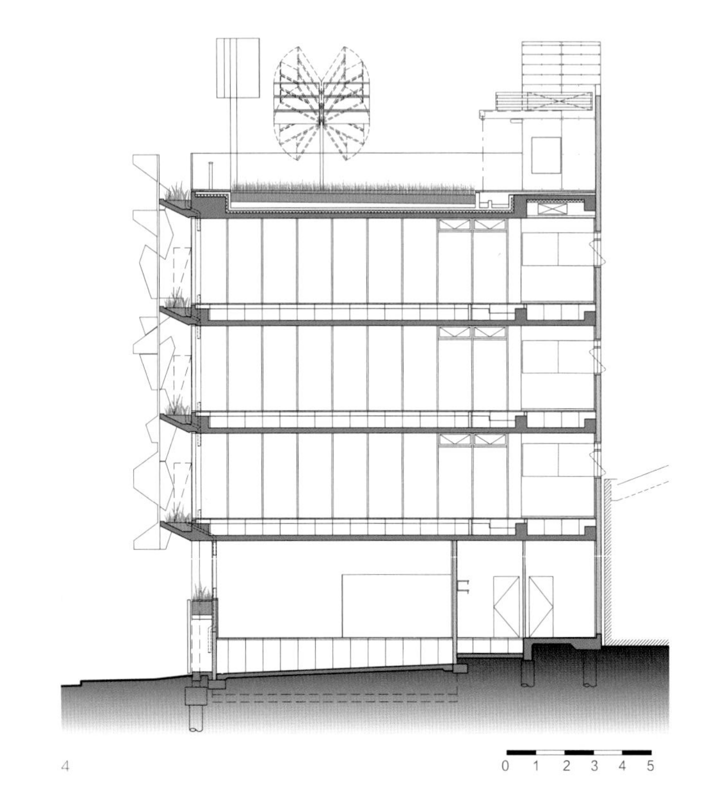

4

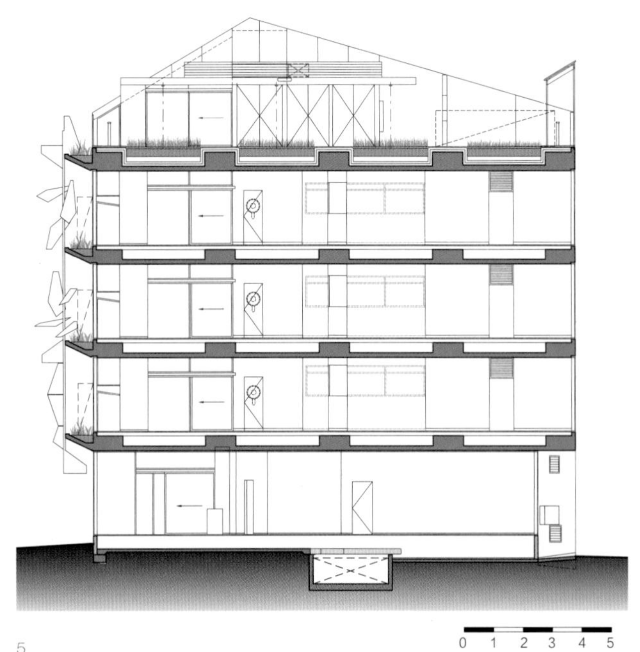

5

6

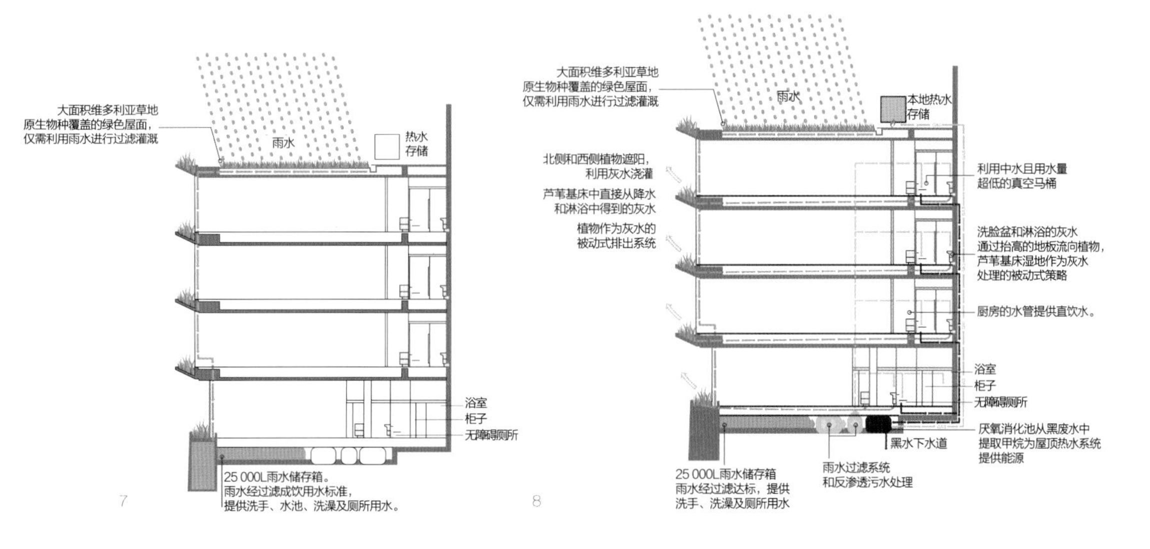
大面积维多利亚草地
原生物种覆盖的绿色屋面，
仅需利用雨水进行过滤灌溉
雨水
热水
存储
浴室
柜子
无障碍厕所
25 000L雨水储存箱。
雨水经过滤成饮用水标准，
提供洗手、水池、洗澡及厕所用水。
大面积维多利亚草地
原生物种覆盖的绿色屋面，
仅需利用雨水进行过滤灌溉
雨水
本地热水
存储
北侧和西侧植物遮阳，
利用灰水浇灌
芦苇基床中直接从降水
和淋浴中得到的灰水
植物作为灰水的
被动式排出系统
利用中水且用水量
超低的真空马桶
洗脸盆和淋浴的灰水
通过抬高的地板流向植物，
芦苇基床湿地作为灰水
处理的被动式策略
厨房的水管提供直饮水。
浴室
柜子
无障碍厕所
厌氧消化池从黑废水中
提取甲烷为屋顶热水系统
提供能源
黑水下水道
雨水过滤系统
和反渗透污水处理
25 000L雨水储存箱
雨水经过滤达标，提供
洗手、洗澡及厕所用水
7

8

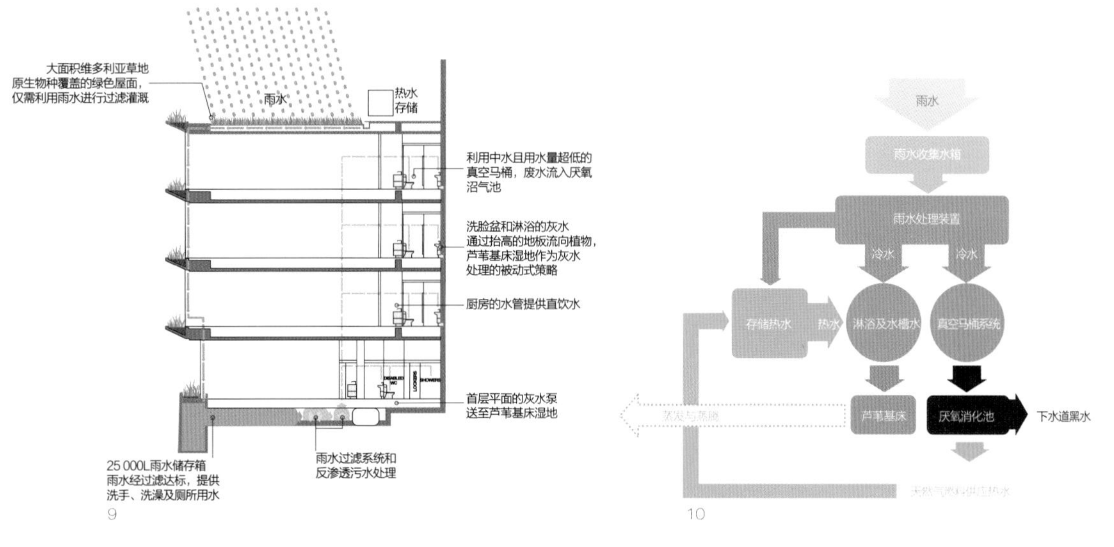
大面积维多利亚草地
原生物种覆盖的绿色屋面，
仅需利用雨水进行过滤灌溉
雨水
热水
存储
利用中水且用水量超低的
真空马桶，废水流入厌氧
沼气池
洗脸盆和淋浴的灰水
通过抬高的地板流向植物，
芦苇基床湿地作为灰水
处理的被动式策略
厨房的水管提供直饮水
首层平面的灰水泵
送至芦苇基床湿地
25 000L雨水储存箱
雨水经过滤达标，提供
洗手、洗澡及厕所用水
雨水过滤系统和
反渗透污水处理
雨水
雨水收集水箱
雨水处理装置
冷水
冷水
存储热水
热水
淋浴及水槽水
真空马桶系统
蒸发与蒸腾
芦苇基床
厌氧消化池
下水道黑水
天然气燃料供应热水
9

10

11 建筑立面实景（摄影：Ben HOSKING）

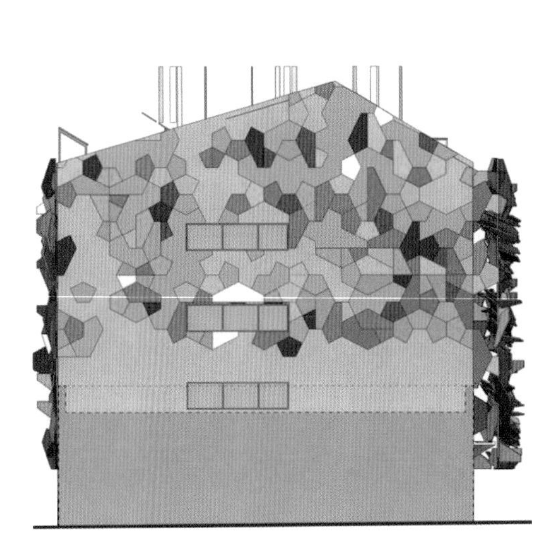

东立面

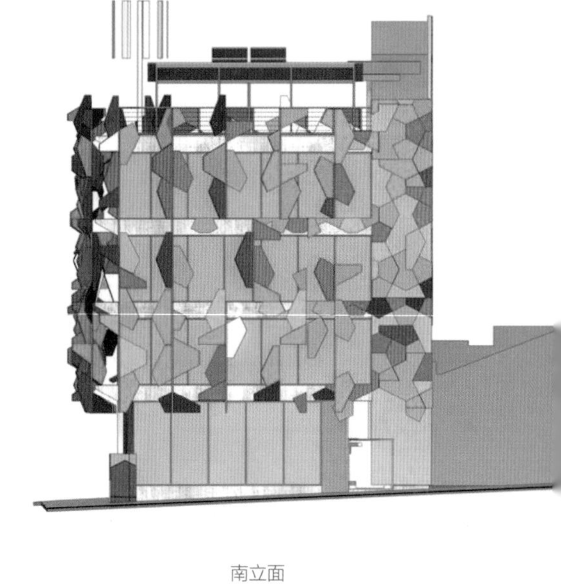

南立面

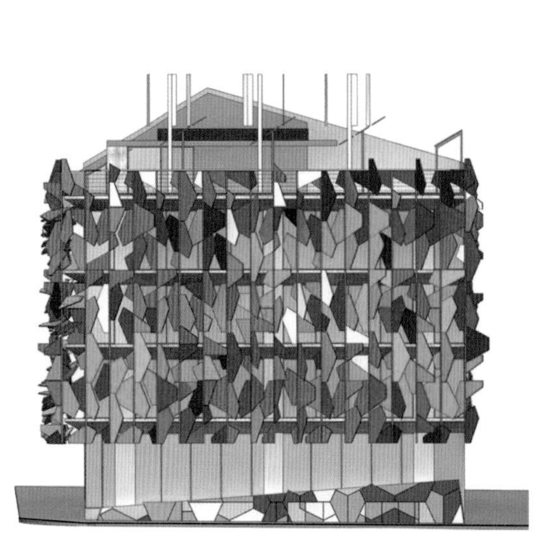

西立面

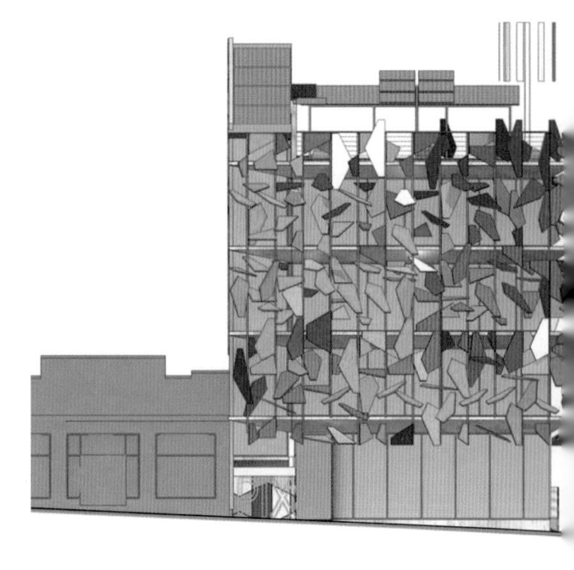

北立面

12 建筑外立面

水通过排水管道首层，经过净化后泵送至建筑的湿地边缘，灰水淹没湿地，浇灌植物，然后直接蒸发至大气，或通过芦苇叶片的蒸腾离开建筑。第二部分污水是“黑水”，指经过厕所和厨房水池的废水。这些废水收集在首层的大水箱中，并在基地保存 15 天以上。这段时间里，黑水可以提取出甲烷气体，作为屋顶直接的天然气供热燃料补给，为室内提供洗澡的热水，淋浴后的灰水可再用于灌溉。

< 3 建筑表皮 >

像素大楼独具一格、五彩斑斓的“像素”表皮让人过目不忘，它们是由种植植被、遮阳百叶、双层玻璃幕墙以及太阳能遮阳共同组成的综合系统。505 工作室研发的该系统构造复杂但形象简洁，可根据建筑功能、ESD 需求和材料的不同，使立面肌理在人的尺度下呈现不同的视觉感受，并具有流动感和一致性。

“像素”可在过滤阳光的同时为室内提供自然采光（图 11、12）。这些彩色的翼片是固定在表皮上的（不能旋转），具有 3 个功能：首先赋予建筑独特的视觉效果；其次，作为遮阳百叶系统在夏天起遮阳作用，减少空调系统的负荷；第三是照明调节，经过设计的叶片可以 100% 地允许自然光进入办公区域，同时避免眩光的影响。因此室内光线非常温和，主要窗户上不需设置遮阳百叶，各区域均可使用笔记本电脑。

< 4 典型办公楼层 >

4.1 楼板制冷及供暖系统

与传统商业办公建筑相比，像素大楼的主要区别在于提供室内主要制冷源的建筑楼板构造（图 13、14）。这些结构楼板中含有冷水管，内部灌注来自中央制冷设备的冷水。楼层的混凝土板裸露在办公空间内，因此冷水管楼板可以不断为室内提供冷源。

为了充分利用夜间的降温冷却作用，建筑西侧和北侧的立面均设有可开启的窗户。当在非办公时间或室外空气相对较低时，窗户可以通过建筑智能控制系统转为开启状态。室外空气的进入可降低室内温度，同时混凝土楼板将冷却并于次日发挥效用，如此可减少冷水系统的负荷。

由于像素大楼装备了先进的能源捕捉系统，可在排气至室外环境的时候进行热交换，以减少整体能耗，排往室外的废气温度较高，在排到室外前，它自身的一部分热量被专门的集热装置收集，这部分能量最终又被用来加热（冬季时）或冷却（夏季时）即将进入室内的新风。大楼内所流通的空气均为新风，所提供的空气更新率是当地法规最低要求的 3 倍。在任何时候都可以保证 100% 的新风意味着空调系统将不循环使用空气。新鲜空气通过楼板下的夹层被送入室内空间，可用于夏季制冷或冬季采暖。每个工位下有循环寄存器（Circular Register），使用者可独立调节控制，以达到符合自身舒适度的要求，工作模式与汽车上的新风控制方式相同。

对澳大利亚而言，将欧洲进口的吸收式热泵冷热水机组用于建筑的制冷和供热系统，是一种全新尝试。冷水机组采用氨作为制冷剂，不含有害臭氧，可以降低对全球暖化和军团杆菌的影响。

4.2 照明系统

为了能使办公空间具有 100%的自然采光，像素大楼尝试舍弃传统的百叶设计方式，引进双层墙的设计技术。通过先进的 3D 计算机辅助设计仿真，使外遮阳系统能发挥最大效能，且室内空间中能运用大量的自然采光，使具有大面积开窗的办公室不致成为温室（图 15、16）。

电力光源可以由调光系统控制，当室内的自然光线满足舒适的工作环境时，照明系统会逐渐关闭。灯具采用高效的 T5 单管荧光灯管，使光线分布满足照度需求。

4.3 室内环境

像素大楼采取措施尽可能使用低能耗材料，并避免挥发性有机化合物及其他毒气对人体健康的危害。像素大楼中所有的木材产品均获得国际森林管理委员会（International Forest Stewardship Council，FSC）的认证，这些木材是通过采伐可持续的人工林获得的，对木材的处理也符合高等级的环境可持续标准。厨房的橱柜、门和杂物架均使用了 FSC 认证的木材。

虽然室内仍有些许“新”材料的气味，但非常温和，因为建筑室内材料仅含极少量的挥发性有机化合物。

< 5 节能与可再生能源利用 >

像素大楼成功的关键策略之一，是利用燃气作为空调的能量来源。商业办公建筑的空调能耗巨大，燃气相对电力而言可显著降低热源设备所产生的碳排放。当能量有所剩余时，还能将其转化为电能，以减少建筑的碳足迹。

5.1 风力发电机

像素大楼最主要的特色是 3 台风力发电机的利用，每个风机能够为一个典型的澳大利亚住宅提供 60% 的能量。风机的设计经过测试，并受到墨尔本的统一认证。现有的风机效率要远超国际产品。

5.2 太阳能光电系统

像素大楼在南侧屋顶和屋面楼梯间屋顶装设了大量的太阳光电板。大部分的光电板是安装在全年逐时追日的基座上，以发挥太阳能板最大的发电效益。此外在屋顶突出物上方也装有固定式的太阳光电板。追光系统可以使发电效率平均提高40%。系统跟踪太阳光，并通过双向轴的旋转优化光电板相对太阳的角度。

像素大楼可以监测固定及追光的光电板产生的能量，同时实际测算追光所增能量能否带动系统转动的需要。建筑使用的所有太阳能光电板均为回收利用的。

< 6 创新可持续设计 >

像素大楼成为澳大利亚有史以来首座获得绿色之星满分的建筑，实现了绿色星级标准评价体系中100分的完美成绩，75分为六星级标准的基准分值。设计得到了额外5分的创新得分，代表着世界领先水平。在像素大楼所赢得的碳中和5分里，包括碳中和、真空厕所系统、厌氧消化系统和集约式停车系统。

像素大楼是澳洲第一个实施小规模的真空马桶技术的案例。此技术源于北欧，专为高质量的办公及住宿类建筑所发展。这一系统能够将耗水量降至绝对最低值，帮助像素大楼实现用水的自给自足。

厌氧消化池位于地面层，内置一个蓄水系统，能够储存所有来自浴厕及厨房排放的黑废水，并提取其中所产生的甲烷替代天然气，为屋顶上加热和冷却水系统提供能源。残留的黑废水经过处理，确定为可排放的标准及低于标准的甲烷含量等级后，再排

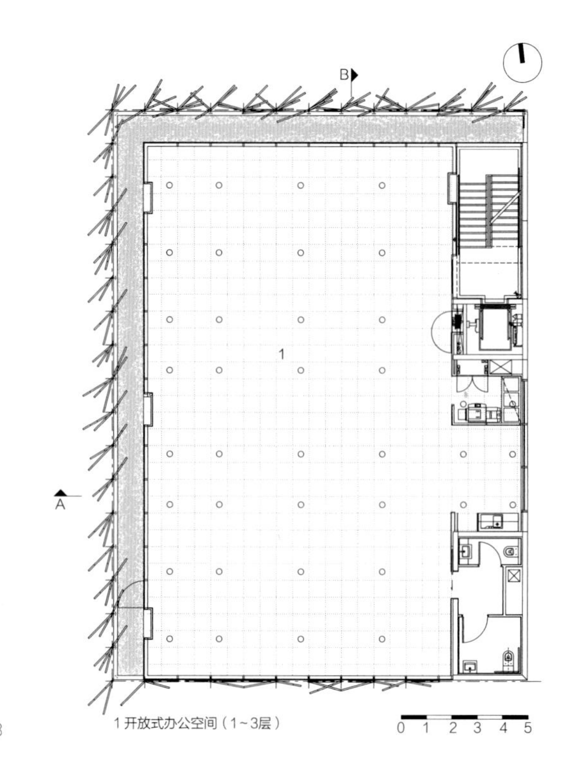

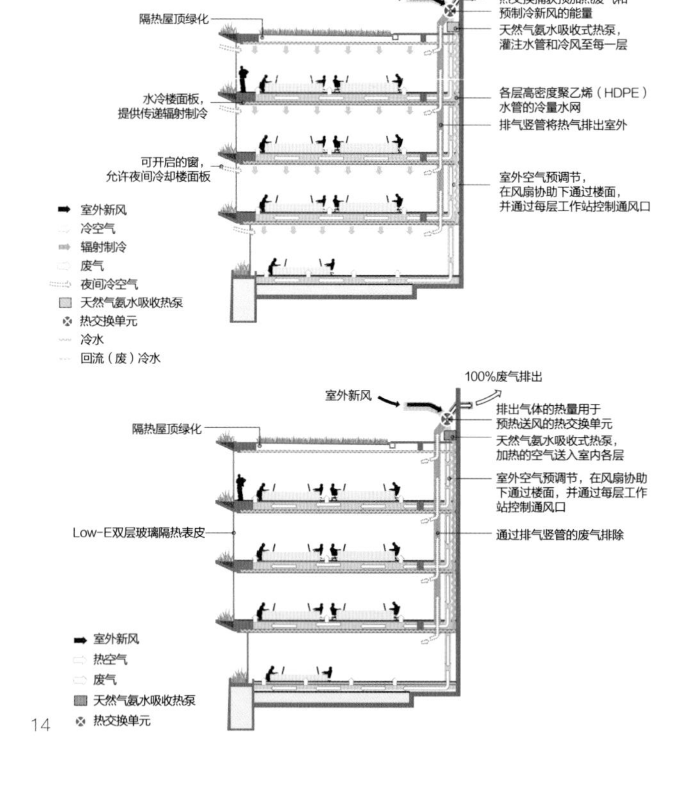

13 典型办公楼层平面
14 制冷供暖及换气方式

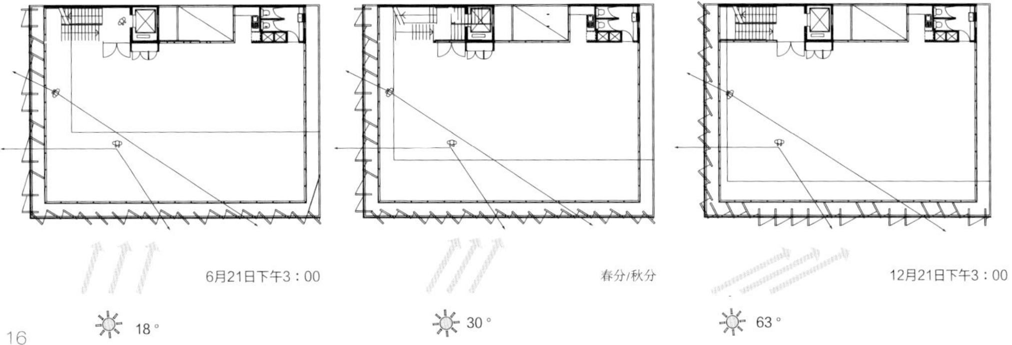

15　室内采光及照明实景（摄影：Ben HOSKING）
16　不同季节的遮阳与采光分析

入下水道。其结果是像素大楼不仅能控制甲烷排放量，同时也无需借助矿物燃气来使用太阳能热水系统。

< 7 Pixelcrete 混凝土 >

混凝土是当前世界上碳排放最高的建材之一，其中硅酸盐水泥约占全球每年温室气体排放量的 6%。为了降低像素大楼的混凝土的碳排放，项目团队与跨国建材开发商博罗混凝土公司（Boral Concrete）合作，耗时 12 个月开发出一种新型结构混凝土——Pixelcrete 混凝土。

Pixelcrete 混凝土所用材料中的 92% 来自于工业废料、回收或再生材料，降低了 60% 普通硅酸盐水泥的用量，使混凝土内碳的配比减半，达到与传统混凝土相同的强度且使用方法并无不同。

< 8 结语 >

505 工作室试图寻求一种能够使像素大楼与酿酒厂北部区域低矮的自然环境相协调的方案。通过控制建筑尺度、遮阳系统及表皮图案，像素大楼的设计旨在体现该区域在未来发展为广阔城市的可能性。

像素大楼建筑实现了美国 LEED（Leadership in Energy and Environmental Design）评价 105 分的成绩，成为全世界 LEED 评价系统中得分最高的建筑。此外，建筑也正试图超越英国 BREEAM（Building Research Establishment Environmental Assessment Method）评价体系中的最高分。像素大楼将努力成为一个未来办公建筑的示范样板。

（资料翻译 _ 李珺杰）

项目信息
地点：205 Queensbury Street, Carlton，维多利亚州
开发商 / 业主：Crocon Group
建筑设计单位：Studio 505
生态可持续发展顾问：Umow LAI
结构工程单位：Van Der Meer Consulting

越南的绿色建筑

DELIVERING GREEN ARCHITECTURE FROM VIETNAM

武仲义 / VO Trong Nghia

现今我们这个星球的居民业已超过 70 亿，而且还在日益增长中。对于处在热带气候区的亚洲国家来说，人口增长和发展构成了十分严峻的问题。这些国家无法照搬在温带气候区国家所形成的城市和建筑发展经验，因而带来了一系列的挑战。

面对这种情况，越南也不例外。越南正在经历由人口增长和最近的气候变化所带来的不计其数的问题。假如全球的海平面上升 1m，那么作为世界上最广袤的大米产区之一的湄公河三角洲（Mekong Delta）40% 的面积将被淹没。洪水不只频繁造访农村地区，像胡志明市（Ho Chi Minh City）这样的城市区域也深受其害。台风、盐碱渗透和旱灾等自然灾害持续加重。所有这些问题都和环境破坏有关，并可能导致粮食危机。

现在越南的人口已达 8 700 万，并且还在快速增长中。预计到 2020 年，越南人口将超过 1 亿。除了人口的快速增长，越南还面对诸多城市化问题，比如交通问题。越南人口最多的城市胡志明市的 780 万居民一共拥有 420 万辆摩托车。数量庞大的摩托车导致日常交通拥堵，同时也带来严重的空气污染。据统计，该市有超过 16 000 人死于与空气污染有关的疾病。这种情况显示了“发展正在谋杀人类”，并且类似情况在全国范围内都有出现。

现在，人们出行的交通方式正在不断发生变化。过去自行车出行占主导，现在则是摩托车的天下，再过不久则会被汽车代替。正如贪婪是无度的，化石燃料的消耗也有一定限度。假如所有生活在热带国家的居民都越来越依赖于汽车和空调，那么地球的所有自然资源将被消耗殆尽。

随着城市化的进程，越南城市的绿化持续减少。例如，在胡志明市，所有公园、园林和绿化带的面积加起来才 535ha，也就是说整个城市只有 0.25% 的面积被绿化覆盖。越南的城市原本到处都是茂盛的热带森林，但现在它们已经往另一个极端走得太远。正由于此，在城市生活的年轻一代正在失却与自然的联系。如果不改变人们的思维方式，那么城市必将变成钢筋混凝土的森林。

我们不能阻碍人们追求更富有的生活，亦无法阻止快速的城市化和发展进程。然而，如果人类继续以这种方式和速度发展下去，我们的星球将面对无可挽回的局面。而这是建筑师必须要帮助解决的问题。

作为身处这个时代的建筑师，最重要的责任应是将绿色还给我们的地球。如同生态学家在环境保护方面的作用，建筑师可以通过自己的方式在这一问题上发挥作用，包括在建筑的屋顶、立面和其他可能的地方进行绿化。如果能够把高层建筑进行“绿化”，那么将可能增加数十倍的绿化面积。摩天大楼是包括曼哈顿（Manhattan）在内的 20 世纪大都市化过程中发展起来的建筑类型，目的是为人类活动创造更多的使用面积。现在摩天楼应该被转化为创造绿化面积的建筑。包括越南在内的热带国家在建造这样的绿色建筑方面具有优越的条件，因为其气候在全年时间内都是高温湿润，十分有利于植物生长。

热带国家的人民有着漫长的和自然和谐共存的历史，并在葱郁的森林中孕育发展了自身的文化和精神，具有发展绿色建筑的极大潜力。一般而言，建筑是为人类而建造的，但是建筑也可以为树木和植物而建。最终，建筑应该使地球能够持续地有利于人类的生存。

在过去数十年中，全世界都同时面临着能源危机，比如石油枯竭和核安全问题等。在发展中国家电力供应不稳定的情况下，创造节能建筑更具有实际意义，因为即使在电力短缺的情况下，建筑也应能继续使用。

20 世纪的建筑史中有 3 种建筑材料占据了主导地位：钢筋、混凝土和玻璃。发展中国家，钢筋混凝土和砖混结构的建筑仍然十分普遍。不久的将来，它们的城市将遍布混凝土和砖结构的建筑。但是，这种普遍的建造方式却带来了不少环境问题：水泥行业是温室气体 CO_2 的主要排放源之一。混凝土还是造成城市热岛效应的主要因素。砖生产中的加热和冷却过程亦对环境有负面影响。因此采用环境友好的材料用于建造极为重要，否则地球将无法支撑持续的人口激增所带来的建造活动，尤其是在快速城市化的发展中国家。

实际上并非所有建筑都需要用钢筋和混凝土来建造。诸如度假设施、酒店、餐厅和学校等建筑类型可以采用更为生态的材料来建造，比如竹子。竹子可以成为 21 世纪的绿色材料，因为其生长速度快，大量吸收 CO_2，并且具有强度高和密度极低等材料特性，和其他结构材料相比具有很大优势。一般用作建造材料的树木需要至少 10 年的生长期，而竹子仅需 3 年时间即可用于建造，且能够在荒地快速生长。将竹子作为建筑材料可以把建造活动对森林的负面影响降到最低。再者，对竹材的需求将刺激农村地区的经济增长。几乎所有的亚洲国家和拉丁美洲地区都适合竹子的生长，并且和其他建筑材料相比，用竹材建造可以实现低成本的建筑。

由于竹子这种材料大小和长度不一，且具有特殊的有机结构，因此要将其用作结构构件并非易事，但是可以在不改变其自然特性的情况下来克服这些困难。通过泥浆浸渍和烟熏的传统处理工艺后，竹材便具有抵御腐蚀的特性。竹材的成型和造型则是通过加热处理来进行的。通过竹材的排列组合，则可以克服材料尺寸不均匀的缺点。竹结构构件的搭接是通过绳索捆绑和竹楔来完成的，而不是采用金属节点，这样能够降低造价。竹结构建筑可以在不使用化学材料和金属构件的情况下进行建造，因此建筑空间使人更加接近自然。

尽管竹结构建筑采用低技方式建造，我们的目标却不能仅限于建造地方性的民间构筑物，而应该创造现代的可持续建筑。因此发展竹结构建筑的生产和建造体系十分重要。如果能够将整个建筑结构体系分成不同的结构单元，那么适当的成本控制下的精确结构体系就能够实现。不同结构单元的组合也有利于竹结构构件在运输上的灵活性。

竹材弯曲性能极好，因此竹材能够运用于曲线结构从而最大程度发挥其材料性能，并展现材料优雅的弧线特征，这和其他木材是完全不同的。由于城市化进程中混凝土和木构建筑的大量建造，导致热带雨林退化，而森林破坏和城市化正使我们的地球日益陷入危机。现代建筑不仅要把对环境的影响降到最低，而且还应该改善自然环境本身。竹结构建筑和荒地造林的实施是可以改变我们未来发展路径的行之有效的方法。

下文将通过几个案例，展示如何将绿色、节能和使用环境友好材料应该结合到建筑设计中，从而向大众传递绿色理念。建筑师应该具备为未来创造绿色建筑的道德责任，并通过建筑去教育后来人，这对于地球的命运而言同等重要。

< 1 风水咖啡馆及酒吧 >

在获得离胡志明市不远的工业新区平阳的一个绿色生态咖啡馆的设计任务后，建筑师将他们之前所做的风冷和水冷却系统变为现实，并且融入了竹结构建筑的设计表达。这个咖啡馆被命名为风水咖啡馆。

风水咖啡馆最终坐落于茂盛的热带森林之中。场地的景观和围绕建筑的人工湖面，在实现咖啡馆室内空间的舒适环境方面均起到了重要作用。建筑的屋顶由竹和钢等受拉构件组成，形成了最宽达 12m 的开敞无柱空间（图 1 ～ 3）。V 字形的屋顶平面是根据计算流体力学分析生成的，目的是尽可能把风引入

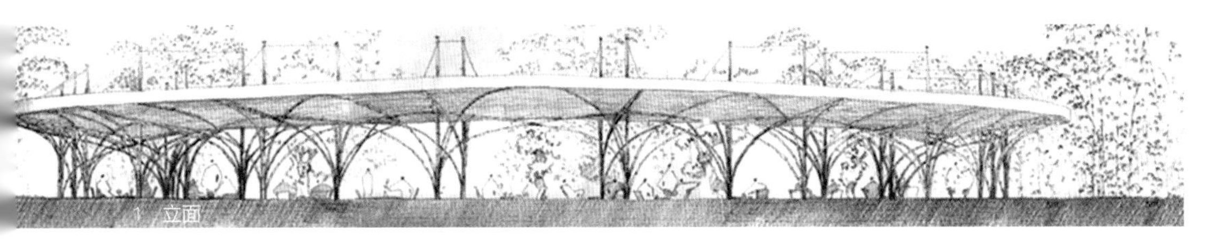

1 立面

2　总平面
3　建筑平面
4　咖啡馆通风模拟

建筑（图4）。

风水咖啡馆（图5～8）由数千个竹构件组成，其钢构件的使用被降至最少。在经过浸渍和烟熏等传统处理工艺后，竹材展示出了其作为建筑材料的美学、耐久、生态和低成本等优点。

和其他热带森林相比，竹子在吸收 CO_2 和竹林再生能力方面显示出了优越性，因而竹材不仅是越南的传统建筑材料，它也是21世纪的绿色建筑材料。竹材不仅能够作为装饰材料，在作为主要结构材料的时候也起到了重要作用。竹材还具有一些独有的特点，例如：具有各种规模且方便灵巧的尺寸，较高的抗弯性能等。因为这些特点，竹材在曲线型结构中得到了采用以发挥其最大潜力并展现其优美的弧线，这和其他木材是很不同的。也由于竹材长度和尺寸的限制，竹结构必须由较小的构件组成。因此，无可避免在竹结构中会有大量的连接节点，而这些节点细部也成为竹结构的关键所在。采用金属节点是很省事的，但是竹结构的有机特性和成本优势却会因为过多采用金属节点而被削弱。因此，设计师在风水咖啡吧中采用了特有的手段——竹绳栓和竹楔子——使节点真正成为结构的有机过渡（图9）。

风水酒吧修建在风水咖啡馆旁边。和风水咖啡馆开敞的线性空间不同，风水酒吧被设计成为一个封闭的穹顶结构（图10、11）。因此，整体项目场地最终包含了通过不同方式与自然取得和谐关系的两类建筑：第一类是融入自然（风水咖啡馆），而另

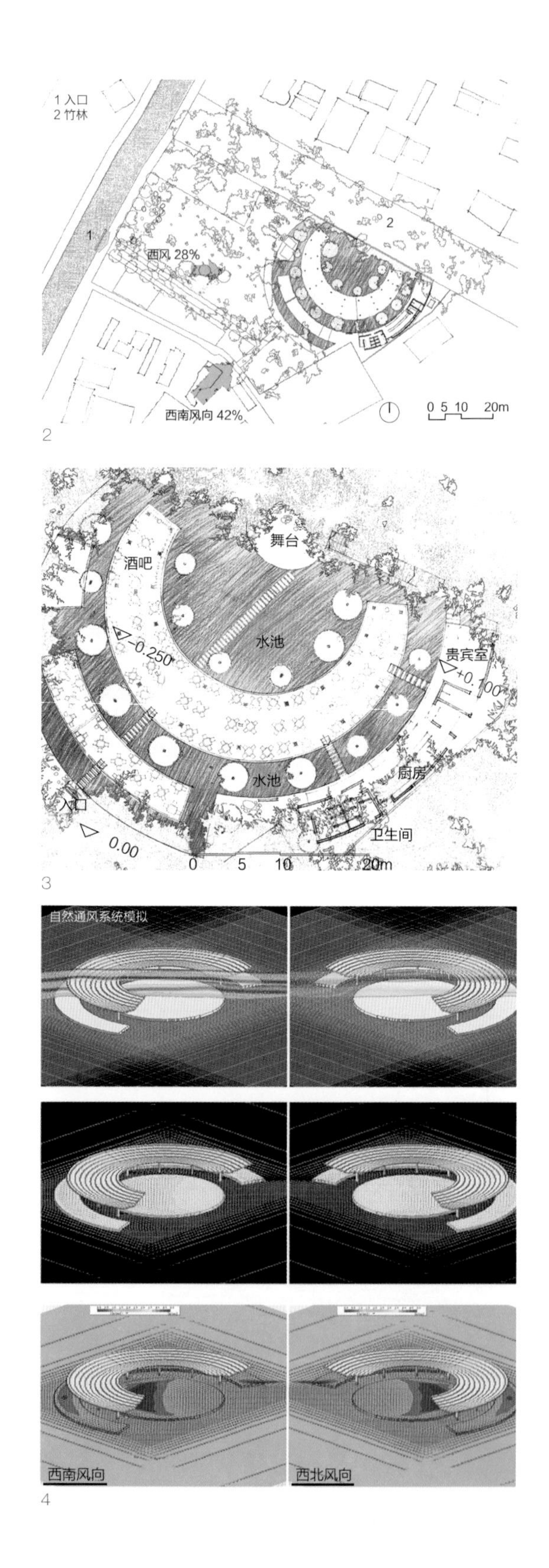

2
3
4

5　水池环绕的咖啡馆

6　咖啡馆外部景观
7　从舞台看咖啡馆
8　咖啡馆内部夜景

一类则从自然中脱颖而出（风水酒吧）。

建筑师为穹顶建筑设计了竹拱结构系统，其高度达 10m，跨度则达到 15m。建筑主体结构由 48 个预制结构单元组成，每个单元则分别由数个竹结构构件组成（图 12、13）。

风水酒吧也位于一个人工湖中（图 14、15），它采用自然风和凉爽的湖水作为主要的能源来为建筑提供自然通风。屋顶中央一个 1.5m 直径的天窗则作为通风口来促进空气流通以排出酒吧内部的热量（图 16 ~ 19）。

风水咖啡馆和风水酒吧均由当地工匠建造，建设周期均为 3 个月。建造和运行阶段的能源节约使得该酒吧成为自然的有机组成部分，和谐地融入到自然之中。

风水咖啡馆和酒吧的竹结构构造主要采用了以下 3 方面的技术手段：

（1）浸渍和烟熏（传统）

将竹材在泥浆中浸渍数月并进行烟熏是让竹材具备长期防腐蚀性能的传统方法，该方法使竹材具有防腐和防虫的性能。

（2）竹绳栓和竹楔子（传统）

该项目没有使用任何金属钉。使用金属钉将使竹结构建筑失去成本优势，因为其节点数量庞大。作为替代方法，风水咖啡馆和酒吧采用竹绳栓和竹楔节点来实现竹结构的有机转换。

6

7

8

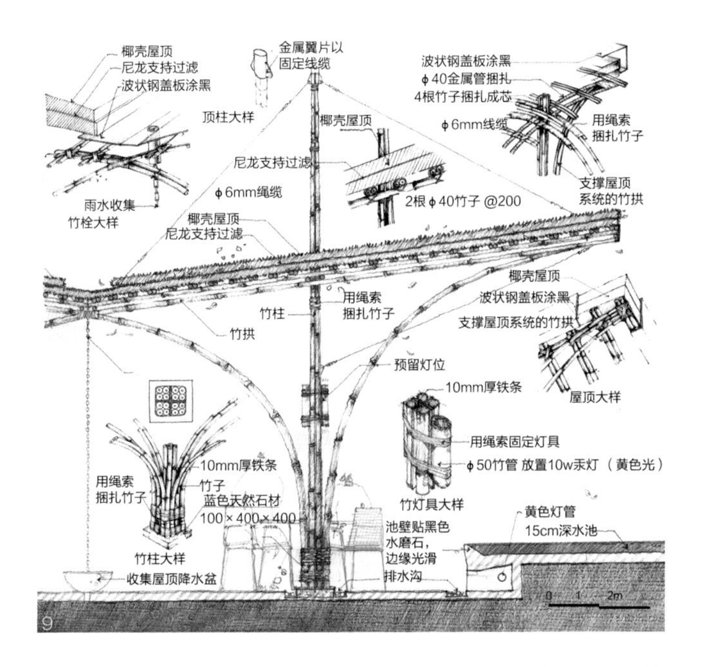

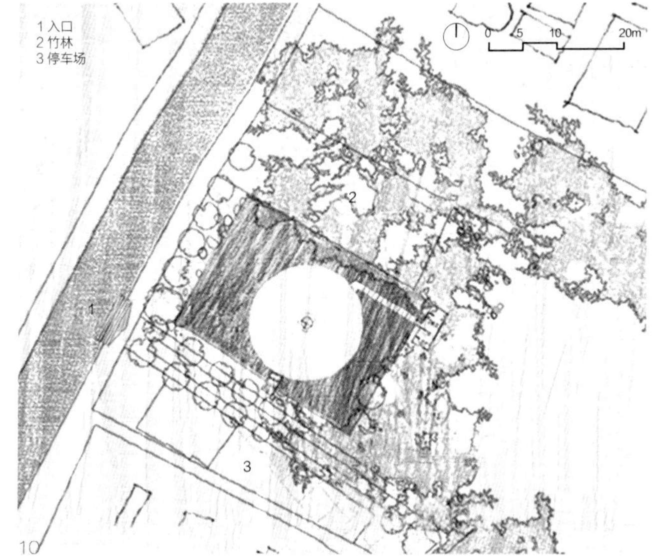

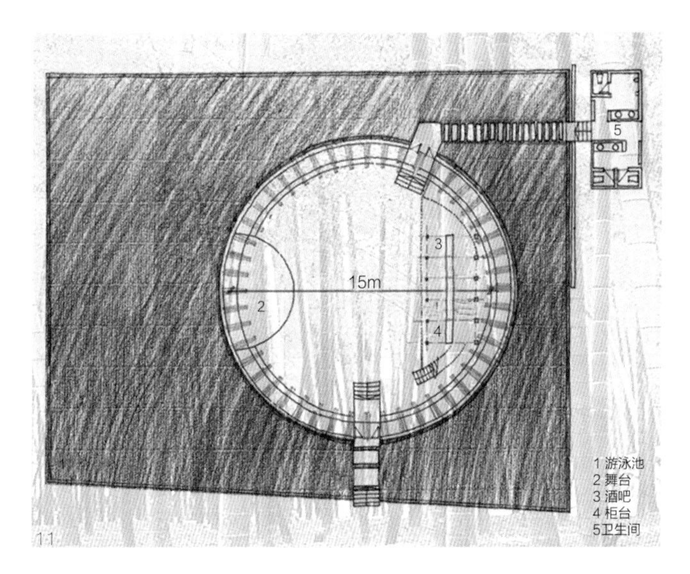

9 剖面大样
10 总平面
11 建筑平面

（3）装配式结构体系（现代）

要将竹结构广泛运用到不同类型的建筑之上，不采用装配式结构体系是不可能实现的。将竹材组合成结构单元，不仅能消除竹材尺寸不均匀的缺点，还有利于材料和结构的运输，所以能够使之成为具有成本低、建设周期短和精度高等优点的行之有效的建造方法。

越南是面临着环境和能源危机双重问题的发展中国家。在这种情况下，越南人民和其他国家的人们一样，应该将大规模消耗导向转向以节约能源为导向的生活方式。通过自然材料和能源的应用，风水咖啡馆和酒吧适应了这种趋势，并可能将因此而对社会产生重大影响。

在越南，竹材一直是传统的建造材料，因为它具有重量轻和容易运输的特点。越南国内有大片的竹林，而竹材的密度又极小。也正因其较小和不均衡的尺寸，要以特殊的建筑设计手法来运用竹材并非易事。

该项目设计师所追求的是运用这种传统材料来形成当代建筑设计表达的途径，从而满足当地社区的传统和创新需求，目标是在低成本条件下实现宜人和激动人心的空间。因此，在这些项目中同时采用了传统和现代的技术手段对竹材进行处理。

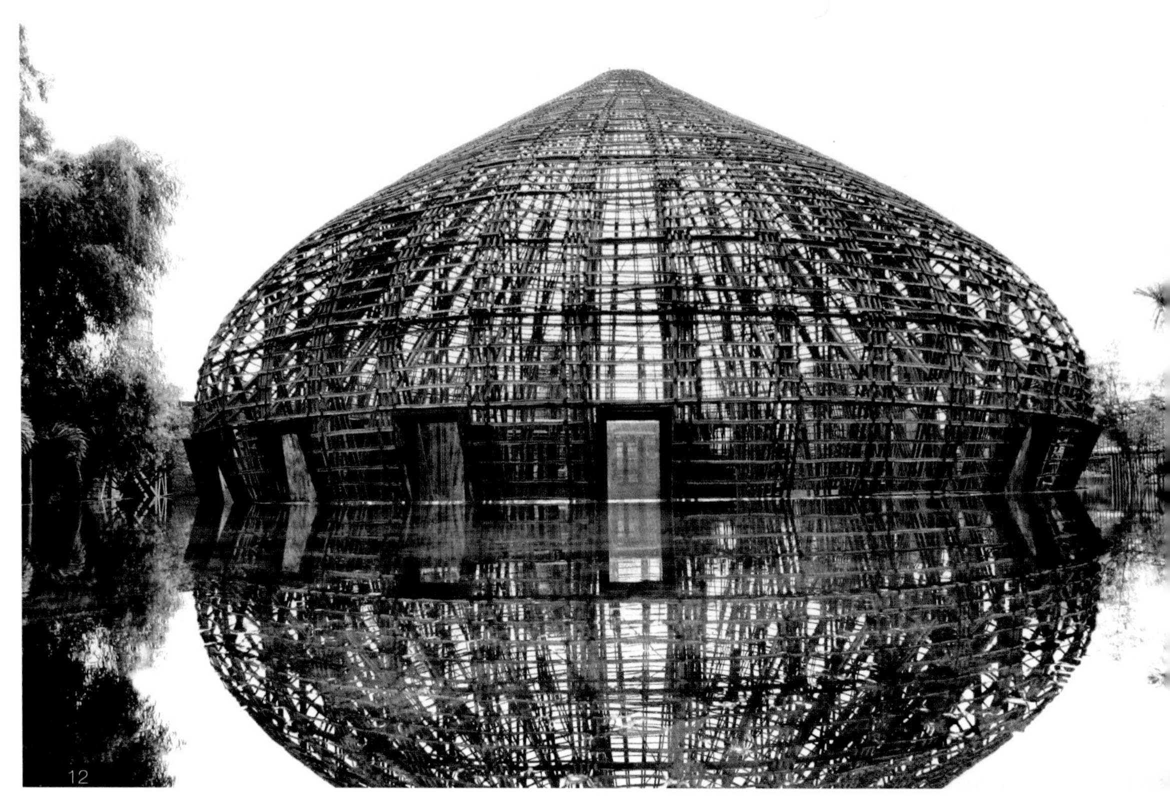

12

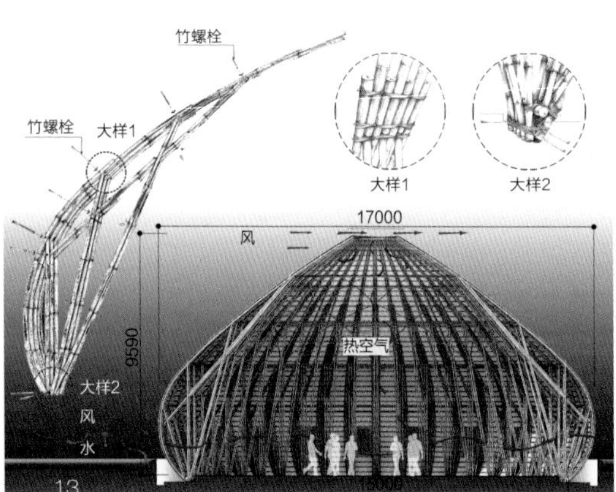

13

14

15

16

17

18

19

12 风水酒吧穹顶结构
13 穹顶概念
14 风水酒吧
15 酒吧入口
16 竹结构细部
17 内部空间及天窗
18 房屋基座大样（竹楔）
19 屋顶纯粹的竹结构

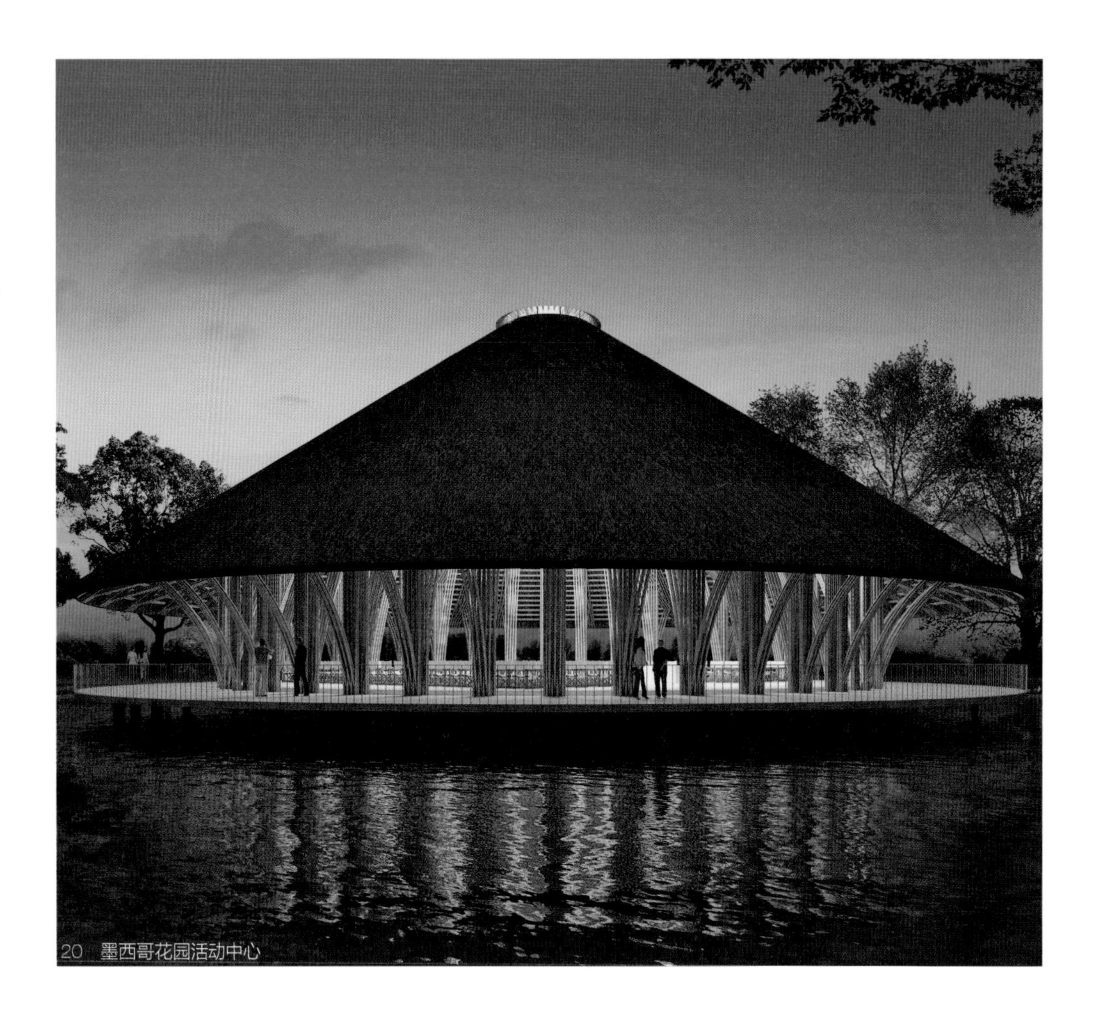
20 墨西哥花园活动中心

< 2 墨西哥花园竹建筑 >

在墨西哥库埃纳瓦卡（Cuernavaca，Mexico）附近的新植物园"墨西哥花园"（Jardines de Mexico）中3座竹结构建筑正在得到设计和建造，并预计于2013年向公众开放（图20）。这3座建筑为两个餐厅和1个圆形的活动中心，每座的建筑面积都超过1 000m^2。这3座建筑的结构设计的概念各不相同。

山丘餐厅（Hill Restaurant，图21）是一个位于山丘之上的开敞的竹结构建筑。该建筑的地板随着地形逐级下降，整个建筑由蘑菇形竹结构柱所支撑的大型平屋顶覆盖。每个蘑菇形竹结构柱由大约160件竹材组成，覆盖并支撑36m^{2}的屋顶面积（6mX6m）。

湖泊餐厅（Lake Restaurant，图22）的结构则由行列式的尖拱所支撑，犹如哥特教堂。建筑所形成的空间让人恍如置身茂盛的竹林中。建筑的室内空间采用简洁的矩形平面，并且向四周的景观采取开敞的形式，从而让人能够像在山丘餐厅一样享受周围的景色。

活动中心（Event Center）亦位于湖滨，面向湖泊餐厅。这是迄今为止最大的竹结构穹顶建筑，包含了直径为30m的圆形大厅。大厅将用于举办舞会、表演和音乐会等活动。环绕大厅的是一个3m宽的露台，大厅和露台均为直径36m的茅草屋顶所覆盖。建筑的结构由36个竹拱单元组成，这些竹拱形成单独的支撑以保持结构的平衡，并同时形成了穹顶空间和露台的支撑。

考虑到墨西哥的瓜多属（*Guadua*）竹子具有比越南竹子品种更坚硬和顽强的特征，该项目所设计的竹材弯曲弧线比通常要小一些，从而形成了墨西哥竹结构建筑的独特表达。

竹结构建筑将由越南和墨西哥的工人共同合作完成。该项目进一步证明竹结构建筑在全世界范围内的应用正在不断扩大。

绿色建筑将使人们与自然和谐共处，并通过阳光、风和水的滋润来提高人们的生活质量。对于发展中国家来说，充分利用自然条件来降低建筑对环境的影响是极为重要的，并且热带国家有条件能够在不使用非清洁能源的情况下形成舒适的生活环境。由于不存在寒冬，这些国家的建筑可以通过非常简单而节能的手段来实现宜人的室内环境。

山丘餐厅

22 湖泊餐厅

23 场地总平面
24 住宅平面
25 正立面
26 剖面与立面
27 通风和采光示意

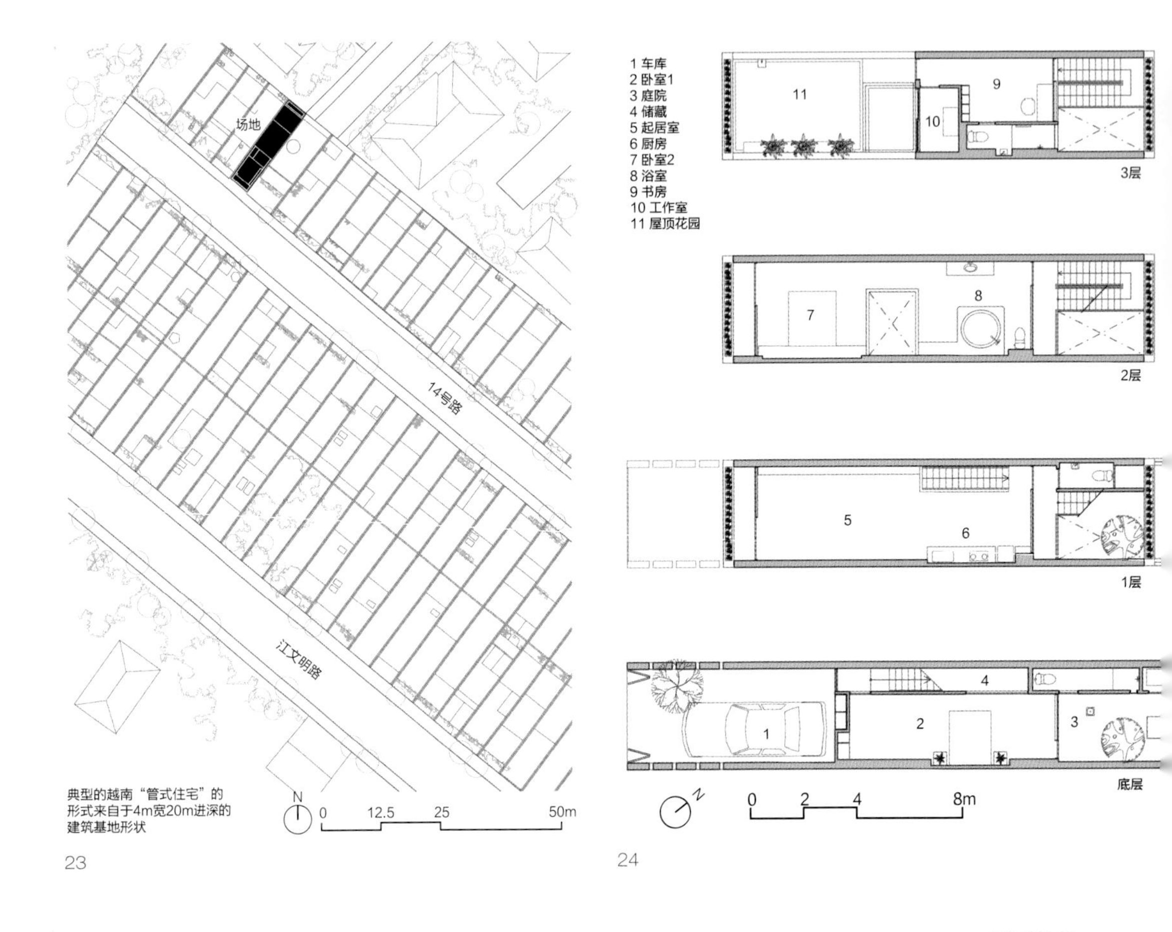

典型的越南“管式住宅”的形式来自于4m宽20m进深的建筑基地形状

23

24

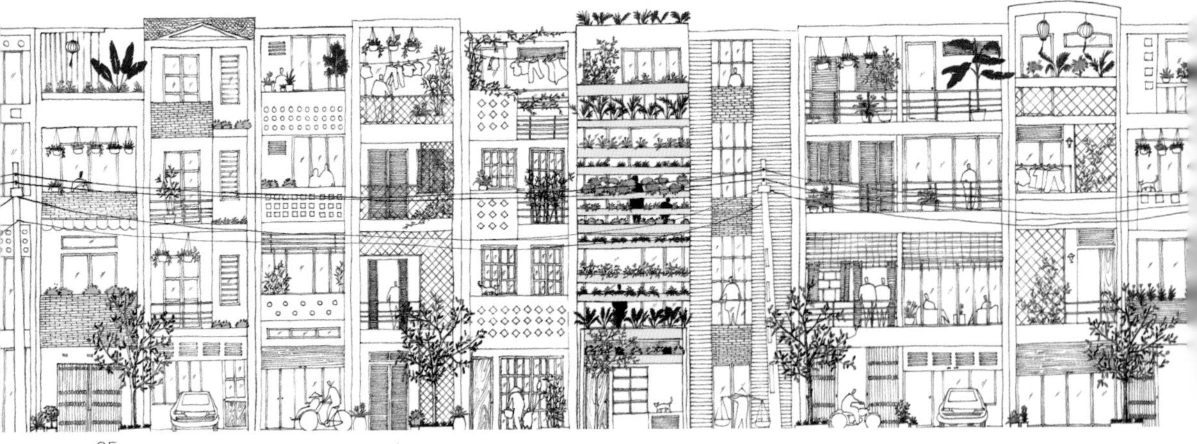

25

< 3 绿色三明治住宅 >

由于城市快速扩张和商业化的影响，很多新兴的亚洲城市正日益失去它们的地域特征，并趋向同化。人口过度增长还导致生活质量降低和绿化丧失。作为越南最大城市，胡志明市亦不例外。“绿色三明治”是建于 2011 年的一个典型的私人住宅项目，它为改变这种现状提出了可能性。

居住在胡志明市的市民有一个有趣的传统：他们热爱街道上到处是热带植物和花卉的生活。虽然生活在现代城市，仍体现出人们下意识地向往繁茂热带森林的蛛丝马迹。“绿色三明治”住宅项目在建筑上体现了这种传统，利用排列如同水平百叶的种植槽来形成建筑的立面。绿色的建筑立面不仅为居民提供舒适的视觉感受，也改善了室内热环境，从而节约能源。再者，它也提高了周边环境的生物多样性。该住宅是为一对 30 岁夫妇及他们的母亲设计的，是一个典型的管式住宅，建于一个长 20m 宽 4m 的地块上（建筑面积 220m^2，图 23、24）。前后两个立面完全由从侧墙挑出来的混凝土种植槽重叠而成（图 25、26）。种植槽之间的距离以及种植槽的高度根据植物的高度而变化，从 25cm 到 40cm 不等。为了方便浇水和维护，种植槽内还安装了自动灌溉水管。

绿色立面和屋顶花园能够为居住者抵挡阳光直射、街道的噪音和污染（图 27 ~ 30）。通过对使用中的室内环境监测，发现通透的建筑立面和两个天窗在整个建筑内部形成了穿堂风，而且在胡志明市严酷的气候条件下使建筑节约了大量能源（图 31、32）。半开放的绿色墙面亦能够以友好而非侵略性的方式保证住宅的私密性和安全性，这对于城市中的居民而言是极为重要的。

在热带气候中，建筑的自然通风尤为重要，良

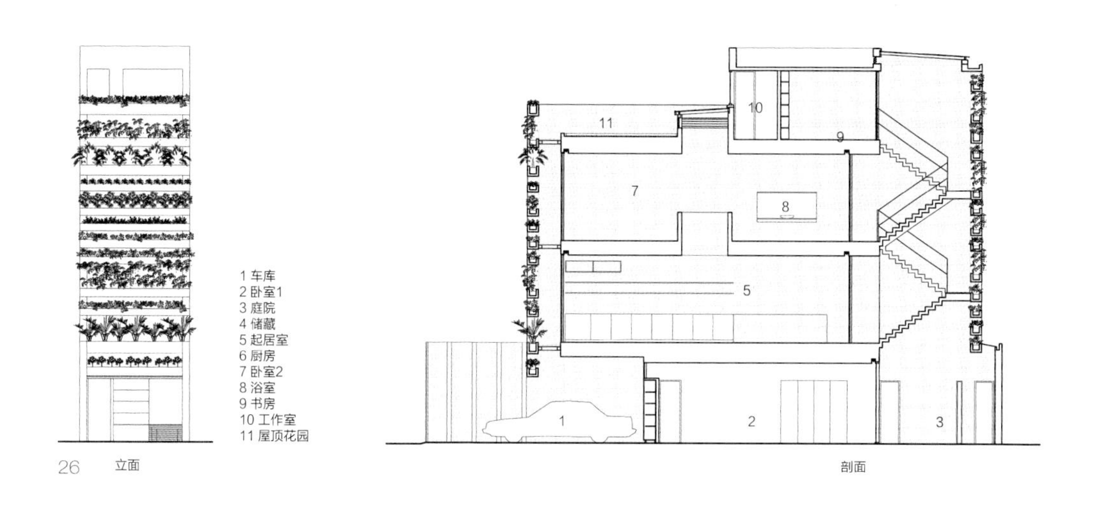

26

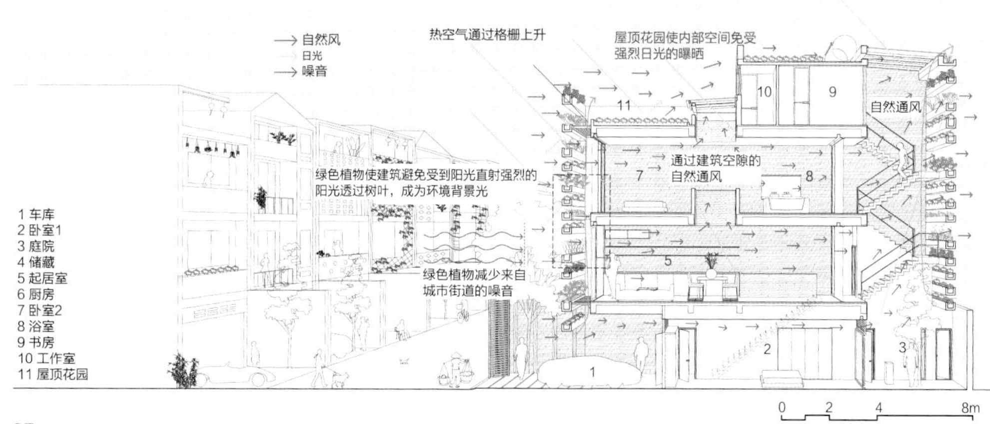

27

28 绿色立面实景

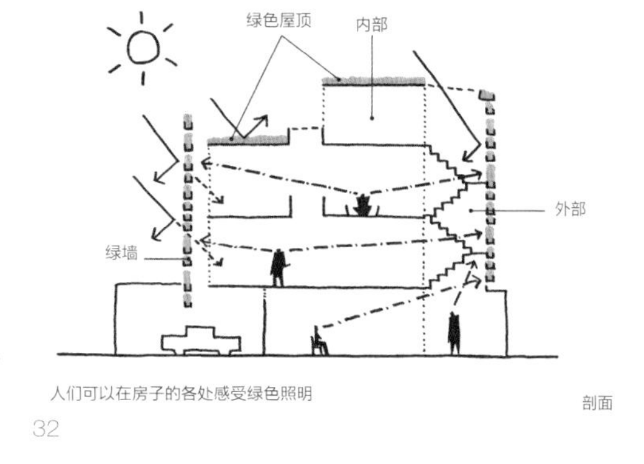

29 屋顶花园
30 绿墙细部
31 天窗
32 剖面示意

33 卧室

好的自然通风能够减少能耗并形成舒适的室内环境。通透的建筑立面和庭院可以尽可能多地把风引入建筑，同时“单间”的平面设计也有利于减少房间中不必要的隔墙（图 33、34）。

根据胡志明市交通局公园和绿化管理办公室的最新统计，城市中仅有 535hm^2 的公园和绿带，比 1998 年减少了近 50%。无论是对于居住者还是对于社区而言，一座私人住宅具有大量显眼的绿化都是十分有利的。建筑立面由 25 个种植有不同植物的水平种植槽组成，十分有利于社区环境的生物多样性。“绿色三明治”住宅的绿色立面在街道中十分显眼，它将激发并鼓励城市居民把更多的绿化设置到他们的建筑中。该住宅在越南国内和国外都获得了媒体的广泛关注，而其生态理念也得到了有效的传播。

在该住宅建成 1 年后，其室内的自然通风得到监测以评估建筑设计的有效性。对住宅中 11 处位置的风速进行了测量（包括所有房间和庭院），并和室外同样高度位置的风速进行比较。测量结果非常显著，建筑一层至三层的平均风速在 0.15m/s（一层的最低值）~ 0.53 m/s（三层的最低值）之间，而室外的风速则为 0.31 m/s（一层高度的风速）~ 1.15 m/s（三层高度的风速）。监测结果显示，住宅内部形成了舒适的穿堂风。这从住宅使用者的行为中也可以得到印证，因为即使在热带气候的条件下（胡志明市的平均温度为 28℃），使用者也极少开启空调。这要归功于自然通风和被动式设计手段。

“绿色三明治”住宅是一个相对低成本的建筑。单元造价为 480 美元 /m^2，并且由于被动式设计手段的采用，住宅每月的电费仅为 25 美元。

（译_彭伟洲）

34 浴室

项目信息

风水咖啡馆（wNw Café）
主要建筑师：VO Trong Nghia
项目阶段： 2006 年 3 月建成
项目类型：咖啡馆
项目地点：越南平阳
总建筑面积：1200 m²
摄影：Hiroyuki Oki

风水酒吧（wNw bar）
主要建筑师：VO Trong Nghia
项目阶段：2008 年 1 月建成
项目类型：餐厅酒吧
项目地点：越南平阳
总建筑面积：270 m²
摄影：Hiroyuki Oki

墨西哥花园竹结构建筑（Bamboo Projects in Jardines de Mexico）
建筑事务所：VO Trong Nghia Architects
项目阶段：2011 年（初步设计）
项目类型：餐厅
项目地点：墨西哥莫雷洛斯
总建筑面积：1 700 m²

村镇形态蜕变下的建筑策略
——城村架构的设计实践分析

ARCHITECTURAL STRATEGY IN TOWN TRANSFORMATION: ANALYSIS OF RUF'S DESIGN PRACTICE

约书亚·鲍乔弗 林君翰 / Joshua Bolchover, John Lin

2005 年中国政府宣布，截至 2030 年将完成全国 7 亿农村人口中一半或约 3.5 亿人的城市化工作。在此背景下，中国的设计活动异常活跃。作为一个依托香港大学的研究和设计团队，“城村架构”（Rural Urban Framework，RUF）在向中国慈善团体和非政府组织提供设计服务期间，见证了发生在一些偏远地区的转型与博弈过程，通过 15 个包括学校、社区中心、医院、村宅、小桥以及一些增补性规划策略等设计实践，试图研究揭示每个村镇的形态蜕变与当地社会、经济和政治活动之间的种种联系。了解环境背景后，研究力图通过建筑设计项目对这些活动产生一定影响。由于所处环境随时在发展变化，所以毫无疑问会使设计过程面临诸多不可预测的问题。这些设计项目要经得住时间考验，其内部空间要满足未来需求且适应各种变化。随着农村城市化，建筑形式将越来越趋于整齐划一，住宅都是混凝土框架结构，空心砖填充墙外贴面砖，学校也都成为单面走廊的多层混凝土预制板建筑，无论在江西还是广东，一律标配。当建筑不再与当地气候、材料和传统工艺相呼应时，一个地方的地域特征也就被吞噬了。我们并不期望能够达到本土建筑语言的回归，而只希望实现一种与众不同，从而给当地提供另一种不那么整齐划一且体现地方特殊性的设计。通过与不同地方的教育机构和设计单位合作，我们希望逐渐影响一些核心的政策制定者，使其对学校、社区服务设施及各类公建的设计方法和思路产生一些转变。

然而一个最根本且紧迫的问题是，政府往往想要通过城市化解决农村贫困问题，这时该采用何种建筑形式呢？发生在广东省的城市化进程就体现了这种转型所引发的问题。由于与工业生产紧密相关的城市化发展根植于该省翻天覆地的经济改革中，导致城市形态逐渐演变为不同城市角色的拼凑。工厂、稻田、宿舍、村落、农场和住宅杂乱无章地撞在一起。伴随发展不断出现的是各角色间的连带问题，比如土地产权纠纷、补偿金调解以及村民重新安置等。不仅城市周边，更为偏远的山村也体现出广东城市化所带来的影响。由于年轻劳动人口纷纷到城市工厂务工，这些村镇的人口大幅度下降，仅留下老人和小孩。而即便如此，村里的房屋建设仍如火如荼，外出务工者寄薪水回老家，用来修建崭新的 3、4 层混凝土外贴面砖的小楼，通过房子的高度和毫不吝啬的外部装修来显示自家经济实力。在此过程中，乡村原有的独立型经济逐渐演变为对城市的依赖型经济，其收入来源也不再是农业生产，耕作的目的已由经济交易变为自给自足。尽管目前这种模式“推进”了农村的发展延续，但我们担心的是下一代会发生什么？对于城市工业生产的过度依赖将使更多人口涌入并定居在城市中，最终导致农村被遗弃。此外，由于中国对外出口受全球金融市场波动影响较大，这种生产经济模型是否可持续还是个疑问。从这种角度看，乡村地区必须尽快寻找另外的发展模式，不能处于对城市的极度依赖地位。事实证明，这种可持续性的农村发展新模型是存在的，它能够使乡村抵抗这种过度的城市化进程，使其能够在社会、经济和空间形态演变各方面达到平衡。

< 1 江西桐江小学 >

1.1 在没有建筑的地方做建筑

桐江小学位于江西省石城县小松镇桐江村（图 1、2）。“世界宣明会”（World Vision）委托我们将一所 220 人的学校扩建到 450 人使用，新加建的

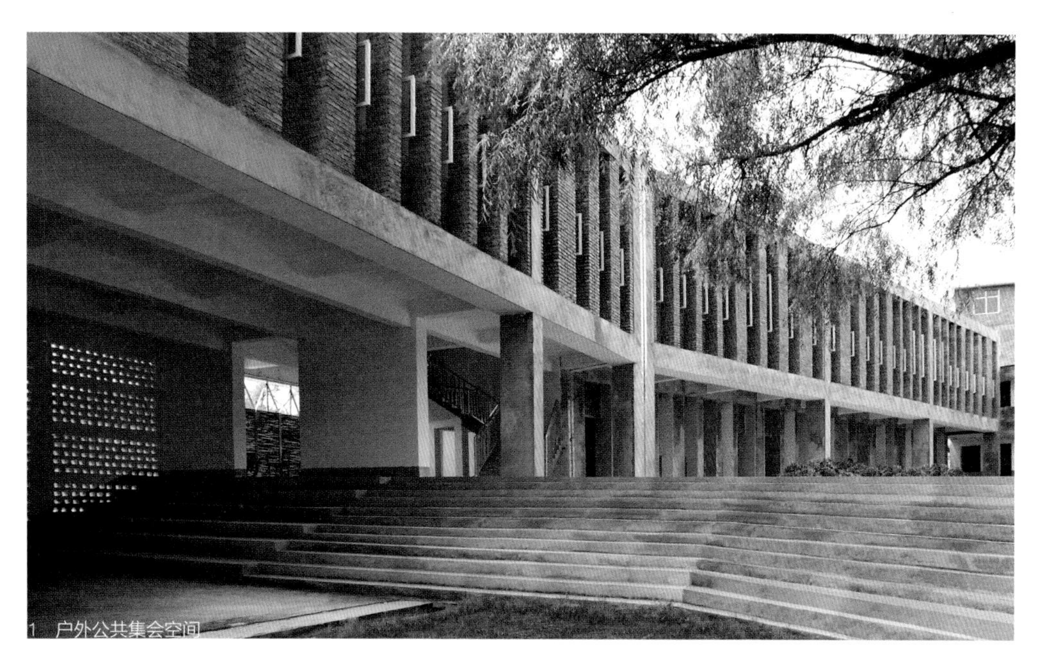

1 户外公共集会空间

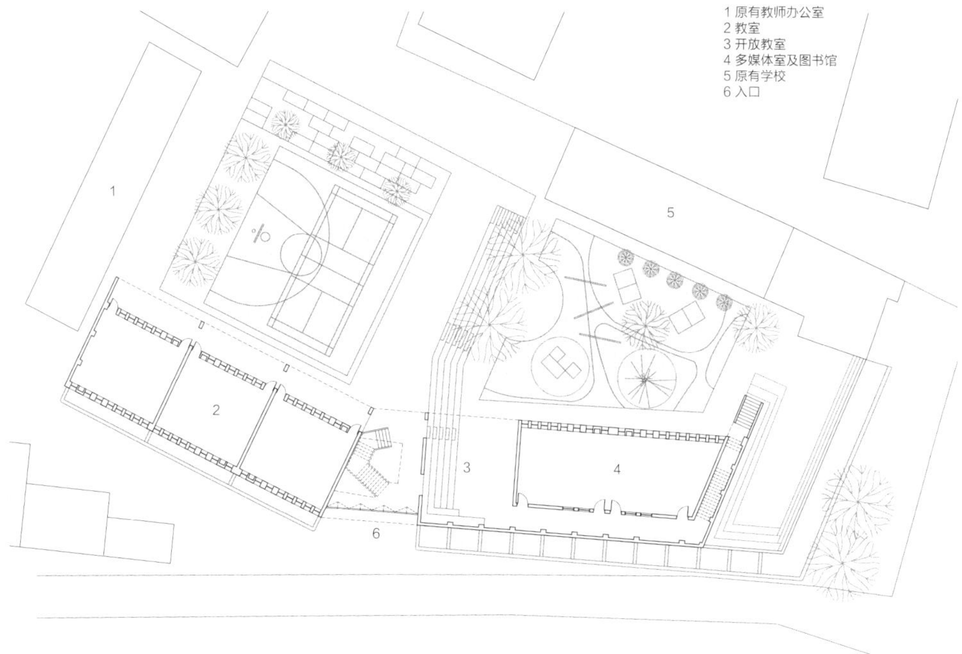

2 总平面

11 班教学楼将为周边教育落后的乡村提供一个学习中心。石城县总人口 30.2 万，其中 84.76% 为农村户口，下属的小松镇人口 3.5 万，辖 14 个村，桐江村就是其中之一。桐江村中的 5 000 名村民以种植莲子和烟草作物为生，人均年收入 1 700 元人民币。

政府并未向我们提供区域的控制性规划信息，但要求所有建筑沿道路后退，这表明道路很可能在短期内拓宽。从学校扩建选址也可看出，桐江村被定为重点发展区域，这点从村中其他变化也可得到佐证，比如老房子逐渐被新建的现代混凝土住宅取代，以及路边堆放着许多铺地砖等。

World Vision 要求我们在不增加额外造价的前提下，突破国内典型的两层外廊式学校形式。他们在初始调研阶段组织了一个由当地学生参加的工作营，让孩子们画出他们心目中的理想学校。令人惊讶的是，大多数学生的画作都没有超越一般的学校样式。这表

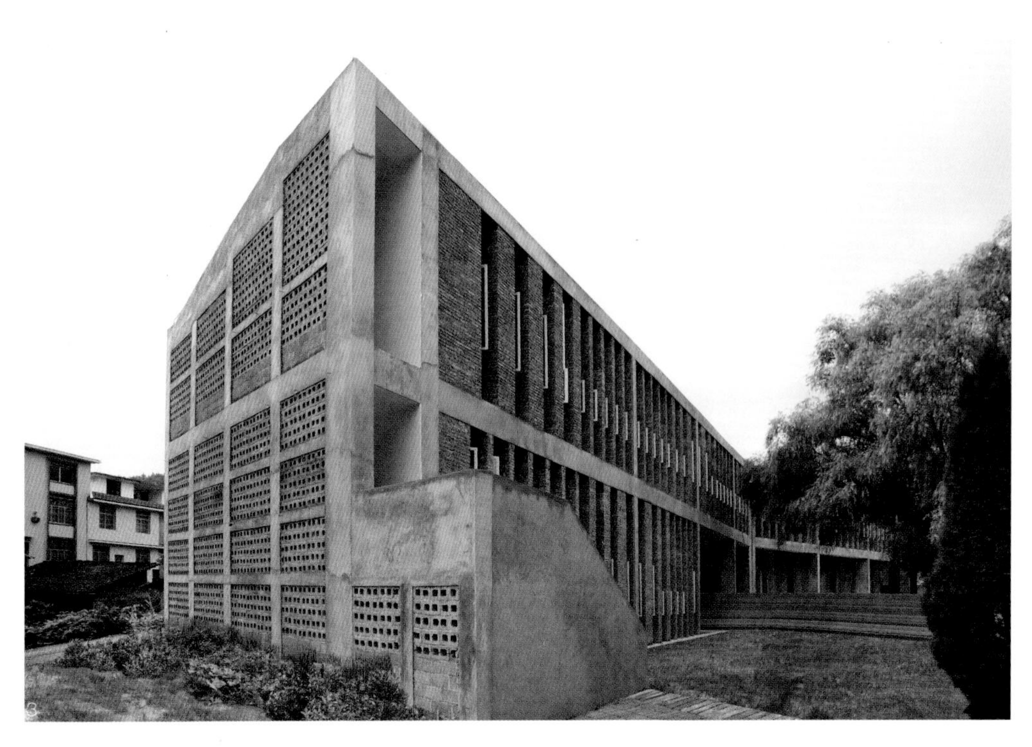

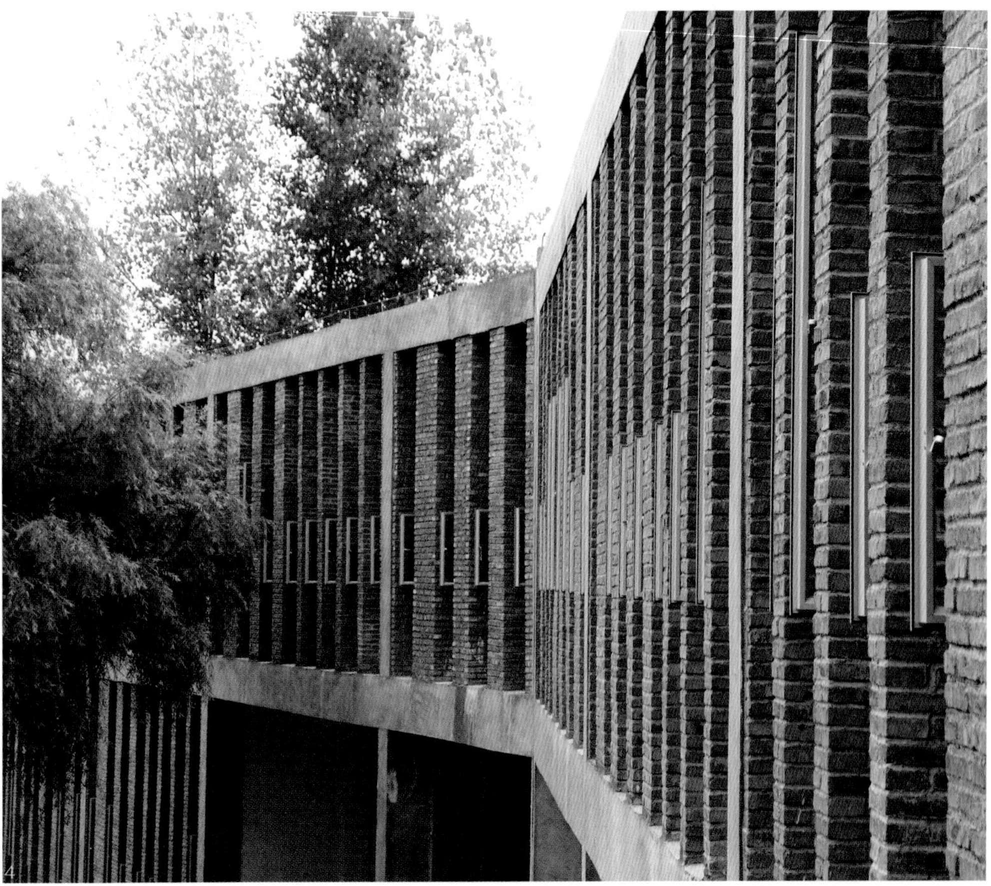

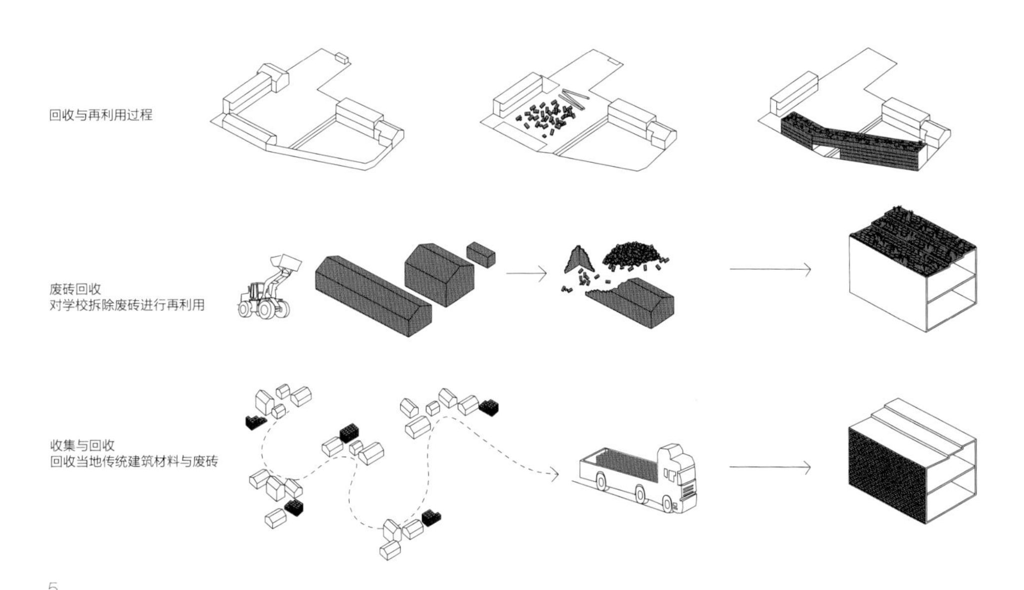
回收与再利用过程
废砖回收
对学校拆除废砖进行再利用
收集与回收
回收当地传统建筑材料与废砖

5

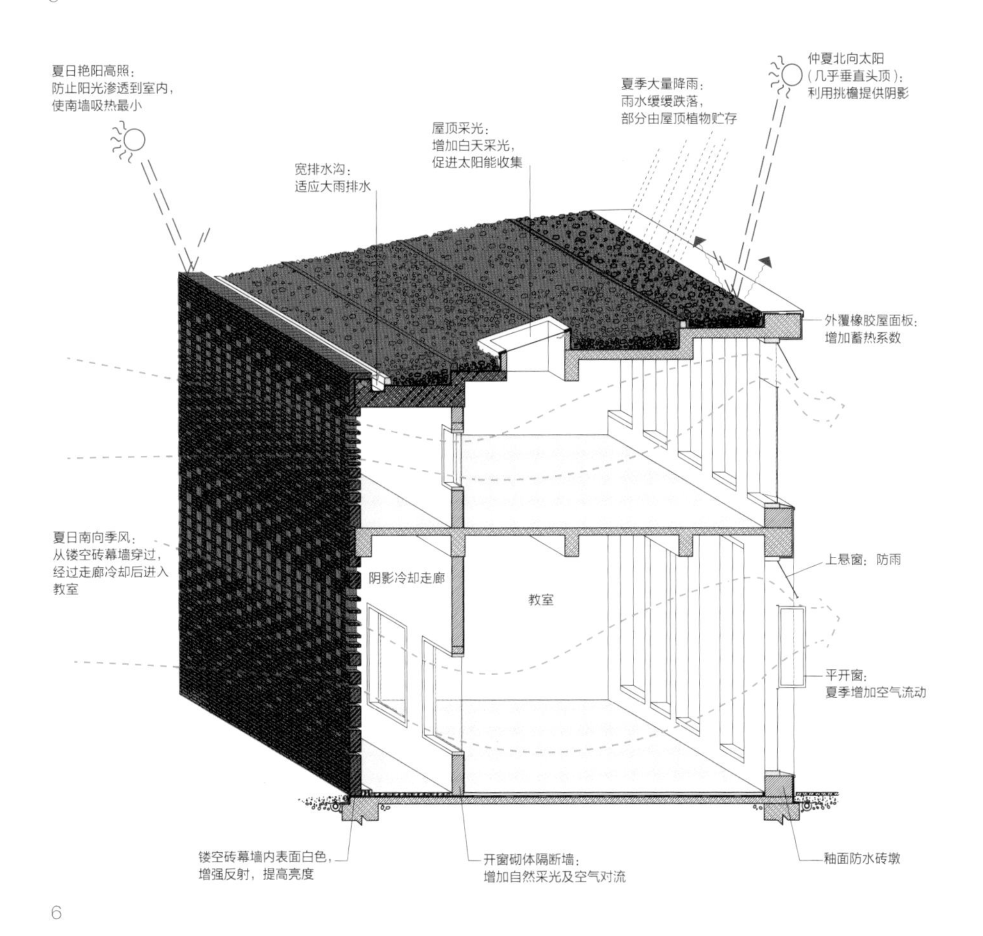
夏日艳阳高照：
防止阳光渗透到室内，
使南墙吸热最小
宽排水沟：
适应大雨排水
屋顶采光：
增加白天采光，
促进太阳能收集
夏季大量降雨：
雨水缓缓跌落，
部分由屋顶植物贮存
仲夏北向太阳
（几乎垂直头顶）：
利用挑檐提供阴影
外覆橡胶屋面板：
增加蓄热系数
夏日南向季风：
从镂空砖幕墙穿过，
经过走廊冷却后进入
教室
阴影冷却走廊
教室
上悬窗：防雨
平开窗：
夏季增加空气流动
镂空砖幕墙内表面白色，
增强反射，提高亮度
开窗砌体隔断墙：
增加自然采光及空气对流
釉面防水砖墩

6

3　内部庭院立面与外部镂空墙形成对比
4　砖格栅立面富于节奏变化
5　废砖收集与再利用
6　砖屋顶蓄热体与教室空气对流的生态环境概念

7

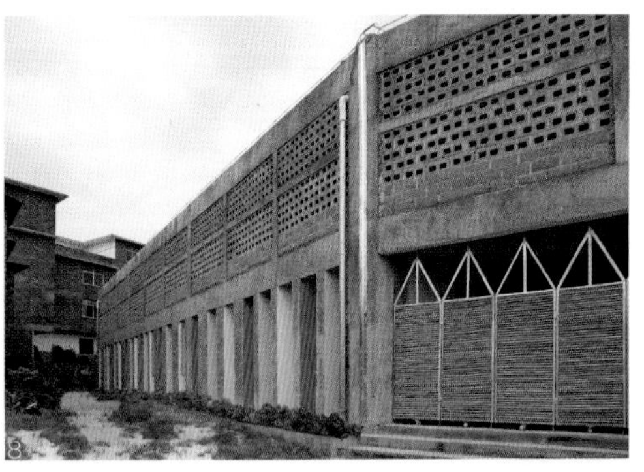
8

9

10

明孩子们没有见到过其他样子的学校，且他们的文化想象受到知识、教育和每天见到的环境所限制。这并不是什么坏事，只是让我们认识到，为了得到与众不同的设计并使其能够抵御未来不可预测事物的影响，任何项目都不应只针对建筑本身，而应是当地文化与知识相互交融的产物（图3、4）。

1.2 材料回收利用

项目基地位于一条通向村子的道路与主干道的交叉口，建筑策略性地沿道路边缘设置，在新楼与旧楼之间创建了一个开放的公共空间。新楼作为一种过渡和加厚的边界，限定构成了操场的开放空间。自然生长的基地由高差约 2m 的台阶分割形成两级台地，这种地形制造了一系列户外台阶，由主入口穿过教学楼延伸至远处的庭院。此外这还生成了一个围合式的室外会议厅，直接面向街道开敞，可供村民集会庆典之用。这种有利的标高变化在首层形成一个大会议厅，亦可作为社区学习和图书馆空间。建筑入口处一部楼梯将人引入首层，并延伸至基地的整个边界。屋顶射入的光线穿透建筑空间，活跃了走廊和教室的空间氛围，并为其提供全天的自然直射光。

基地上原有一座小建筑，但由于需要给学校新楼让路，所以只能拆除。我们将这座小建筑和附近其他拆迁地的废旧材料全都收集在一起（图5）。随着

7　屋顶砖砾及生长的防风植物
8　学校入口
9　生机勃勃的竖向彩带立面
10　学校概念模型
11　镂空砖墙立面原始设计
12　镂空混凝土砌块立面

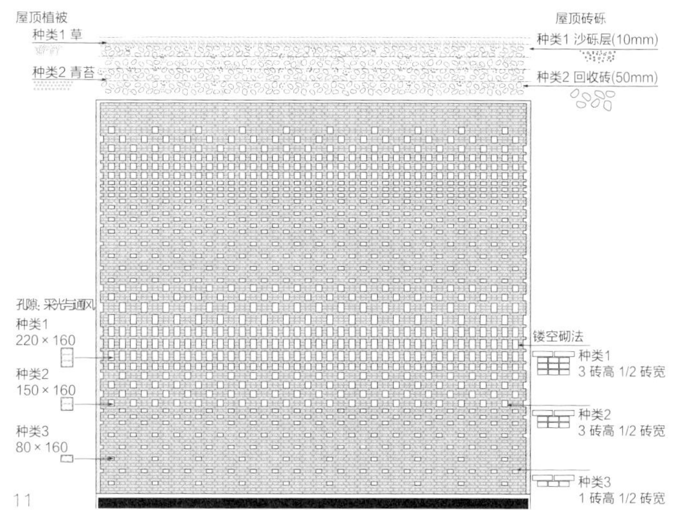

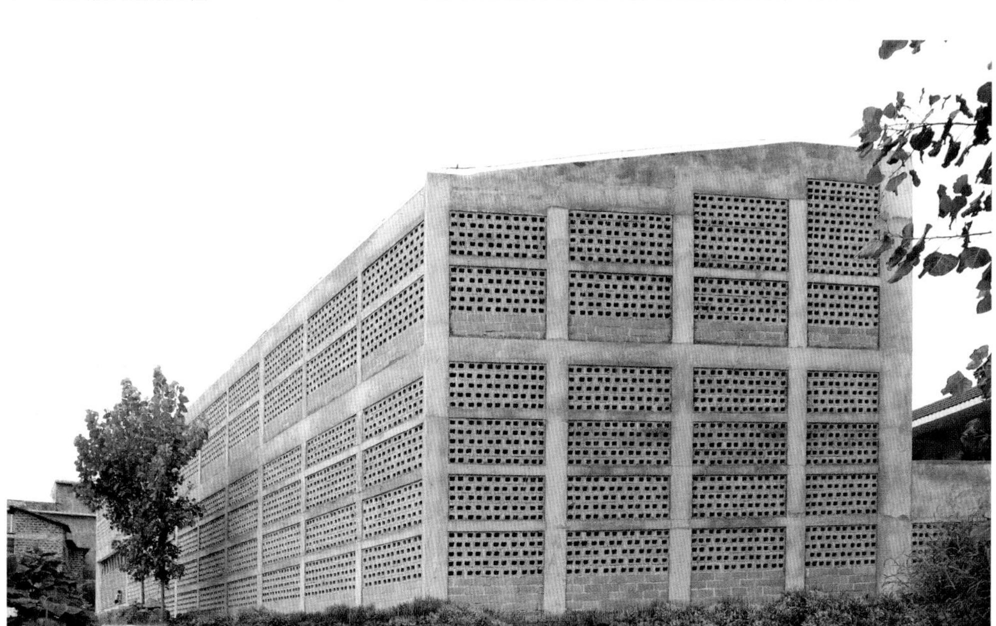

城市化进程的开启，越来越多的旧建筑将被拆除，为更大规模的基础设施和开发建设提供土地。其中有些建筑是由当地外表呈灰色的蓝砖或绿砖建造的，如今这些砖已不再生产，就算生产，造价也相当昂贵，取而代之的是质量较差的砖掩盖在面砖或混凝土抹面之下。我们的目的是通过创新性地重组，使这些被遗弃的废旧材料能够得到回收利用。

回收来的低质量碎砖块覆盖在屋顶上，提供了额外的保温隔热层，夏天使建筑降温，冬天帮助教室蓄热（图6）。砖砾同时还作为防风植物、苔藓和地衣等自然绿植的基层材料（图7）。屋顶呈逐渐跌落形态，与建筑半开放式的镂空砖山墙紧密结合，镂空表皮既防止内部教室吸收过多太阳热量，又使整个教学空间形成良好的自然通风。这堵镂空墙由我们搜集到的灰砖和红砖回收混合而成，然而不幸的是当地设计院却不赞成这么做，原因是不符合2008年四川地震后新执行的结构抗震规范。为了满足规范又尽可能保持墙面形态，我们用混凝土砌块代替了原来的旧砖，并将砌块空心朝外以维持墙体的多孔性。剩下的废旧砖块则用来装饰户外台地式集会广场的台阶座席。

原始设计中建筑对外是实体的砖砌立面，对内则是由较虚的混凝土垂直格栅与玻璃构成面向庭院的立面。由于现在外墙已改为混凝土砌块，我们则在内部庭院一侧采用垂直砖格栅元素。格栅随不同功能区域尺寸不一，窄条为防止太阳眩光，而较宽的 C 形墙则在教室内部形成书架。宽窄变化的格栅使立面富于节奏，上下两层的变幻更形成视觉上的动态效果。

1.3 在限制中创新

由于设计团队充分挖掘了项目在废旧材料再利用、简单有效的环境策略以及室内外学习空间的营造等各方面的潜力，这所学校必然经得住历史的考验，完全有能力承受周边环境未来的经济和社会转型。

位于首层的会议厅兼图书馆就是很好的证明，房间两层通高，占两间教室的面宽，从某种程度来说这个房间尺度过大。与其将其功能单一设定为图书馆、艺术馆或集会厅，倒不如让学校根据实际需求对其进行不同的功能定位。比如这种大空间可以随意划分，并可在需要的时候架设夹层，与室外台阶直接相连。通过这种使用功能灵活多变的方式，建筑空间则能够适应学校和村子的各种未来需求（图 8 ~ 12）。

我们在预算、工艺和材料技术等多方面条件限制中创新，目的是将这所学校打造为乡镇可持续发展中的一种原型。它既回应了环境背景下产生的特定转型外力的作用，又避免使建筑性格过分怀旧或本地化。未来必须探寻更多新模式和新方法来挑战那种建筑千篇一律的现状。这绝不是简简单单的乡镇未来会变为城市的问题，未来需要能够让农村自然进化演变的机制，否则农村将在城市征地中被无情地吞噬。

< 2 广东木兰小学 >

2.1 基地特征及设计策略

木兰小学位于广东省拥有约 10 万人口的怀集县内。新近开通的广州到怀集的高速公路将车程由原来的 6 个多小时缩短为 2 个小时，这使怀集镇开始扩张并逐渐向城市转型，周围其他村落却依然保持着一直以来的乡村景象。此外，广州到桂林施工中的高铁项目也成为基地周边主要的基础设施。尽管高铁并不会对怀集产生直接影响，甚至不会在这里停车，但铁路沿线施工建设却需要进行大量的土木工程，无数段高架桥将农田和村庄劈为两半。我们的项目基地就紧靠着高铁施工场地，幸好有一道天然河堤与之相隔。由此望去，铁路桥跨坐在簇簇民房之上，其霸气之势

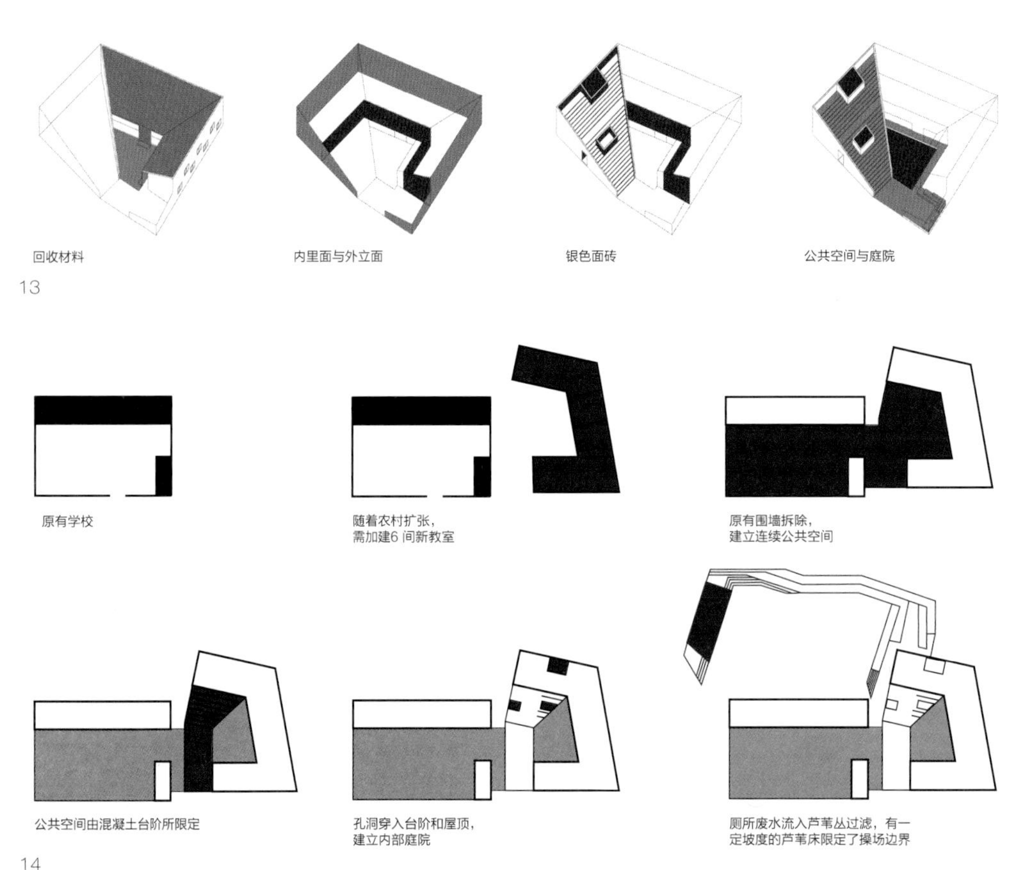
回收材料
内里面与外立面
银色面砖
公共空间与庭院
13
原有学校
随着农村扩张，
需加建6 间新教室
原有围墙拆除，
建立连续公共空间
公共空间由混凝土台阶所限定
孔洞穿入台阶和屋顶，
建立内部庭院
厕所废水流入芦苇丛过滤，有一
定坡度的芦苇床限定了操场边界
14

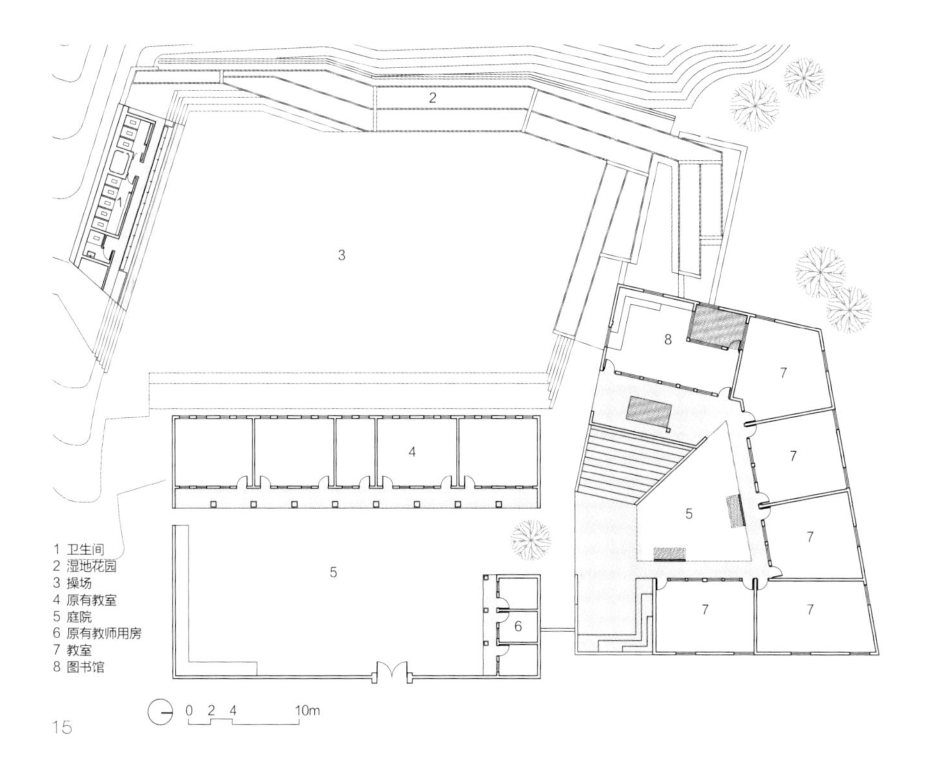

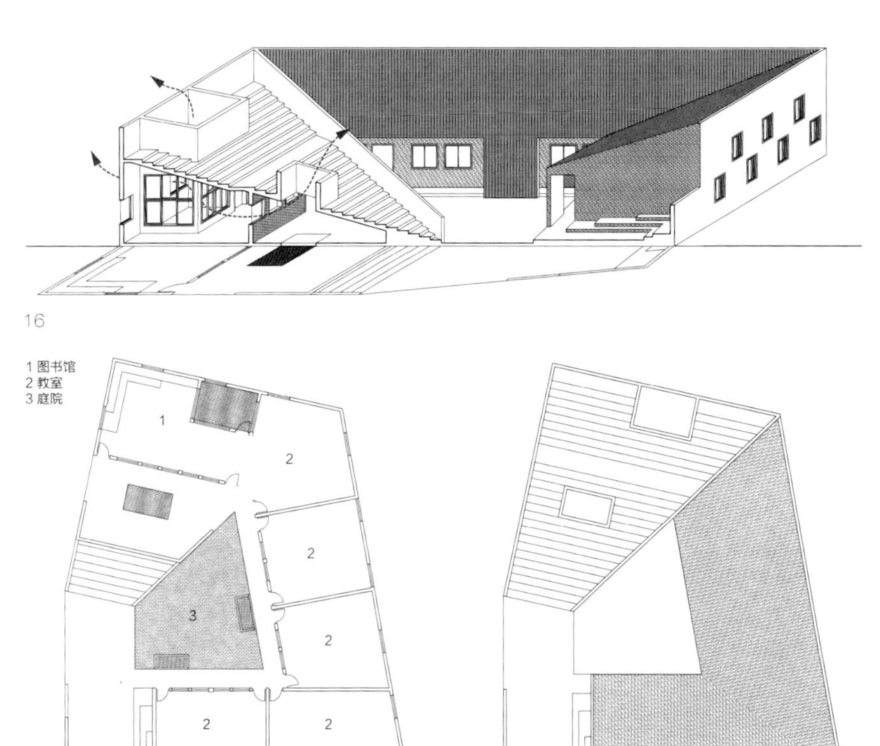

13 建筑组件分解
14 设计生成过程分析
15 总平面
16 空气对流通风策略
17 一层平面
18 屋顶平面

19

和对周边的影响尽收眼底。

我们与当地教育机构和香港一个慈善团体共同合作，通过加建一座 6 班教学楼完成对原有 5 班小学的扩建。扩建动机源于当地教育机构巩固小学数量的诉求，在此过程中一些学校会被拆毁，而其他学校则适度扩大以平衡指标，同时使人口分布相对集中。现状学校是一座简单的瓦屋面建筑，屋顶挑檐由柱子支撑，建筑与周围墙体共同限定了内部庭院。设计不仅扩建学校，而且要扩展庭院，通过一系列相互连接的开放空间将项目基地组织起来（图 13 ~ 18）。

2.2 空间布局

新建筑将基地边界限定为 U 形，内部庭院的一边对外开放。建筑上表面仿佛一条丝滑连续的绸缎，由地面一系列大台阶构成的新公共空间和户外教室，逐渐上升至屋顶，随后又缓缓跌落至地面，限定了庭院边界。一些小规模的微型庭院点缀着户外大台阶，并下沉到首层图书馆，形成其独立的内部小院（图 19）。屋顶覆盖的废旧回收瓦片都取自于周边村庄被混凝土新房取代的老房子中。建筑有 3 处屋面瓦甚至直接成为了垂直墙体，由屋顶倾泻到地面，这道镂空墙体上未来将长满攀缘植物，在炎炎夏日为室内降温解暑。与这些粗面瓦形成鲜明对比的是庭院建筑立面与大台阶侧面铺贴的光滑镜面瓦（图 20）。由此形成的虚拟海市蜃楼和扭曲镜面反射景象，映衬着孩子们课间休息在操场和大台阶的嬉戏场景，使整个学校栩栩如生、生机勃勃（图 21）。随着村子的生长演变，学校里的开放式图书馆和公共空间将面向所有人敞开，成为未来社区的活动焦点。

< 3 结语 >

于 2012 年竣工的以上 2 所小学校的设计实践，是城村架构对可持续性的农村发展新模型的探索和研究，也反映了设计者在中国农村地区的工作方法。尽管江西地区的城市化进程不及广东成熟，但许多核心问题都具有共性，即如何使建筑项目具有可持续性，既回应正在转型的社会背景，又为当地提供可行的发展机制，使乡村适应各种演变，而不是被城市化浪潮所吞没。

19　内部庭院与集会空间上升台阶
20　外部粗糙砖立面与内部光面瓦立面

21 内部庭院场景

项目信息

江西桐江小学

设计单位：城村架构（RUF）

建筑师：Joshua Bolchover、林君翰

设 计 团 队：Christiane Lange、Jess Lumley、Mariane Quadros de Souza、Anna Wan、Crystal Kwan

业主：世界宣明会（World Vision）、陆谦受慈善基金

地点：江西省石城县小松镇桐江村

设计时间：2009 年 10 月

竣工时间：2012 年 4 月

总建筑面积：1 096m²

建筑造价：128.2 万元

单位造价：1 170 元 /m²

摄影：Joshua Bolchover、林君翰

广东木兰小学
设计单位：城村架构（RUF）
建筑师：Joshua Bolchover、林君翰
设 计 团 队：Christiane Lange、Jess Lumley、Mariane Quadros de Souza、Anna Wan、Crystal Kwan
业主：香港爱心力量有限公司、陆谦受慈善基金
地点：广东省怀集县
设计时间：2010 年 5 月
竣工时间：2012 年 9 月
建筑面积：500m²
建筑造价：57.3 万元
单位造价：1 150 元 /m²
摄影：Joshua Bolchover、林君翰

台湾的木建筑：迈向永续之路

WOOD ARCHITECTURE IN TAIWAN: TOWARDS SUSTAINABILITY

洪育成 陈佩瑜 / HONG Yu Cheng, CHEN Pei Yu

“认识自然，依循自然法则，寻找出恰当的对应。”是永续设计的基本原则。思考“永续”的议题时，必须超越建筑物本身，以更宽广的视野来思考整体环境与人及建筑的关系。

台湾有其独特的气候、地形、风貌与植物，不同于日本也不同于欧洲。在台湾极其珍贵但有限的资源中，如何使建筑与生态体系共存，是我们长期努力的目标。在建筑设计中，有几个关键议题是我们特别重视的：（1）再生建材（Renewablematerials）的使用；（2）与地形（Topography）之对应；（3）与当地气候（Localclimate）之对应；（4）以隐喻（Metaphor）的手法呼应当地的人文特质。第 4 项似乎与永续无关，但却是一种以诗意的方式来表达建筑的作法。我观看上帝常以他所造的自然万象隐喻他的意念，也常以诗意的手法表达他的思想，这也影响了我们创作表达的方式。

< 1 与生态体系共存的关键议题 >

1.1 再生建材的使用

H_2O+CO_2 经过光合作用变成碳水化合物，并释放出 O_2。这个碳水化合物就是我们拿来盖房子所使用的木材。人类科技文明发展至今，所有人造建材（砖、混凝土、钢铁、玻璃）的制造过程都是耗掉 O_2，排放出 CO_2；但木材的生产过程却能够吸收 CO_2，并释放出 O_2。因此，以木材取代钢筋混凝土及钢骨来盖房子，可以大量降低温室效应。

木材是具有生命的材料，如一切生物一般，有生有死，有枯有荣。每块木材都记录着它成长岁月的痕迹，春夏秋冬、干旱、暴风都会在木材的年轮上留下记录。就像人一样，没有两块木材长得完全一样。不同的树种有不同的特性、强度与香味。即使同一树种，长在高山与长在平地，长在台湾与长在大陆，材质也会有显著的差异。因为木材具有这种复杂独特的性质，即使在科技文明日新月异的今日，人们还是喜欢用木材来制作家具、建造居屋。尤其是在科技愈发达的国家，如北欧、美国、日本，愈倾向于使用木材来盖住宅。反而是发展中的国家，倒是迷恋人造的钢骨、水泥及玻璃等材质。

先进国家在过去 60 年来，木构建筑发展未曾停顿。依循自然法则（Laws of Nature）结合尖端建筑科技（Building Science）的设计，使得现代木建筑可因应各种不同气候条件，并满足现代人对居住高品质的要求，可以在冰天雪地存活，也适用于炎热潮湿的气候；能抵抗强震，也禁得起台风。在北美，面对多雨潮湿的气候地区，他们更发展出所谓等压挡雨层（Pressure Equalized Rain Screen）外墙工法，使得木建筑成为省能、耐久、永续的绿建筑。

1.2 与地形之对应

台湾介于欧亚板块与菲律宾板块之间，地壳的运动使得台湾地形起伏多变。东西海岸之间约 80km 之距，就有海岸山脉、纵谷、中央山脉及西部滨海平原，多变的地形造就了丰盛的生态体系以及独特的景观风貌。在台湾做设计，我们一直思考如何因应地形变化，恰当地将建筑融入地貌之中。设计所追求的不只是建筑造型的美感，更重要的是使建筑可以回应台湾秀美的地形地貌，也同时使建筑与独特的生态体系共存。

1.3 与当地气候之对应

台湾属亚热带气候，雨量充沛，多数地区年降雨量都在 1 800mm 以上，气候潮湿炎热。但因地形关系，也有部分高山地区属温带气候，例如阿里山、太平山，且因年降雨量可多达 3 500mm 以上，温带雨林也在亚热带气候的台湾。在这样独特的气候条件下设计建筑，需深入了解当地气候状况，才能提出恰当的对策。

在温带气候与亚热带气候建筑设计需有不同对策，面对季风，何时要挡，何时要引进对流；面对阳

1　山林里的南投生态农庄
2　西侧露台面向中庭
3　西侧长廊，连接餐厅与户外露台

4 客房区的长廊
5 阁楼浴室
6 散发温馨木头香味的起居室

光，何时要遮阳，何时要引进阳光，都需因地制宜。尤其是面对台湾夏日的午后雷阵雨及梅雨季节，又要挡雨，又要通风对流，建筑的姿态会因此与干燥地区的建筑截然不同。

< 2 案例研究 >

2.1 南投生态农庄——来自旷野的声音

在南投生态农庄（2001 ~ 2003，图 1 ~ 3）的设计中，我们尝试寻找人在自然中的位置。空间的塑造应像卷轴式的中国文人山水画，人得顺着曲折的路径，由不同的时空去体会自然，融入自然来体会生命。空间的布局如同章回小说般，一个情节接着一个情节缓缓展开，却又环环相扣。人在空间中游走穿梭；雀鸟在廊外树梢迎风起舞，使得建筑具有生命。

由山下的停车场，沿着木栈道拾级而上。初春时，山坡的杜鹃怒放，穿过樱花林，落英缤纷。绕过曲径，上到台地，鸡犬相闻，屋舍俨然。忽然间，宛若武陵人觅得桃花源。这个设计，有许多人的梦想与回忆，有业主家族的，有我自己的，掺杂在一起。年节时，祖孙三代同聚，要有可容纳大家族二三十人一起吃饭的空间；也要有三五人可聊天泡茶的空间；还要有一个人想要安静时，可躲在阁楼看小说的空间，就像那武侠小说中的藏经阁一样。这些空间，在错落的院落里，一层穿过一层，组成了一个家族的故事。

在设计发展的过程中，我回忆儿时住在日式宿舍的种种景象。兄弟姊妹们跪在木地板上，双手推着抹布，由长廊的这头擦到那头，木地板擦得光亮洁净。雨天时百般无聊，坐在长廊，看着雨水滴答落入浅沟。冬天暖暖的太阳透过玻璃拉门，洒在地板上，大人围着聊天，小孩倚在大人的脚边，躺在地上滚来滚去，享受平安无虑的时光。这些场景似乎悄悄的在设计中一一出现了。设计完工后，我去住过几次。夜里，经过那好似点着灯笼的长廊走进卧室，坐在木地板上仰望着顶上的斜屋顶、木桁架，忽然有一种时间停止，像是回到似曾相识的时空，很亲切，却又不知是哪里的感觉。也不知是曾经体验过的空间，还是小说中空间的重现。在乡下的房子，我一直想追求那朴质的感觉。那种材料处在较生涩（rustic）的状态，没有被过度的装修时，可感觉到材料最原始的力量——木头凹凸的纹理，散发的香味；镘刀镘过石膏墙面，手劲留在墙上的力量形成的质感；灯光透过有气泡的手工玻璃灯罩，洒在墙面的感觉。

这个作品对我而言，像是由许多乐章组成的组曲。错落的合院，各有不同的表情，行过其中感受到多重风貌，再借由穿透交迭的空间，使得建筑群间可互相对话。在这样组合的空间中，不只是视觉效果被拉伸，声音在其中传递时，也不同于一般空间的感觉。也真希望有一天，能有人在回廊的角落，拉奏巴哈的无伴奏大提琴组曲；或在 2 楼客房前的长廊（图 4），打开窗户，以吉他弹奏阿罕布拉宫的回忆；或是诗班可在中庭唱赞美的诗歌。或许真可体会孔子说的“余音绕梁三日不绝”的感觉。

设计之前，台湾没有任何一套“标准”的木构造施工图及细部可供参考，我们只好由零开始。由基础排水，到木构墙身，到建筑外壳的防水、防潮、隔热，我们一笔一画地将北美的尖端房屋工业科技，调整成适应台湾高温湿热环境的施工图，将现代化的水电卫浴设备整合到木构建筑之中。为了浴室的防水，我们

7　与林共舞
8　暮色中的餐厅
9　雾中长廊

特别发展了许多细部解决防水与防潮的问题。光是为了这些卫浴，整整画了11张A1的图。但“流泪洒种的必欢呼收割”，这些浴厕完工后确实迷人（图5）！

农庄的结构混合了北美的“框组式构造”（Light Frame Wood Construction）以及“大木构造”（Heavy Timber Construction）。因一楼是公共空间，需大面开窗，所以采用柱梁系统的“大木构造”，并利用中间的浴厕及梯间当作抗侧向力的剪力核。二楼主要是卧室（图6），有许多的墙面，所以采用承重墙系统的“框组式构造”。所有的木头接点都采用金属铁件Simpson Strong Ties来结合，所用的木材都有认证单位盖章在木材上，我们可明确知道材料的树种等级、含水率、材料应力及防腐等级。这对设计、监造单位及业主都有保障。

这个项目在设计上非常的严谨，我们想以实例来证明只要正确的设计与施工，木构造在湿热的气候条件之下仍可成为永久性的建筑——就像在湿热的迈阿密或夏威夷一样。

农庄完工后，加拿大办事处的代表及加拿大国家林产研究中心（Forintek）的人都来看过，他们都非常惊讶台湾竟有如此正统严紧的木构建筑。后来加拿大木业协会（Canada Wood）为台湾湿热气候编订Guide To Good Practice，Wood Platform Frame Construction in Taiwan Housing手册之时，执笔的柯特·柯普兰先生（Mr. Curt Copeland）专程来访，就本案的细部，例如防潮层的位置、等压挡雨层的设置、通风、排气、隔热的方式，及白蚁的防治措施，研讨适合台湾气候的木构工法。

在这里我们所探讨的已不仅限于木材，而是在探讨建筑外壳

10 依地形而建的度假小屋
11 光线透过桧木桁架洒入室内
12 随地形起伏的南庄木屋
13 望楼
14 具构性的室内空间

的建筑科技。处理这些细部设计时，我们面对的是隐藏在自然界的基本原则——湿度、蒸气压、结露现象、毛细现象、地心引力、阳极反应等，这时也才更能体会为何当初建筑大师密斯曾说“上帝存在于细节之中”（“God dwells in the details”）。

为了因应台湾湿热的气候，生态农庄在建筑规划上，采用深挑的屋檐及回廊来连接建筑群。这些回廊深 2.4 ~ 3.0m，除了遮阳避雨之外，也为使用者提供一个舒适的半户外空间。中台湾的气候，1 年之间约有 10 个月以上非常适合在半户外活动。农庄盖好之后，我们多次去拜访，农庄主人热情款待，我们都是在廊下吃饭、喝酒、泡茶、聊天。这样的场景常令我想起孟浩然的《过故人庄》。

2.2 台大实验林凤凰茶园木屋——与林共舞

台大实验林凤凰茶园木屋（2003 ~ 2004，图 7 ~ 9）设计尝试在林子里，轻轻地植入一些木屋。这些木屋要安安静静地，就像旁边台地上的那群老樟树及溪谷里的笔筒树，躲在林子里不出声。月光穿过林梢洒在草坪上，也要穿过木屋的天窗，洒在木地板上如霜一般；雨雾飘过溪谷，也要飘过长廊，为户外的躺椅披上薄薄的一层露珠；有阳光的日子里，五彩的凤蝶起舞穿梭在林里花丛之间，也要在柱廊的光影中飞舞。

这里的木屋，户外露台与室内一样大。家人好友围坐在露台上，手捧着热茶，观赏初开的山樱，聊天说唱，小孩在长廊上奔跑追逐；独处时，拿本小说，躲在客厅的炕上拉起布帘，享受自己的天地。躺在阁楼上透过天窗，日间，白云苍狗；夜晚，繁星点点。

内外通透的空间，把室外景色带入室内，四面包蔽的白墙，让人可安全的躲在里面（图 10、11）。茶园的木屋里，这两种不同个性的空间交织在一起，如同诗词般的抑扬顿挫。我们想创造的情境是王维的《桃源行》所描述的“月明松下房栊静，日出云中鸡犬喧”。

这群木屋，是以台湾的木材（台大实验林的桧木、台湾杉、柳杉），并运用北美的现代工法盖成的实验性木构造，面对了材料与工法的挑战。台大实验林供应的材料有“风倒木”（被台风吹倒或林地崩塌倒掉的树）；有“疏伐木”。因是未成熟的树，材质强度差，防腐性也差。在这种条件之下，我们在设计上采取“保守设计”，所有的间柱（Stud）之间距由 40cm 缩小 30cm，屋架由小梁（Roof Joist）改为衍架（Truss）或加上系梁（Collar Ties）以加强屋顶的刚性。

结构形态上有框组壁构造，有柱梁构造，有桁架系统。多种不同的形态，但又要融成一体，是个挑战，但我们欣然尝试，且乐在其中。

2.3 南庄别墅——诗意的构筑

南庄别墅（2005 ~ 2006，图 12 ~ 16）屋主是日籍夫妇及他们视同小孩的黄金猎犬。他们有一群朋友都是以黄金猎犬或拉不拉多犬为子女的夫妇，常会带狗来此游泳。一般日本人对居住私密性非常重视，整体规划中，各空间的私密层级需有明确的区分与界

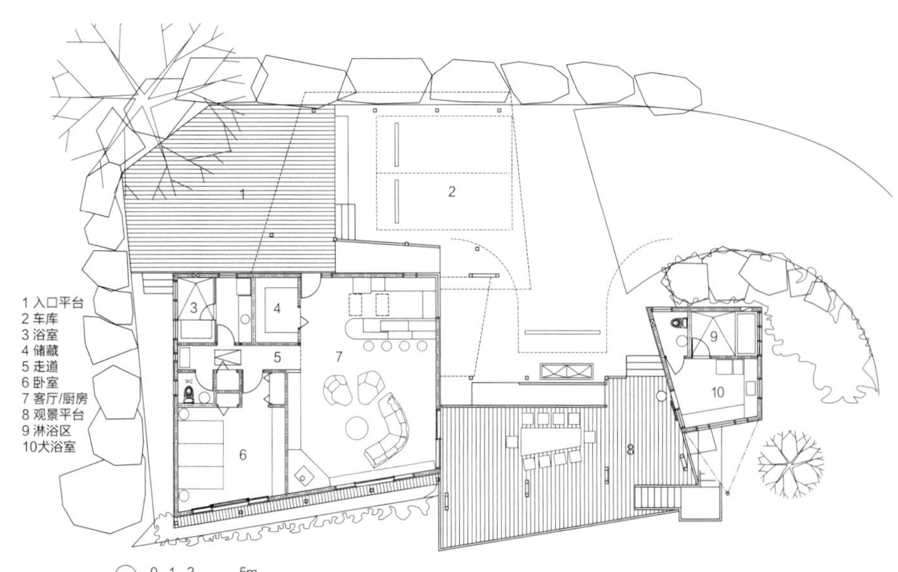

15　一层平面

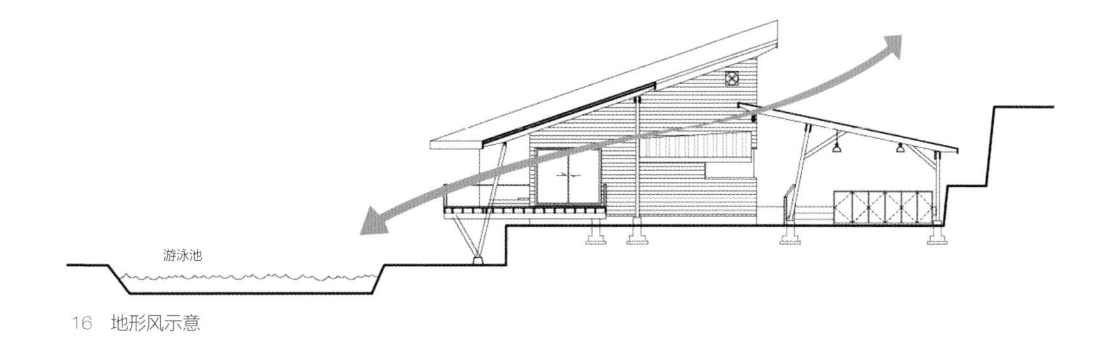

16　地形风示意

定。例如朋友可聚在风廊（Breeze Way）的半户外空间吹风、聊天，但居家区域（客厅、卧室、浴室）则完全私密，不对狗友们开放。

（1）与基地共舞

基地位于台湾中部山区之谷地，三面环山，北向景色开阔，视线沿坡而下，眺望远处河谷。建筑的姿态以婉约多层次延展语汇去配合山谷地形的变化。数片斜面屋顶形成了天际线，呼应着曲折秀丽、层层起伏与多变的台湾山脉。

木构平台由主建筑体延伸而出，使建筑与地形呈现一种轻巧但亲密的结合。平台借由点状的柱基础撑高在土地之上，使建筑轻触土地。延伸而出的平台、风廊、车棚，与起伏的地形合二为一，建筑如同由土地长出一般。在这里，设计所强调的是整体环境的塑造（Building the Site），而不是独立建筑的设计（Free Standing Object Design）。地形地貌（Topography）在这个项目上成为设计依循的主要准则。南庄住宅所运用的工法虽是标准的北美现代木构工法，但建筑地形成却试图与当地的地形、气候与使用者生活方式融合为一。

（2）反应地方气候

本区气候夏季炎热多雨，冬季较干爽。为了遮阳遮雨，深挑的屋檐，保护着房子的开口，不受阵雨侵袭，也减低户外强烈的眩光。

山谷地貌，形成特殊的微气候：白天风从河流沿谷地吹上山，夜晚风从山顶沿坡而降，吹往河流方向。因此，家屋的平面配置针对风行进的轴线，把人的空间（起居室，卧室）与狗的空间（狗浴室）拉开，提供出一个前述之“风廊”。各片屋面如同山苏，以有机的形态，自由地往四周伸展。

借着高低起伏的屋面，微风穿梭流转于各个空间中。西端的狗浴室，除了有深挑檐遮挡西晒外，本身体量也为风廊挡住西晒。冬季日照仰角较低，风廊采向南昂起的单斜屋顶，将冬季阳光从南边带入；南侧延伸出露台，可在其上享受冬日暖阳。露台东南角的一颗大树，除了当作车道的端景之外，夏季日照仰角较高时，提供树荫遮阳。

（3）接合的艺术

木构工法是组合的工艺（Craftsmanship of Assemblies），着重在各材料构件之间的组合——木材与木材之间，木材与金属之间，金属与混凝土基座之间的结合（Joining）。构件本身表达了力学的分布轴向，构件之间也表达了力量的传递。在这里，所注重的不单是构造的探讨，而是借由这些构件组合而成的空间整体，在光线之下，呈现出构筑（Tectonic）的美学。

2.4 竹崎林宅（Lin’s Residence）——2011年台湾绿建筑设计首奖

竹崎林宅（2005 ~ 2008，图 17 ~ 19）位于阿里山森林火车竹崎站附近，嘉南平原与阿里山山脉的交接处。因为历史的关系，周遭的老房子多以木构造为主，屋主林先生为世代定居于此的本地人，木架构自然成为新屋首选。由于基地位于典型亚热带气候的南台湾，气候多雨湿热，夏日常有午后雷阵雨，相对湿度常高达 80% ，且室外温度常高达 29℃。因此要住得舒适，用得省能，“隔热”与“通风”特别重要（图 20）。

屋顶隔热上有 3 个应对的策略，第一是冷屋顶（Cool Roof）的运用——利用高反射的表面涂料以减低太阳辐射对热的吸收。第二是可通风屋顶（Vented Roof）的运用——利用角料制造出屋顶的通气层，并在两端屋檐留置通气口，使热气排出。第三是高隔热材的运用——利用 2×4 英寸的松木企口板为屋顶主要结构，松木之上再加一层隔热棉（R11），之后才钉上防水夹板及金属屋顶。良好的隔热再加上木构屋顶不会像钢筋混凝土结构屋顶般容易蓄热，非常省能。外墙隔热上，采用低储热值的木构外墙，且在外墙的构造中加入 R11 的隔热材。在西晒的外墙另加了一层走廊，将太阳辐射热阻挡在室外（图 21）。

通风方面，利用大量开窗增加空气对流，并于 3 楼挑高处开设的高窗，利用烟囱效应让空气垂直流动，将冷空气由 1 楼引入，再经由梯间，最后往 3 楼高窗排出（图 22）。

浴厕与楼梯间设置天窗，有利于热气排出并保持良好的采光；但为了避免夏日太阳辐射热，加设了可遥控的遮阳帘。窗户的设置除了提供良好的通风，也需同时具备良好的气密性和断热性。由于气候关系，在高温高湿的日子里，适度使用空调有其必要，窗户具有高性能的气密性，才能防止冷气外泄；拥有良好的断热性，才能防止热传导。项目中使用外侧铝包木的窗框，结合木头良好的断热性，以及铝的耐候性，并安装填充氩气的双层“Low-E 玻璃”，提高窗户隔热性。

因应夏日的午后雷阵雨，将屋檐加深并设置长廊，让窗户可于下雨时仍保持开启，同时不让雨水淋至室内。在湿热的气候下，架高一楼楼板可断开土壤水气，并使用等压挡雨层外墙，防水效果佳，使木构造房子比一般钢筋混凝土房子还要干燥（图 23、24）。

结构方面，除了基础使用钢筋混凝土之外，其余构造都是木构。选用的木材来自永续经营的人工林，比起钢筋混凝土或钢骨房子更符合低碳设计，质感也较温暖。同时，大梁采用胶合梁（Glulam），木地板及橱柜则是用剩料回收的黄桧组成的拼板来制造（图 25）。这些都避免了对原始林或热带雨林的破坏。

18

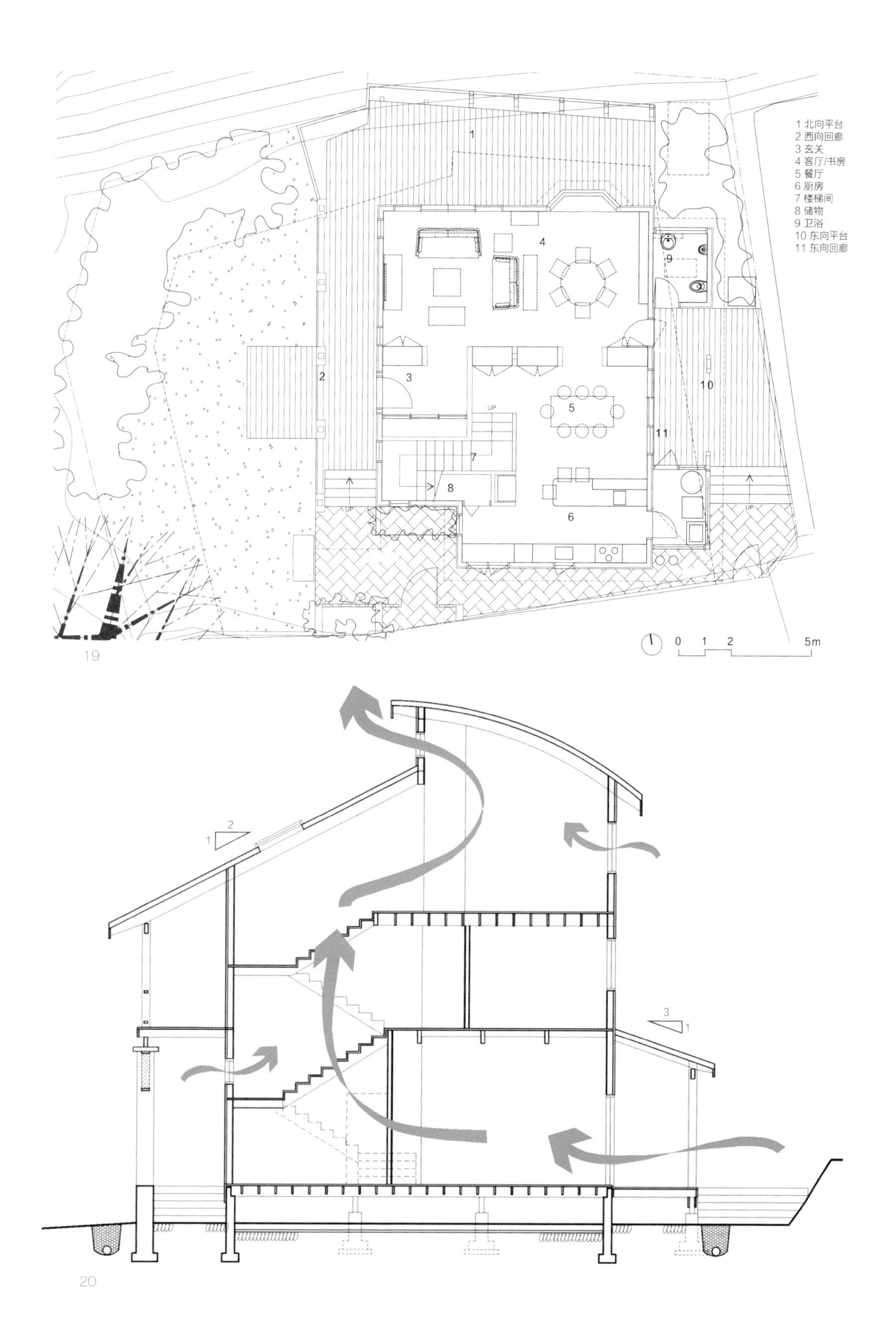

17 蓝天绿树中的住宅
18 与老树共存的竹崎林宅
19 一层平面
20 通风换气示意

21

22

23

24

21　露台眺望远山
22　挑高通风的长廊
23　大木构造的现代化餐厅
24　散发柏木香味的浴室
25　细部详图

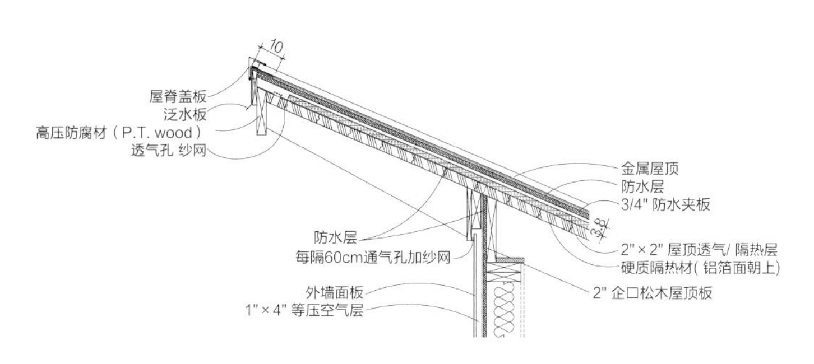

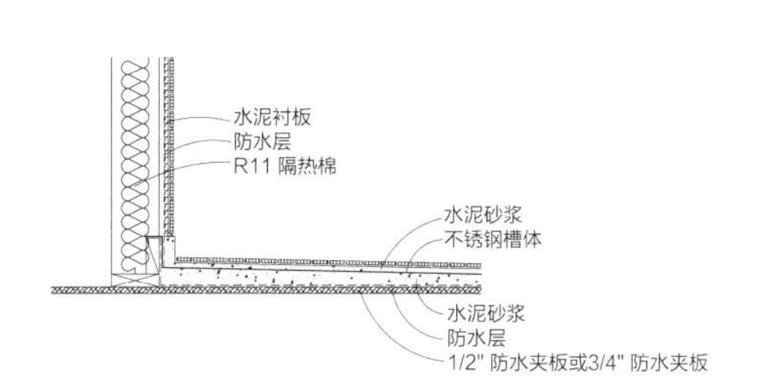

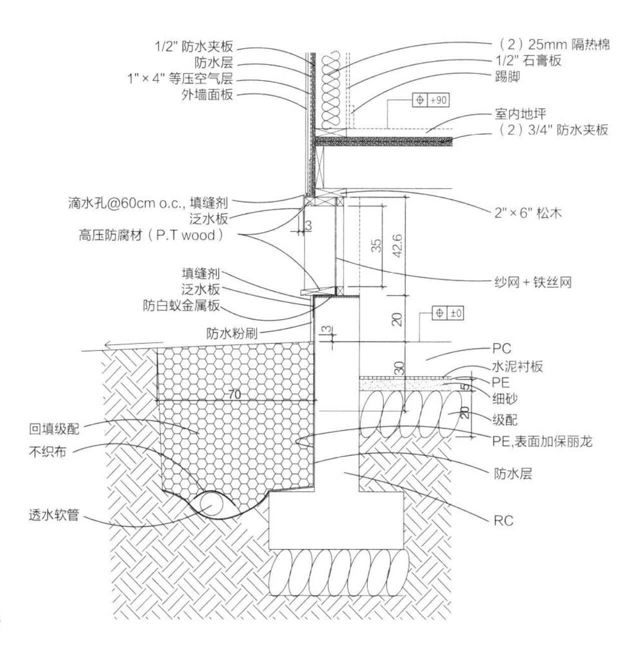

25

2.5 乘着歌声的翅膀（A House with Wings）——2011 年台湾建筑住宅奖

A House with Wings（2009～2010，图 26～29）基地坐落在北台湾向阳的山坡，由两阶台地所形成。初访此地，芒草遍布，在北风之下起伏如浪。基地周边几株茄冬屹立在风中，显得孤单。北边的一群相思树，倒是张满着树冠迎风舞动，姿态甚是优雅。站在芒草之中，迎着由北面山麓吹拂不止的风，让人有一种想张开双臂，展翅而飞的渴望。由台地往南眺望，越过苍翠树林，远处城市在山脚下依稀可见，却不闻尘嚣。

4 月中旬，春雨迷蒙，开车往返台中与工地之间，沿途山坡油桐花开满树，缀得群山片片花白。这个工程自 2009 年 8 月动工到完工，前后约 9 个月，比原先计划慢了 2～3 个月。基础开挖之际，恰好就碰到“八八水灾”，施工过程又是多雨，又是延宕，让人真是焦虑却又莫可奈何。好在完工之际，优雅流畅的空间与周遭的美景令人颇得安慰。坐在 2 楼起居室，远处油桐开满白花，衬着青翠山麓映入眼前，如画一般。

这个设计的主要构想出发点：一个是对环境，一个是对人。借由对土地的尊重与对当地四季日照及风向变化的敏感度，启动了设计的构思；借由对家庭人口未来将由两代成长为三代，区划出公共及私密不同层次的领域。

基地所在是向阳坡地上的两阶台地，设计上不希望再去扰动土地。为保持原有地貌，不做整地的动作。建筑如同一只大鸟，轻巧地歇在上层的台地，遇到地形变化之处，便利用木构斜撑如长脚伸出，来克服地形高差（图 30）。

26

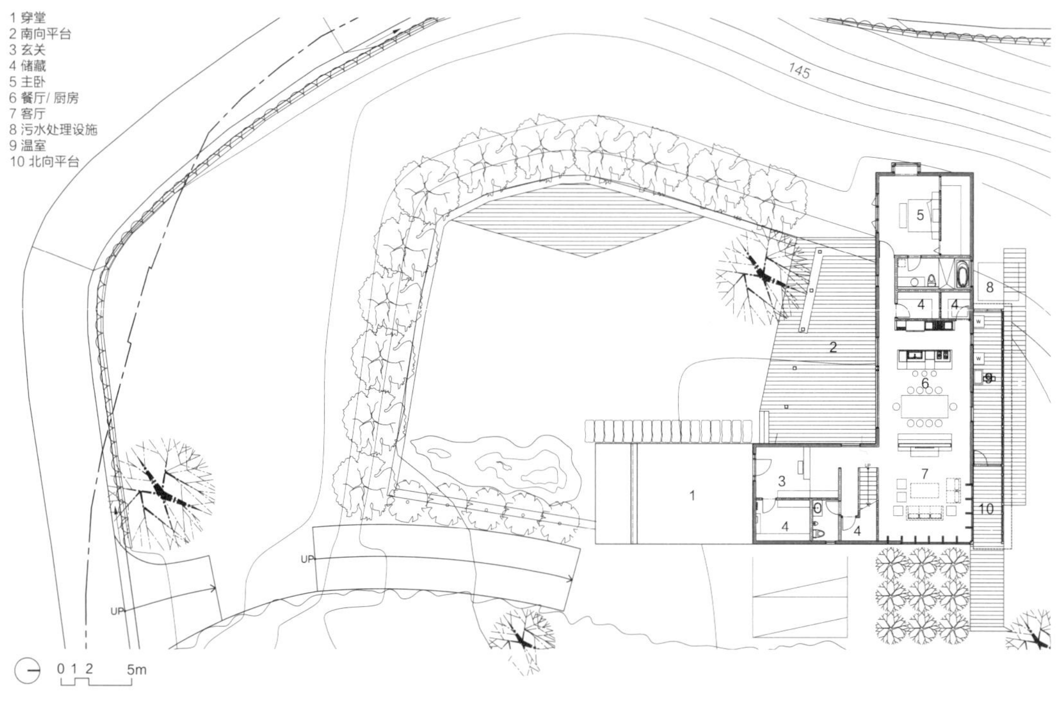

27

26 台地上的木屋
27 一层平面
28 剖面
29 通风示意

L 型的建筑如大鹏展翅，挡住北风，使南向的露台及草地在冬日得到屏障，让人能在户外享受冬日暖暖阳光（图 31）。房子一楼朝北部分，外侧多加了一层如同阳光房（Sun Room）的玻璃廊道，使得主建筑在冬日多了一道屏障（Buffer）。二楼朝北部分，一条内部走廊连接各房间，使所有卧室都能朝南开窗，以避开北风。冬至之时，灿烂阳光透过南侧窗户，洒在卧室黄桧木地板上，映出温润的金色光泽。

L 型建筑的中间部分是挑高约 10m 的客厅（图 32），是整个建筑的最高点。屋顶由中间部分向两翼缓缓下降，利用高低的变化，造成烟囱效应，使整个建筑内部的空气得以流通，以达到自然换气及排热。中央挑高及向两翼下降的手法使得空间更具戏剧性的张力，也界定出空间的层次。

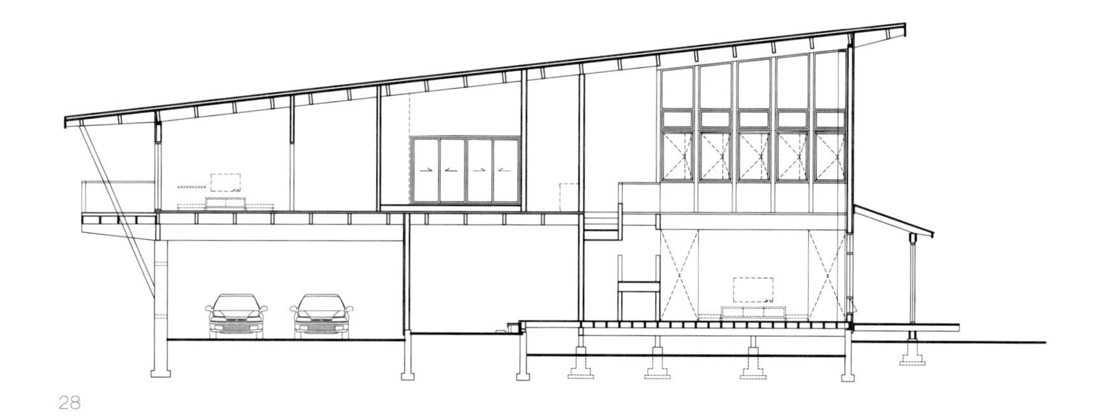

28

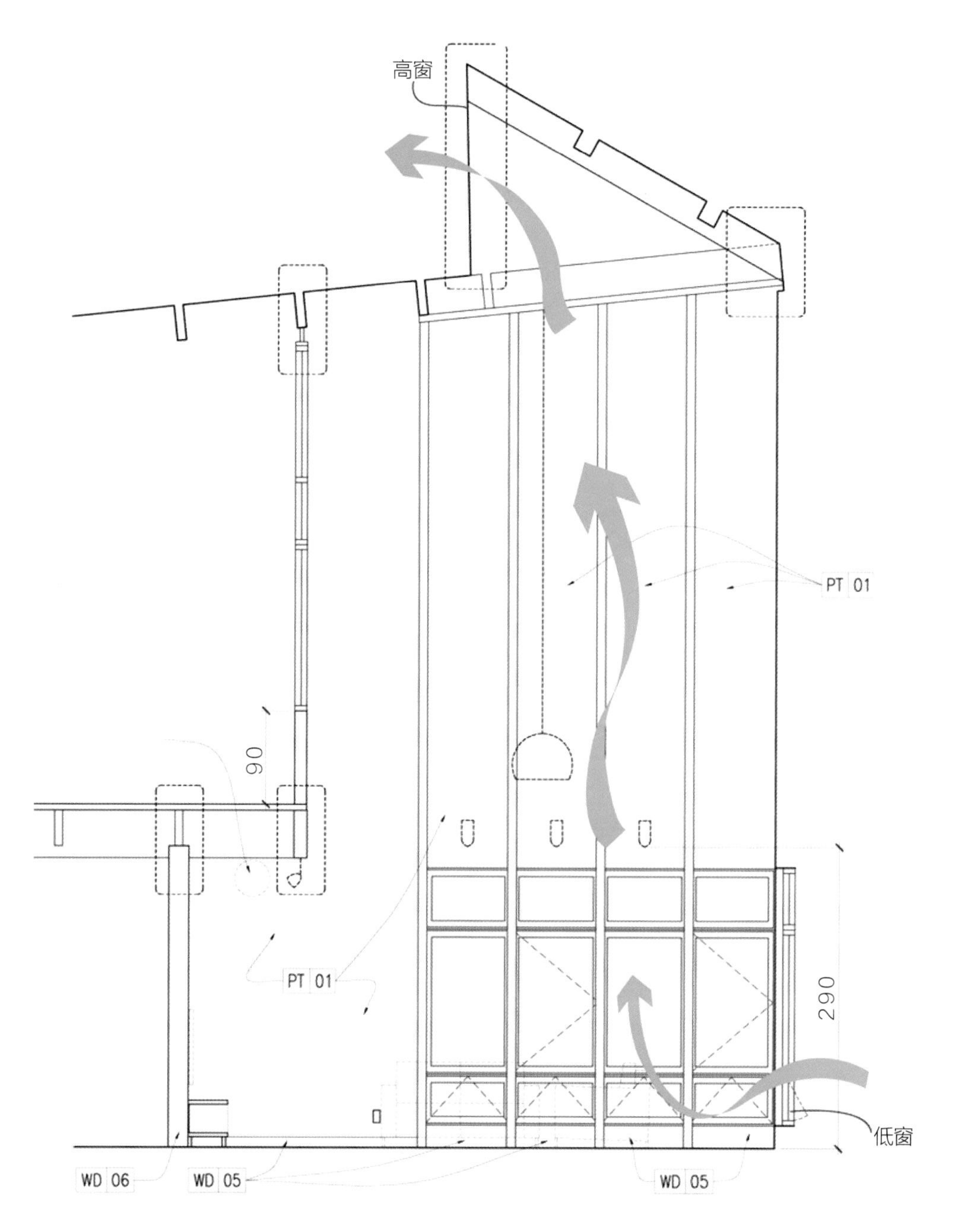

29

30　迎风展翅的入口
31　餐厅外的露台远眺山下城镇
32　挑高 10m 的客厅
33　长廊尽头角窗远眺群山

32

33

长廊是我喜欢的空间，在我们曾设计的中寮陈宅、竹崎林宅及这个住宅中都出现过，但都尝试不同的变化。在这里，2楼长廊空间由高往低倾斜，在透视上加强了消点的效果（图33）。侧墙水平带开窗是向柯布西耶的拉图雷特修道院（Monastery of La Tourette）致敬。水平开窗将北边满山的绿意框入室内。长廊尽头，外伸的落地角窗悬在半空。由长廊漫步至此，人要静止默思。但见屋外青山环绕，蓝天里，老鹰展翅盘旋其中，思绪忽被带得好远。这让我想起小时候常听母亲哼的一首歌《乘着歌声的翅膀》："乘着歌声的翅膀，亲爱的，随我前往，去到那恒河的岸旁，最美丽的好地方。那花园里开满了红花，月亮在放射光辉，玉莲花在那儿等待……"

2.6 官田生态屋（Eco House）

官田生态屋（2010～2012，图34）的业主Ben&Ema夫妇，原在新竹科学园区从事高科技产业。但他们认为高科技产业对台湾资源的掠夺性很大，也观察到台湾目前在经济发展之中，农村与农业反而迈向衰败。因此他们决定回到家乡台南官田，希望借由从事有机农耕，为台湾的农村发展寻找一条新的道路。除了从事有机农耕之外，他们希望所住的房子也是一个示范性的生态屋（图35）。

官田生态屋不只选择最符合生态与节能的木构造。从基地的开发，土方挖填平衡、表土保留、雨水回收、生态池与栖地的重建、本土植栽的复育、风力与太阳能的运用、日照、通风与节能的考量，都以"生态"为核心价值（图36）。

台南的气候属亚热带，天气

34

35

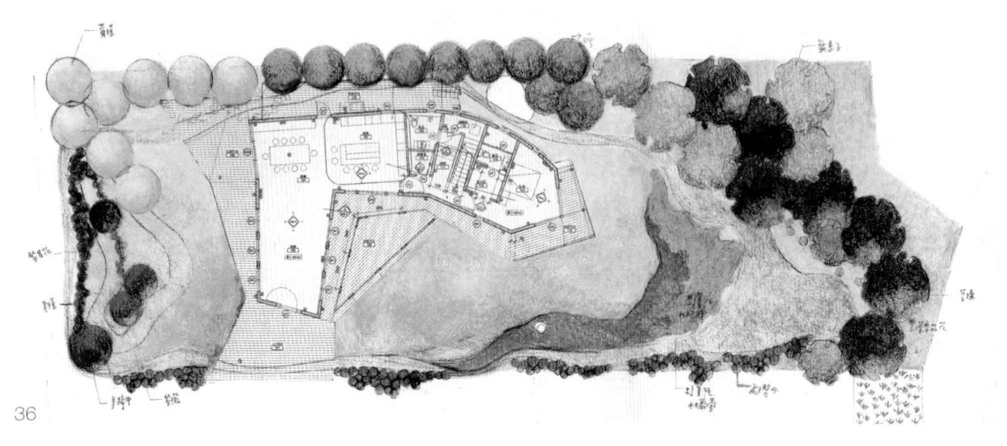

36

很热，太阳很大。设计时，一直想的是如何“捕风捉影”，如何利用建筑造型，把夏日南风捕进来；如何利用烟囱效应产生自然对流；如何提供遮檐花架挡住烈日，制造阴影。这与几年前在北部山丘上设计 House with Wings 时，一直思考如何挡住冬天强劲的东北季风，是完全不同的思路。官田项目，在图纸及模型上想象的南风与气流，果然在房子盖起来后出现了。在客厅，在走道，在书房，在望楼，都可感受到凉风徐徐不断（图 37）。

“低碳”、“永续”是这个房子设计的基本原则。整栋房子除了基础结构使用钢筋混凝土以外，其余的结构都使用永续经营森林的木材。再生建材的使用及超标准的隔热设计，大大地减低了温室效应及对环境的冲击。

针对台南炎热的气候，隔热与通风仍然是最主要的考量因素。木材不只是再生建材，其隔热性能远超越钢筋混凝土及钢骨，且不像钢筋混凝土在太阳照射下会吸热，从永续的观点而言，木构造才是真正的“省能绿建筑”。Cool Roof 亦运用在 Eco House，减低辐射热的吸收。高隔热值的外壳（R11 隔热材加上 RIFS 外墙），也大幅减低热传导。

“土虱”（Cat Fish）是我对农村埤塘的记忆。官田 Eco House 的造型源自于我想象着生猛有力的土虱，扭动着身躯，游走于水田之中。能适应各种恶劣的环境，也象征着台湾农村的生命力。有机的造型，也使这栋现代化的住宅融入农村群簇房舍之中。

“望楼”坐落在梯间的最顶端，是为了观赏南台湾夏日午后的雷雨闪电（图 38 ~ 40）。坐在望楼的木地板上，透过大窗，眺望着辽阔的嘉南平原，白云苍狗，直等到天起凉风，日影飞去的时候，才要转回。

< 3 展望未来 >

面对未来，“永续设计”将成为建筑的核心议题。过去中国的哲学思想以“天人合一”为基本信念，文人的创作也崇尚“师法自然”，这原本与当今永续设计的精神是一致的。然而过去几百年来，中国的发展被玄学所捆绑，反而背离了真正的自然法则。

面对未来的全球竞争，我们必须有一个新的眼光，以科学的角度，重新认识世界及隐藏在其中的法则，认识自然，依循自然法则，并寻找出恰当的对策。

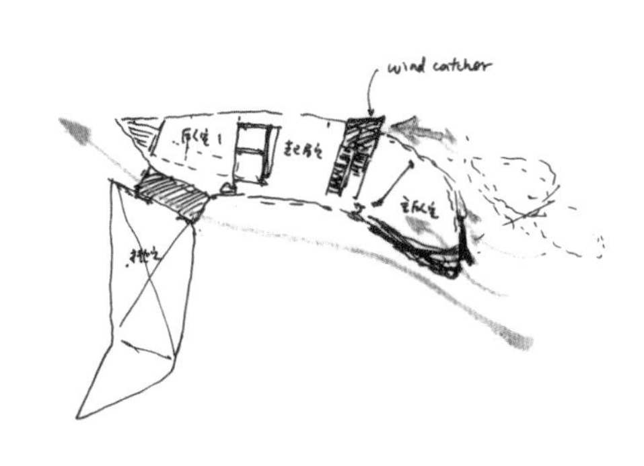

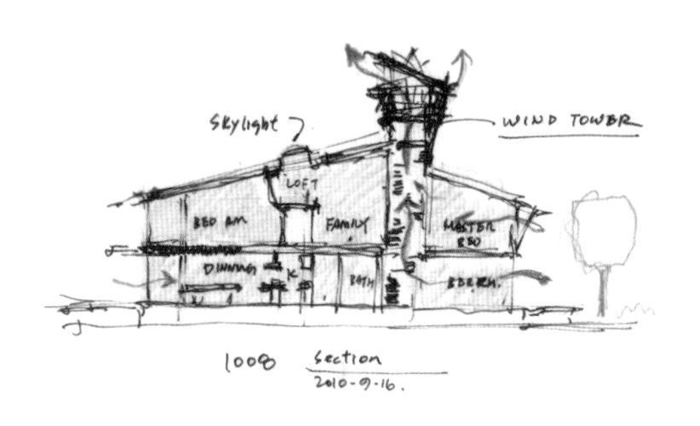

37

39

38

40

34　有机的造型，如同在田中跳舞
35　融入农村群簇房舍之中的生态屋
36　总平面手稿，原生树林与栖地的重建
37　手稿，风向与对流
38　观雨的望楼
39　起居室
40　通往望楼的梯间

摄影

南投生态农庄、台大实验林凤凰茶园木屋、竹崎林宅、乘着歌声的翅膀（刘俊杰）；
南庄别墅（考工记工程顾问有限公司）；
官田生态屋（周志欣）

永续，不过是还建筑原本样貌

SUSTAINABILITY: RETURNING TO ARCHITECTURE ESSENCE

郭英钊 / GUO Yingzhao

目前全球性的永续思潮在建筑里最重要的呈现是什么？让我们看一下自然界里的生物是怎么盖房子的：所有动物筑巢时，都会选择身边的材料，遵循周围的环境条件，盖出很简单，却也是最宜居的房子。人类本来也是这样盖房子的，只是近一、两百年来工业快速发展，人们迷信科技，觉得技术无所不能，那些最基本的建筑原则，反而渐渐被遗忘了。所以永续，不过是还“建筑原本的样貌”。

台湾这20年来绿色建筑的发展，事实上就是慢慢向这样的理想前进的。首先，在1998年发布第一版的“台湾绿建筑评估指标系统”，以鼓励与辅导为主，继而规定工程造价5 000万台币以上的公共建筑，必须取得绿建筑认证。2005年把部分的指标纳入法令，所有建筑物都要遵守。后来，经过数度的改版，标准不断提高，这个过程很像跳高，先从低杆起跳，慢慢把杆子抬高。经过十几年的实战，建筑师对绿建筑的态度，从怀疑、抗拒（主要是认为过多的规定和计算会影响建筑设计的创意）到目前的已经普遍接受，也有愈多人不再将其视为设计障碍，而是一种助力。这期间，一些好的钻石级（台湾绿建筑最高等级）绿建筑陆续完工：北投图书馆（2007），台北国际花博新生三馆（2010），工研院六甲宿舍（2009），淡水艺术工坊（2009），嘉义产业创新中心（2011，图1）和那玛夏民权国小（2011），确实化解了很多建筑师对绿建筑的疑虑。

1. 嘉义产业创新中心外观

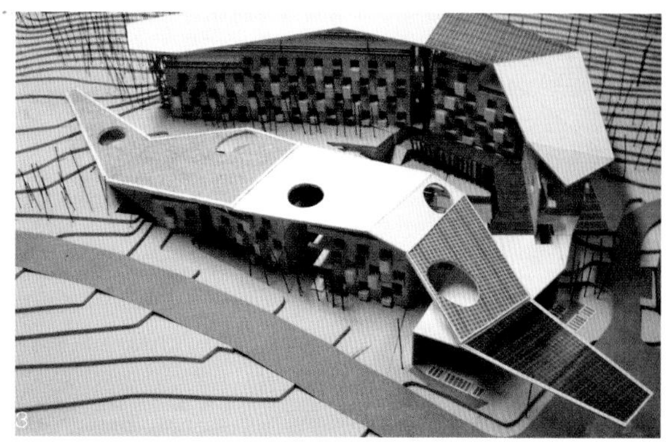

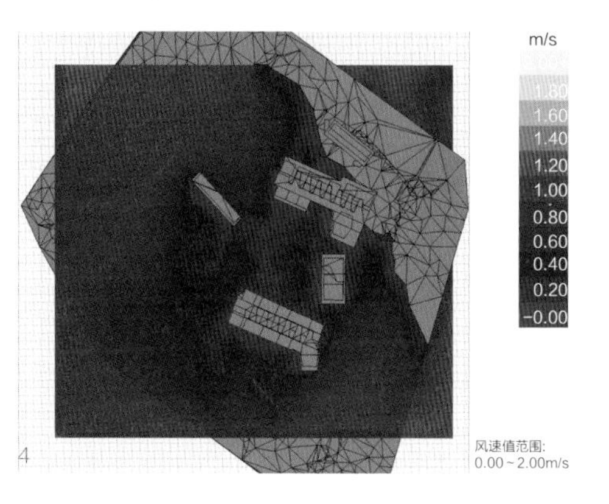

2 花博未来生活馆鸟瞰
3 工研院六甲二期宿舍模型
4 那玛夏八八风灾校园 CFD 分析
5 清华大学的育成中心 CFD 分析

< 1 永续建筑的思考 >

根据台湾的亚热带气候条件，永续建筑的思考可以分为纵横两轴，横轴是基地配置和空间布局策略的发展，纵轴是建筑物结构体、外壳在材料、构造上的发展。这两条轴上的发展，都有一个共同的驱动力，就是要建立人为环境和自然环境的理想互动关系，并降低营建和营运所使用的能源和资源。事实上这就是一开始提到的生物建造巢穴时的最基本原则，也是人类自古以来筑巢的基本原则。建筑设计本应回归这个基本原则，在简单的原则中寻找其所蕴藏的无穷可能性。最近社会对全球暖化和环境危机的焦虑，更突显了这个设计取向的重要性。

1.1 基地配置和空间布局

对于横轴的基地配置和空间布局而言，亚热带的湿热气候特征无疑是无所不在的影响因素。按照一般的观念，湿热气候理应最强调自然通风，来达到节能舒适的效果，实际上，因为都市热岛效应的关系，夏季都市大部分时间的温湿度，远高于舒适范围，将这样的室外空气引进室内，效果适得其反。反而，温湿度大多在舒适范围的春秋季和冬季的部分时间，自然通风可以创造最大的效益。所以风在基地内和建筑物的对流路径，在北投图书馆、花博未来生活馆（图 2）、工研院六甲二期宿舍（图 3）和嘉义创新中心，都有很清楚的着墨。而那玛夏八八风灾校园重建（图 4）和清华大学的育成中心（图 5），进一步运用 CFD（computational fluid dynamics，流体力学）模拟技术以探讨不同季节的风场作为设计优化的参考。

在适当的基地条件许可下，中庭是调节微气候的一个最有效的手法。它像是一个子宫，提供植物和昆虫滋养的温和环境；它像一个阴阳图腾，一面向阳、一面有阴，早上和下午阴阳交换一次，并随季节流转。中庭里设置水池，可以用水的蒸发作用产生环境降温的效果，还可以增加鱼类、两栖类和鸟类，丰富小环境的生物多样性。而建筑物的主要空间则环绕着中庭，接受它的滋养。花博的未来生活馆（图6）、六甲宿舍（图7）和嘉义产业创新中心的中庭，都是中庭应用的范例。

新生三馆的基地虽然开阔，但是树木的分布复杂，建筑物的空间需求也很大，为了强化展览的整体概念，在空间布局上，树木扮演了更积极的角色，虽然在设计过程中都是在避让树木的位置，但是完成后从天空看下来，建筑物像是和树一起从土地上长出来的。未来生活馆为了保留南面整片原有的第伦桃林，整个凹了进去，形成入口，第伦桃林则成为入口宽敞的大遮阳棚，游客在此排队入馆，欣赏树林的光影（图8）。

1.2 结构、外壳和设备

从纵轴来看，建筑物主要可以分成结构系统、外壳系统和设备系统3个层次，虽然对业主和社会大众而言，建筑是一体的呈现和体验，但是在设计过程中必须和不同专业协同工作和钻研，才能洞察各系统进一步发展的空间。

举例而言，梁柱结构系统是台湾最常用的结构方案，区别在于是钢筋混凝土（Reinforced Concrete，RC）的、钢骨的，还是木材的，或是混合的梁柱系统。但在某些情况，屋顶用壳的结构系统，可以同时满足造型、空间和结构的要求，使用结构材料的重量也可以减少许多（图9）。一个钢筋混凝土结构的建筑物，营建工料的碳排放量，超过一半是由混凝土所贡献的，所以在适当的状况选择木构、钢构或复合式构造对碳排放的影响是最大的。

外壳的部分主要是屋顶和外墙，这是建筑物在美感和节能上最重要的部分。传统的建筑设计用立面的观念看外墙，所以立面的设计基本上是一种图像式的视觉设计，构造、材料、开口全凭主观喜好，但它却是影响建筑物美感的主要决定因素。建筑物外墙连同屋顶，是建筑室内空间和外部环境的主要界面，而用外壳的概念来整合外墙和屋顶分离的概念，主要是从建筑物的节能性能和建筑物内外部空间界面的性能出发，而美感的主要决定因素，就是性能的优越和简洁。所以设计外壳的过程就是一个展现美丽同时又高效率的系统的一个过程。

外壳的设计策略和空调设计是密不可分的，而新近落成的卫生署大楼更是按空调、照明节能的高标准设置，来反推外壳材料，空调系统和照明灯具的选

6

7

8

9

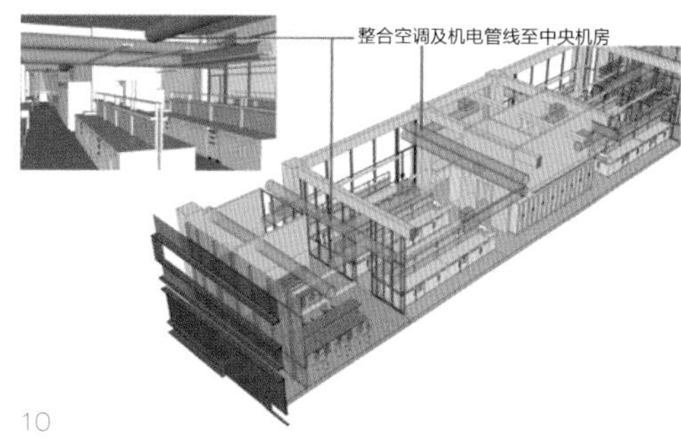

10

12

13

6　未来生活馆的中庭
7　六甲宿舍的中庭
8　第伦桃林形成的天然遮阳棚
9　建筑物屋顶轻质结构

10　整合空调及机电管线至中央机房
11　淡水艺术工坊木帷幕实景
12　帆布遮阳棚与木百叶门
13　花博新生三馆智能开闭门窗

择，也就是过去先由建筑设计决定一切，再由机电、空调来“配合”的时代将要过去，机电空调专业在设计过程导入的时间点将愈来愈提前，角色也愈来愈重要（图 10）。

淡水艺术工坊的正面大帷幕墙，延续了北投图书馆的木帷幕系统（图 11），阻挡西晒的电动帆布遮棚和建材一体的太阳能光电板（BIPV，Building Integrated Photovoltaic）及木百叶门扇（图 12）进行了整合。在日照充足的午后，太阳能光电板和黄色的帆布遮阳棚产生的光影相互交织，十分灿烂。花博新生三馆的木门窗系统，也是继承北投的系统加以改良，因为尺度变大，加入了钢骨背撑和智能开闭系统的元素（图 13），另外也发展了门扇折叠开启的细部，增加大空间自然通风的气流量。六甲二期宿舍面对西晒和嘉南平原的美景和淡水艺术工坊很接近，但因为两者的公共性完全不同，解决方案也完全不同。

相对于淡水艺术工坊的视觉穿透性，六甲二期宿舍以实墙为主，每个房间的阳台开一个 1.5m × 2.1m 的落地窗，每个阳台前面有一块很大面的“盾牌”，也是用来遮挡太阳的，建筑屋面则加了一层钢构屋顶，像撑一把太阳伞（图 14），除了对顶楼空间隔热，也增加了活动和观景空间。墙面材料只是很简单的粉光隔热油漆，原理是根据对太阳辐射的高反射率，将穿透表层并蓄留在 RC 墙的热量降到最低。对于热辐射最薄弱的玻璃落地窗，也有铝百叶折门的协助，这几个简单的元素构成六甲二期宿舍优美又有效率的外壳（图 15）。

< 2 北投图书馆 >

在地狭人稠的台湾，基地的形状和地上物常是基地配置的最主要线索。北投图书馆处在生态相当丰富的北投公园内，任何建筑行为当然都是违反生态的，

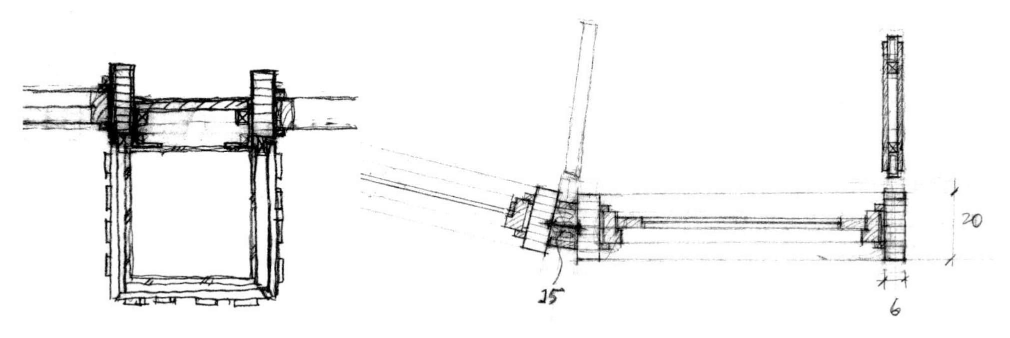

18

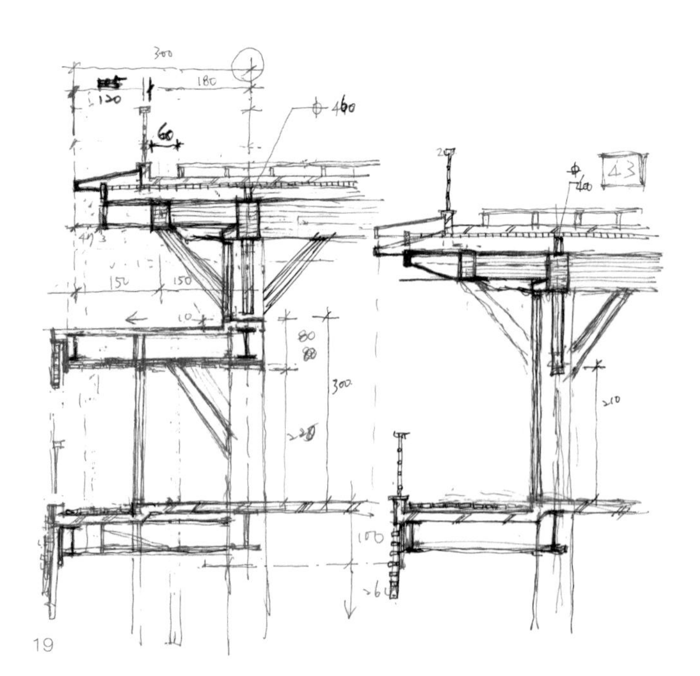

19

14　六甲二期宿舍钢构屋顶
15　六甲二期宿舍外壳
16　北投图书馆鸟瞰
17　北投图书馆外观
18　RC 墙面交会点的细部
19　屋顶、檐口的细部

因此设计阶段就着力于加强建筑的环境补偿设计，以弥补对自然环境的影响，将对其损害减到最小。同时，由于基地是直角三角形，建筑物也只好是直角三角形（图 16、17），三角形三边的不对称条件（西北向为北投溪，东向为老树，南向为喷泉古迹）形成了驱动内部空间配置和外壳设计的主要动力。北投图书馆俨然是一部绿建筑的教科书，9 大指标条理清晰地铺陈，但是设计的核心课题只有一个：如何将外部环境的能量整合为建筑物内部空间能量的一部分。

2.1 建筑外壳与设备

外壳系统化的理念在该项目中被执行得十分彻底。北投图书馆综合利用钢骨结构，以轻质材料——木材建构建筑物的外壳。因为用木材作为公共建筑的主要构造，彼时在台湾并不普遍，所以必须深入了解不同木材的特性、价格和木门窗的细部，尤其是作为帷幕墙或一般窗户时做法的不同。这些基本细部研究完后，开始研究门窗系统和结构体，RC 墙面交会点的细部（图 18），然后再研究屋顶、檐口的细部（图 19），最后是内装细部的深化（图 20），所以这栋 650 坪（约 2 147.5m^2）的图书馆从细部设计到施工图就花费了一年左右。图书馆窗户落地，充分利用自然光。

在空间布局上，依据室内—半室内—半室外—室外的空间发展层次，增加灰色空间地带，以过渡光线、风、气流（图 21）。根据地形等高线设计的阶梯式后退露台，增加了绿化面积，为野生动物栖息提供了空间，并考虑了台湾地区的建筑防风问题。将公

20　内装细部

园延伸引入馆内核心空间，让空间推向公园，创造虚拟树林的阅读空间。

北投图书馆增加了回收雨水的设计，利用连续的遮阳或雨庇，将水导入收集区，以减少开发对地表径流的影响，达到滞留雨水，减缓径雨排放速度的目的。室内地下筏基空间作为图书馆自身的调节水库，将回收雨水于冲厕器具。

2.2 隔绝热能及冷风，减少内部耗能

南面开放向公园，北面临溪，视野良好。图书馆窗户落地，采最大的自然光。退缩露台，并考虑防风（图 22）。

规划基地与整理环境，利用日照与地形，建筑物朝向有利太阳能的方向，并使日照阴影降至最低。北向东北向实墙或绝缘玻璃，降低冬天热流失。

北投的地热被文建会推举到联合国为全世界珍贵的资产，位于其间的北投图书馆，努力节约地球能源，用地形自然通风计划，避免空气滞留屋内死角，检验全馆通风路径，除湿，利用自然地热及温泉热气，温暖冬天的室内。

2.3 大自然中的伪装饰——保护色建筑色彩计划

项目全面使用回收制成的建材，或可以完全回收的建材。减少没有必要的装饰，增加材料的设计。这包含了：

（1）尽量使用没有加工的素材，如混凝土砖、石材、木材、土、植栽等。

（2）使用环保涂料。

（3）减少油漆、人工色料。

最后的结果，北投图书馆如轻轻的降落在北投公园的大鹏，隐藏建筑于无形整体绿化以延续公园之生命力，不但成为当地民众喜爱的图书馆，并于 2012 年被美国娱乐网站选为“全世界最美丽的二十五个图书馆”之一。

< 3 嘉义产业创新研发中心 >

嘉义产业创新研发中心位于嘉义市与水上乡边界，由于位于北回归线燥热潮湿的气候带，本案的策略着重在利用此气候条件下的自然资源，沿着建筑物的外围，连结着绿带、入口广场、停车空间、中庭等

21　北投图书馆半户外阅读走廊

绿带，还有一条水带连结着它们，此外，还有一个半户外的步道，串连建筑物内的公共空间，还有建筑物外的开放空间，由于利用建筑物量体本身的座向，阻挡了冬天来自东北的季风，并且开口面相东南方，夏季西南季风来的地方，中庭因而成为一个冬暖夏凉，宜人休憩的地方（图23、24）。

本案智慧建筑的设计，利用太阳能光电板及相关绿色能源装置，以突显作为嘉义门户的特色。同时配合嘉义市建构健康城市与增加人文气息的推动目标，打造开放创意及省能环保的研发空间。在该项目规划设计阶段，即采用了绿建筑设计手法，并配合未来建筑使用者需求，导入相关智能化系统设备，将建筑物内各子系统做有系统的整合。于建筑物中的信息通信、安全防灾、健康舒适、设备节能、综合布线、系统整合和设施管理等各方面进行相当程度的智慧化，以有效达成建筑物的使用效益，进而增进环保、节能并达到人性化管理的目标。

嘉义产业创新中心的空间需求，有实验工厂、实验室、办公室、教室、会议室、展览空间、宿舍，外壳设计最能体现针对不同的功能所对应的不同解决方案。根据需求依楼高、载重、性质分门别类，分为3栋，以便有各自的结构形式和外壳。以外壳而言，实验室楼和实验工厂楼因为需要管线配置的弹性，所以设了阳台和双层墙，内层墙起到挡雨和风的功能，中间设置管线，外层墙用以遮挡阳光，保护管线，教育训练楼可以利用深挑檐设置阳台并满足管线需求，深色的色板玻璃和反射玻璃的外倾帷幕来控制辐射的穿透量。研发大楼采用双层墙设计，表层以格栅过滤光线；中间工厂之外层以植生墙阻挡光线、保留通风，达到绿化及外壳节能。另外，屋顶设有30kW的太阳能光电板，将产生的能源提供给内部使用（图25）。

嘉义地区属亚热带季风气候，建筑设计除注重遮阳、通风等日常节能措施外，也利用午后对流旺盛的雷雨进行雨水回收，以免因日照而消耗过多的能源，并减少水资源荷载。全区景观主要配置有生态中庭、

22 北投图书馆通风示意
23 嘉义创新中心鸟瞰
24 嘉义产业创新中心中庭

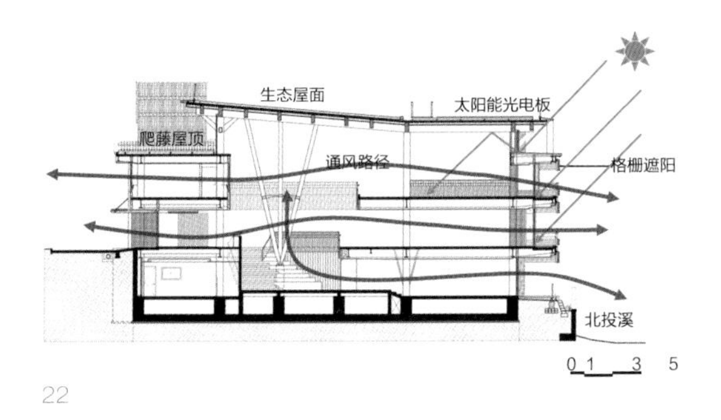

22

24

23

水池，并透过生态复层与绿网串联等设计手法，打造优质的研发空间。生态中庭主要提供研究人员交流的休憩空间，并以景观水池降低建筑物内的温度；外部退缩绿带除了产生更开阔的空间，另以复层的植栽采陈列式种植，形成绿廊环绕，降低噪音干扰；中间工厂的立体垂直绿网给生物多样性及生物栖地提供了可能。

建筑物碳足迹管理作业，其目标在于建筑物与设备建置生命周期中，包含企划、设计、发包、施工、竣工点交、维修营运等阶段作业，皆能有效盘查记录，进而降低建筑物与设备相关碳排放量。嘉义产业创新研发中心的碳足迹管理作业，是公共工程中首先提出完整规划，进行动态管控建筑、兴建工程生命周期碳足迹的个案。其主要成果为控制本工程建筑躯体碳足迹（285kg/m^2）低于一般办公类建筑碳足迹平均值（370kg/m^2）。

4 永续建筑的诠释

对永续建筑通常有两个不同角度的诠释：一个角度是“第四只小猪的建筑”① 。这个角度是基于全球气候变迁及极端化——冬天更冷，夏天更热，风更强，雨更急——也就是升级版的大野狼。所以让第三只小猪安居乐业了许久的房子，不再能抵挡大野狼的侵袭，于是产生了第四只小猪的建筑概念。台湾地处热带及亚热带气候区，气候温和宜人，只有地震对生命财产的威胁最大，所以建筑特别注意结构安全，其他方面则相对“散漫”，尤其在外壳和设备节能这两方面。若以 2010 年冬天和夏天平地最低和最高温差达约 35° C 的摆荡振幅来看，假设这个振幅因全球气候异常的趋势持续加大，在大台北都会区就有可能出现 0° C 以下或 40° C 以上的低高温。尽管下雪可以让人们堆雪人、打雪仗和溜雪橇，还可以推出各种新创意、新商品促进经济发展，但唯一的问题是水在

25 屋顶太阳能光电板

结冰后体积会膨胀，把供水管路冻裂，导致几百万人的大都会供水系统瘫痪；天气回暖后，街道和家里则到处漫水。结冰时渗进建筑物防水层，外墙的积水也会把墙体、屋顶撑破，造成很大的困扰。另外，因为台湾地区建筑墙体大都是只有 15cm 的钢筋混凝外墙贴瓷砖，玻璃大都是 10mm 以下的单层玻璃，家家户户只好大量采购电暖气，从而加大对能源的需求，由于再生能源缓不济急，因此只好将“无核家园”的理想再搁到一旁。

这样的场景会不会发生？可能会，也可能不会，日本人从来也不曾想过七级核灾会发生在自己的国土上。所以整个社会有必要拨出一部分资源对这样的最坏情形做损害预估和对策的研拟。所以第四只小猪的建筑基本策略就是强化建筑物的性能，一方面让人可以更健康舒适地安居乐业，另一方面可以逐步降低对石化能源的依赖，减缓气候异常的趋势，降低对核能的依赖和核灾发生的机率，同时，为可再生能源发展成为主要的能源争取更多的时间。这样的论点非常实用，也非常贴近我们整个社会关注的核心议题，所以总能引起大家的共鸣。

和第四只小猪的建筑策略不一样的另一个角度是“生态建筑”，即“Bio-architecture”所指向的。这个指向和可能发生的灾难没有关系，纯粹是对建筑愿景的想象。这个想象以声、光、热、气、水和生态系的运作机制的基本常识为基础，以对生物多样性世界的热爱为动力，试着将人为的构造物融入大自然的机制中。由于所谓的“基本常识”并没有明确的界限，而且科学家对于大自然也不时有新发现，因此实践这个愿景的旅程并没有明确的路径和终点。

在永续建筑的工作中这两个角度是同时存在的。“第四只小猪的建筑”讲究的是“有效地对付升级版的大野狼”。在和大野狼对抗的过程中，建筑物节能和使用资源的效率就是第四只小猪的竞争力之一，而效率的基础之一就是通过逻辑的筛选。空间和时间的相对性，不必用到任何的计算，但若是涉及科学的进展和应用，计算就是绝对必要的。绿建筑若要趋近真实（钻石级绿建筑只是一个起点），除了一颗感性的心和热情，分析和计算的步骤是必不可少的。在生态圈内，效率也是物种适者生存的竞争力之一，但是大自然获取效率的方法并不是通过逻辑来筛选，而是在时间的长河中漫漫淘洗，结果大致不违背逻辑，但更富含深意。“生态建筑”的愿景，就是通过不断的实践去洞察这种深意。就是这种对抗大野狼的快节奏和在大自然的迷宫里慢慢摸索的慢节奏并存，让人们的工作充满挑战，同时又能乐趣无穷。

注释

① 引申自英国著名童话故事《三只小猪》，该故事以会说话的动物为主角：三只小猪是兄弟，为抵抗大野狼而有不同的遭遇，只有不嫌麻烦的三弟的屋子没有被大野狼弄跨。

附：台湾绿建筑评估指标 EEWH（Ecology，Energy saving，Waste reduction，Health）内容

一级指标	指标名称	
	2011 年（修订版）	评估要项
生态（Ecology）	1 生物多样性指标	生态绿网、小生物栖地、植物多样化、土壤生态
	2 绿化量指标	绿化量、CO_2 固定量
	3 基地保水指标	保水、储留渗透、软性防洪
节能（Energy saving）	4 日常节能指标（必要）	外壳节能、空调节能、照明节能
减废（Waste reduction）	5 CO_2 减量指标	建材 CO_2 排放量
	6 废弃物减量指标	土方平衡、废弃物减量
健康（Health）	7 室内环境指标	隔音、采光、通风、建材
	8 水资源指标（必要）	节水器具、雨水、中水再利用
	9 污水垃圾改善指标	雨水污水分流、垃圾分类处理、堆肥

住房和城乡建设部（MOHURD）重点项目
——马鞍桥村灾后重建示范

MOHURD NO.1 SITE: POST-EARTHQUAKE VILLAGE RECONSTRUCTION AND DEMONSTRATION PROJECT IN MA'ANQIAO VILLAGE

万丽 吴恩融 穆钧 / WAN Li, Edward Ng, MU Jun

< 引言 >

住房和城乡建设部 1 号示范基地：中国四川省会理县马鞍桥村灾后重建示范项目，是 2008 年震后第一个综合性重建示范项目（图 1）。项目核心内容是建造一个含有住宅以及公共建筑的居住社区。它由“无止桥”慈善基金 [Wu Zhi Qiao （Bridge to China） Charitable Foundation] 发起并统筹，由利希慎基金（Lee Hysan Foundation）及香港女童军总会（Hong Kong Girl Guides Association）资助，同时获得了当地政府的协助以及香港、台湾和内地大学生的参与支持。项目旨在帮助村民进行灾后重建，更重要的是，示范一种当地村民能够接受、掌握、传承，具有可持续性的人性化的援建模式。

< 2 背景 >

马鞍桥村地处四川省最南端，毗邻金沙江，紧靠云南省。该村地处干热河谷地带，副热带季风性气候特征明显，雨季旱季分明。与中国西南的大多数山村一样，马鞍桥村的交通非常闭塞，村里农业产值很低，平均每户年收入仅 700 ~ 1 000 元，这意味着村民无法承担像其他富裕地区那样的建造费用，更棘手的是，当地可供选择的建筑材料非常有限。文化和技术的落后，资源的贫乏阻碍了这里的发展。

地震之前，马鞍桥村的所有住宅都采用一种传统的院落式布局：夯土的正房、耳房以及连廊共同围绕一个下沉内院，家畜、家禽就圈养于内院中。所有建筑都是通过手工夯土建造的。夯土建筑在中国历史悠久，乡村地区尤为普遍。由于便宜、易获、且热工性能良好，泥土历来都是这些地方的主要建筑材料。拆掉的土墙可在新建筑中重新利用或作为农田肥料，是无污染的建筑材料。

2008 年 5 月 12 日汶川发生大地震，同年 8 月 30 日，四川省攀枝花地区又发生了里氏 6.1 级地震，而马鞍桥村是这次地震中受害最严重的地区之一，几乎所有的房屋都遭到了不同程度的破坏（图 2）。震后，建筑材料价格飞涨，政府的资助无法满足灾后重建的需要，村民只能通过申请贷款来进行重建，然后为偿还贷款而辛劳数年，这种灾后恢复及发展模式对于乡村地区来说是不可持续的。

< 3 项目介绍 >

3.1 项目框架及方法

由于当地属亚热带季风气候、交通闭塞、资源有限，常规的混砖建筑模式并不适用。为帮助村民进行灾后重建，示范并发展一种当地村民能够承担、掌握并传承的可持续、人性化援建模式，项目主要包含了以下内容（表 1）。

第一阶段，先通过选择适宜的设计理念、结构体系、材料和工具来提高传统夯土建筑的抗震以及室内

1　马鞍桥村的灾后重建示范项目
2　马鞍桥村重建前景象

表 1　项目框架

项目阶段	任务
1 灾后重建研究和论证	研究适应该地区的高科学、低技术的重建策略。组织当地各户村民建造示范房，从而提供技术培训，使其掌握抗震、生态的建造模式。
2 技术性能提升及重建指导	在当地进行抗震夯土建筑技术的现场试验。
	出版易于学习并掌握的抗震夯土农宅建造图册。
	帮助村民在技术人员指导下重建家园。
3 社区改善，技术优化，村民培训	修建便桥，改善交通。
	修建村活动中心兼抗震夯土建筑示范中心。
	组织公共卫生教育培训。
	组织其他培训工作坊。

物理环境性能，再由各户选出的村民一起完成示范房的建造。这种通过实际动手建造来进行培训的方式比传统用图纸进行教授的方法更有利于传授知识技能。

在第二阶段，通过一系列现场实验来提升技术性能，并使其更加经济合理，更易于村民掌握（杨华，2010）。同时，在富有当地文化特色的传统内院式布局模式的基础上，对户型进行优化设计，提供多种设计策略，方便村民根据自己的需求加以选用以进一步改善居住环境品质。通过借鉴和参考示范房中所用的技术手段，33 户村民在 3 个月内完成了各自家园的重建工程（图3）。之后，援建团队出版了易于学习掌握的抗震夯土农宅建造图册（周铁刚、穆军、杨华，2009），在中国西部地区进一步推广这种灾后重建的方法。

在第三个阶段，援建团队修建了能使村民安全过河的便桥，同时重修并拓宽了村内原有主要道路。在原有研究基础上，为丰富村民公共生活和提升社区公共服务设施，援建团队还设计并组织村民建造了村民活动中心（图 4），同时也是抗震夯土建筑技术示范中心。若干培训工作坊在中心举行。

3.2 技术优化

传统的夯土建筑由于基础不牢固、墙体抗拉能力差，因此抗震性能很差。具体来说，第一，基础不够深，且基础中水泥砂浆比例不合理；第二，夯土墙

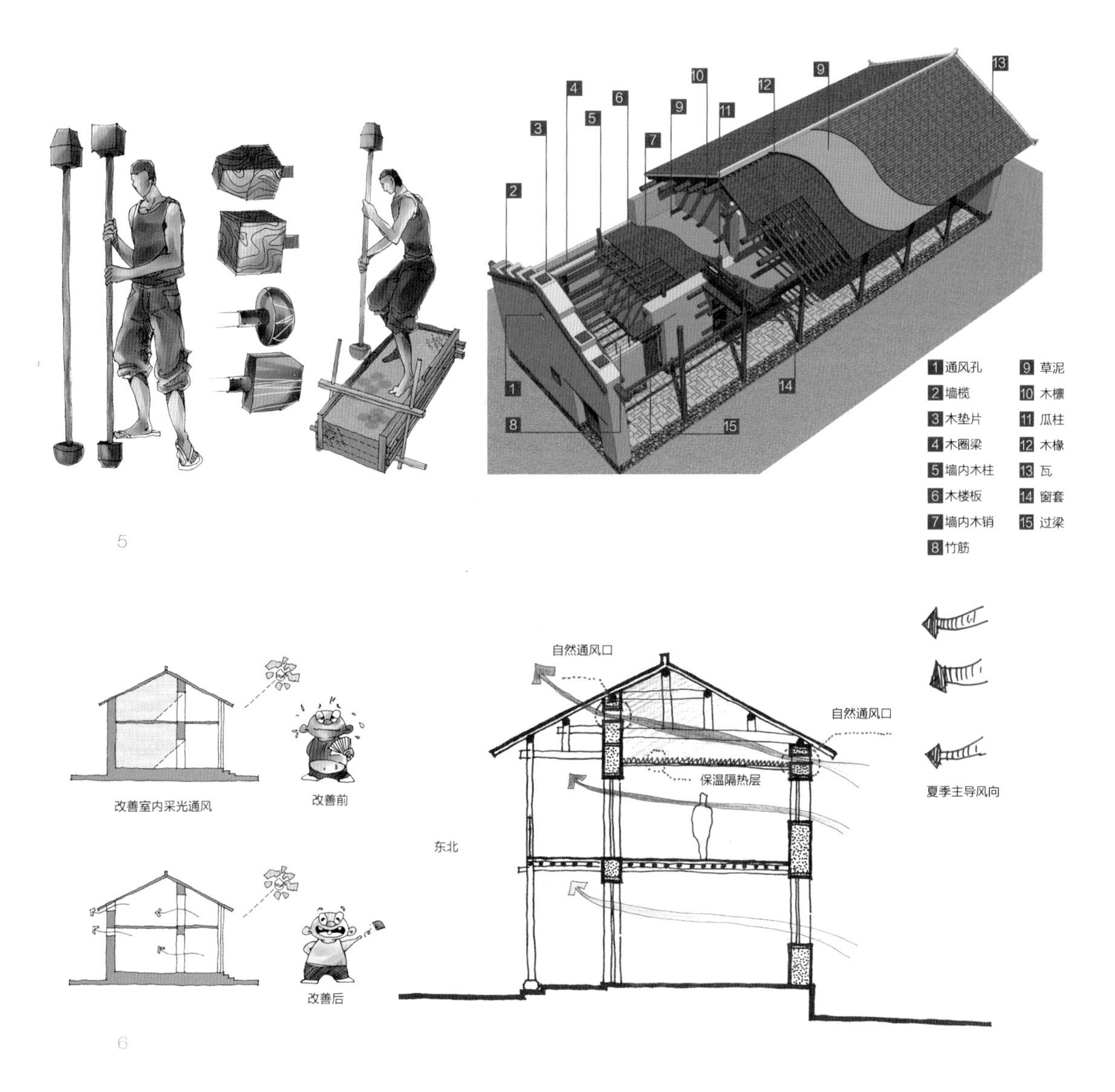

3 重建后的抗震夯土住宅
4 村活动中心
5 传统技术的改良
6 自然通风的改善

体不够密实，且没有圈梁等加强性结构；第三，建筑没有任何防震缝。

经过一系列调查研究，援建团队认为在夯土墙体内部设置木框架作为抗震构件；同时在墙体内部加入竹筋，使框架和夯土材料有效联结是极其有效的抗震改进措施。基础方面，优化了建筑基础中水泥砂浆的配比，以增强基础的整体性。墙体方面，使用木框架、竹筋、木销来增加墙体的整体性；还在墙体中加入了混凝土圈梁来提升结构整体性和防止土墙的竖向裂缝。为提高夯土墙体的强度，在泥土中掺入了少量的石灰（2% ~ 3%）以及水泥（3% ~ 4%）。为更加便利高效地夯实泥土，将木质夯锤的一端改为金属材料（图5）。此外，还设置了防震缝和伸缩缝，通过以上做法，这种新式抗震夯土建筑能够满足当地的抗震设防要求。

该地区传统夯土住宅的通风和采光效果较差。援建团队通过设计适宜的开窗使建筑更好地获得自然采光和通风（图6）。经过专门计算而设计的夯土墙体能够对室内热环境状态进行调节，住宅从而不再需要额外的冬季采暖及夏季制冷设备。沼气池将废物进行发酵降解后能够产生照明和烹饪用燃料。新建的水窖让村民可以不再从过去的受污染的河流中挑水，取而代之从周围泉水中取水，保证了用水的洁净。雨季中短暂性的大量降水能够自然流入水渠，灌溉农田。

大约90%的建筑材料都来自对灾后建筑废墟的

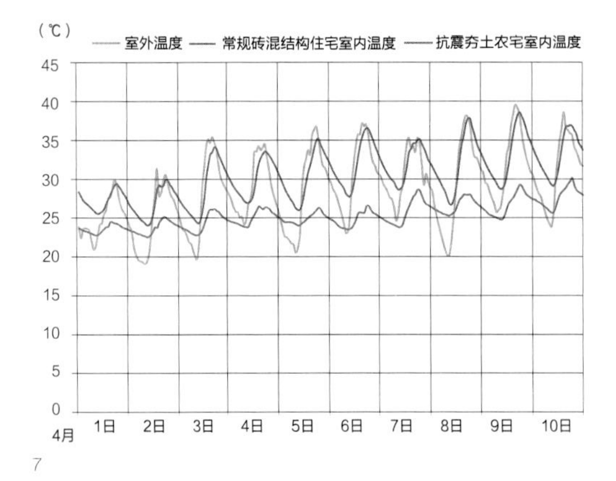

7

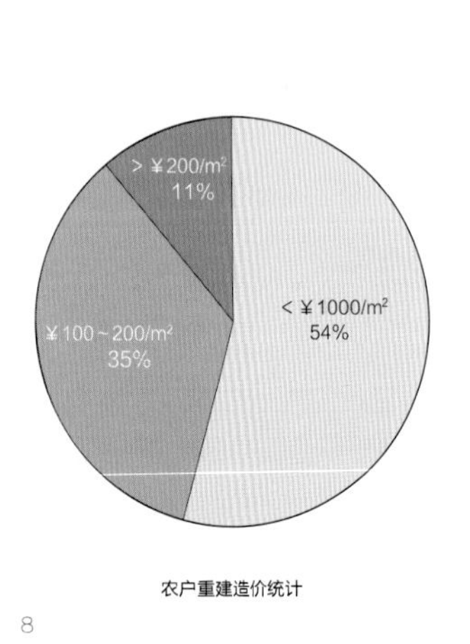

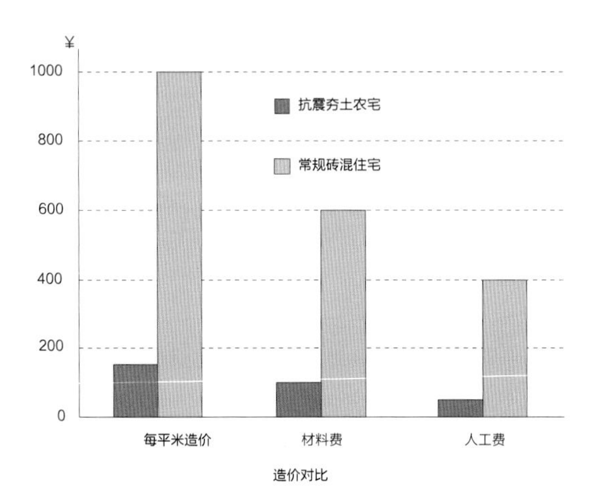

8

7 新建抗震夯土农宅与常规砖混农宅的室内温度比较
8 重建支出构成分析

回收，例如倒塌的墙体、木材、旧瓦，或来自于当地的自然材料，包括竹子、河滩的砂、石。因此，这种夯土建筑的建筑材料自含能量比通常的混砖结构建筑更低，对环境的影响也更小。

3.3 社区生活改善

在重建之前，由于缺乏相应的服务设施以及交流场所，村里的文化休闲活动比较匮乏，村民缺少获取外界信息的渠道，学龄前儿童在室外卫生状况堪忧的环境中成长。当地的赤脚医生仅能处理一些非常简单的病患，症状严重的病人则需到 10km 以外的地区就诊。重建后，村民活动中心设立了医务室、幼儿园、图书室以及小卖部，中心还为当地少数民族居民提供了节日庆祝的聚会场所。未来，这个项目还将定期举办培训与交流工作坊，以推广这种可持续乡土建筑的理念和建造技术。其他内容的培训工作坊诸如公共卫生和生态农业培训也将在中心举办。

改善村内交通、服务设施、公共交往空间以及社区卫生条件的原因在于试图解决村民为了寻找更好的生活环境而背井离乡、涌向城市这一更严重、更长期的问题。控制人口流动是当前中国政府面临的巨大挑战之一，我们相信，解决问题的途径之一就是提高乡村的生活水平，使村民在乡村安居乐业。

3.4 建筑性能

该项目的性能及收效如下：

（1）能源：无需在冬季和夏季使用采暖和制冷设备，经过专门计算而设计的夯土墙体能够对室内热环境状态进行调节。沼气池可以将废物进行发酵降解，并产生照明和烹饪用燃料。

（2）材料：大约 90% 的建筑材料来自对受灾建筑废墟的回收以及当地的自然材料。因此，这种夯土建筑的建筑材料自含能量比通常的砖混结构建筑更低，对环境的影响也更小。

（3）水：水窖的使用让村民不再从过去的受污染的河流中挑水，而从周边泉水源头集水，从而保证供水洁净。雨季中短暂性的大量降雨自然汇入水渠，灌溉农田。

（4）室内环境的品质（Indoor Environment Quality，IEQ）：传统的夯土住宅的通风和采光效果较差。在项目建设中通过设计适宜的开窗改善了建筑的自然采光和通风（图7）。

（5）抗震：通过使用木框架和竹筋等措施，对当地传统住宅进行抗震性能优化。这种新式抗震夯土建筑能够符合当地的抗震设防要求，同时造价低廉，易于建设和维护，是能够应对当地贫瘠环境的可持续性建筑结构。

（6）经济：常规的砖混结构建筑建造成本约1 000元/m^2，但这种新式夯土建筑花费仅150元/m^2左右（图8），新建的村民活动中心成本为350元/m^2。由此可见，新式抗震夯土建筑的建造成本大大低于常规的砖混建筑，且运行费用也大大低于后者。这对于年收入仅1 000元的当地村民来说意义重大。对当地居民而言，花费大量开销建造砖混住宅不具有经济可持续性。

（7）技术的推广：动员当地村民参与建造生态夯土建筑示范房以及村活动中心，以便他们学习这种建造方法用以修建自己的住宅，同时传授给他们一种将来可以谋生的建造技术。

（8）社区：当地传统的生活模式并未因重建而改变，但同时，村民拥有了一个设有卫生站、幼儿园、图书室、零售店的社区中心，为村民提供更好的服务，还特别为当地少数民族居民提供了节日庆祝的聚会场所。

（9）公共设施：为改善交通状况，修建方便村民安全过河的便桥，同时重修并拓宽了村内原有主要道路。

<4 讨论与总结>

马鞍桥村灾后重建项目是一个包含了硬件设施和软件服务的综合项目。它的时间跨度大，内容丰富灵活，参与人员背景多样。作为一个综合性的灾后重建示范项目，其设计包含了以下概念：

（1）运用地方技术的抗震设计；

（2）对灾后废墟进行回收利用以降低重建工程的环境影响；

（3）注重可持续性，减少建筑能耗；

（4）反映当地文化传统；

（5）注重经济性，降低建造以及运行费用；

（6）邀请村民参与设计过程；

（7）不仅满足当前的灾后重建需求，更为乡村未来的发展打下基础；

（8）不只修建建筑，更传授给村民一种可以谋生的技术手段；

（9）不只重建了一个乡村，更为中国广大农村地区作示范；

（10）团队像家人般共同工作，创造富有爱心的设计。

在中国西南地区，传统的乡土建筑是当地的居民根据特定的气候、资源，不断实践、积累经验而得到的宝贵成果。这些乡土建筑所包含的简易技术及隐含的生态理念对建筑产生了巨大的生态意义，虽然某些技术和理念在今天看来存在着其固有缺陷而无法满足当今人们变化多样的生活。对此，马鞍桥村示范项目竭力缓解传统建筑与当今需求之间的矛盾，给出了清晰明确的解答。本着对当地传统夯土建造技术进行改良以及对当地自然建材和灾后废弃建材回收利用的原则，这一灾后重建项目在经济、生态、健康、人道关爱方面做出了示范，并使得村民能够掌握、实施和传承。项目计划以及研究方法也为中国西部乡村的生态建筑建设提供了一种有效和切实可行的实施策略。在项目实施过程中所强调的“高科学、低技术”原则确保了符合当地的可持续发展。

更有意义的是，该示范项目的成功得到了学术机构和政府的关注。随着对传统乡土建筑技术潜在意义的更多关注和挖掘，人们也逐渐开始对中国目前的乡村发展战略进行反思和调整。我们相信，在不久的将来，会有更多的针对不同地区的示范项目出现。

（译_史维）

项目信息

地点：中国四川省会理县马鞍桥村

获奖：2010年亚太地区新建建筑类别的环保建筑大奖

参考文献

[1] 杨华．灾后重建背景下夯土墙结构民居抗震试验研究与示范[D]．西安：西安建筑科技大学，2010.

[2] 周铁刚，穆钧，杨华著．抗震夯土农宅建造图册[M]．北京：中国建筑工业出版社，2009.

一个民间环保人士的建筑宣言
——安吉生态民居模式分析

ARCHITECTURAL DECLARATION FROM ONE NON-GOVERNMENTAL ENVIRONMENTALIST:PATTERN ANALYSIS OF ANJI ECOLOGICAL FOLK HOUSE

张明珍 任卫中 / ZHANG Mingzhen, REN Weizhong

1

<1 前言>

1990 年代，中国农村改革已进行了十余年，部分农民已经有一定经济能力改善自己的住宅，于是拆旧房建新房成为农村盛行的一种社会现象，不管有钱还是没钱，建房成为农民生活中的大事，这让大部分农民背负沉重的经济负担，甚至成为农民的一种心病。但在任卫中看来问题远不止这些，任卫中是一个来自农村的机关工作人员，他生活在农村，从 1990 年起开始关注环保，具备一些建筑审美能力，他对农村建的房子很不满意，甚至觉得痛苦，这种痛苦源自建筑制造的污染，一种是给人在精神上的视觉污染，另一种则是开采矿山和加工制造建筑材料带来的环境污染。渐渐地任卫中想到了自己要去盖房子，这房子不是为自己居住，而是向社会的一种宣言！至于盖什么样的房子，怎样盖房子，用什么材料，任卫中经过反复思考，最终采用最常见的乡土材料进行建造，任卫中的乡村建房梦想，是盖出的房子不仅便宜适用，而且是要有创新的房子。他的创新主要在两个方面，一个是对乡土材料的改进，另一个是对施工方式的革新，其他也有诸多建筑设计上的创新亮点，例如，三幢房子的夯土有意用了三种不同配比，以考验夯土墙体开裂的程度；对木结构构件用小料进行拼接，用来向木

料短缺的地区证明建房可以因地制宜，使用非常经济的木料用量；他独创了一种夯土墙的开窗法，简单实用，窗户使用至今完好无损；对屋顶也先后做了三种不同结构的试验，最终找到一种最有效的方式，当然这些都是建造技术层面的，解决实际问题的一种方法。而他最大的理想是创造一套乡土建造体系，达到推广的目的，以解决目前中国乡村建房险象环生的社会和环境问题。

从 2005 年开始，任卫中先后盖了五幢房子，这五幢房子做法和功能各异，互为补充旨在创造一种乡村建造体系，以应对各地区的经济、资源、环境等各方面的差异。在已建成的房子中，类型主要分为，木结构承重夯土墙围护、夯土墙承重二种，对于前者房屋整体性好，利于乡村建房的本地化，对于后者可以适用于如木材资源短缺对抗震要求不高的地区（图 1）。

< 2 策略 >

2.1 一号屋：创造一种新民居语言

一号屋（图 2 ~ 10）作为居家设计，适合于三口之家。当地传统民居为天井结构，俗称三间二厢，受此启发，任卫中将一号屋仍分为两进，前半部分由东西厢房和天井组成，后半部分为二层木结构。一号屋把传统民居的东西厢房的坡屋顶改成平顶，形成一个单层的平台，

1　四幢房子形态各异，共同特点是以土木构造，房屋周边种植蔬菜，营造农村特色

2　一号屋为改良后的新民居，继承了江南民居三间二厢的布局。“二厢”上层空间得到了利用

3　天井敞亮，一改传统民居的压抑感，虽能见星星，但一直被雨水所困扰

4　二进的底层三间连贯，不设隔断，但作了功能分区

5　底层的南墙开窗受到限止，通过室内天窗采光。二楼的阳光走廊，导致室内过热

6　二楼为起居室和卧室，阳光走廊的玻璃顶通过第一次改造已被替换
7　改造前的露台，当初是作为农村的晒台来设计的
8　加顶后的露台，功能变了，成了休闲场所
9　露台为水泥预制板构建，设置的水路通过井水的循环降温，盛夏东西厢房的温度能控制在摄氏 26 度以下，而电能消耗只有空调的十分之一
10　第二次改造的重点屋顶的隔热和保温，任卫中的设想方案首先在一号屋得到验证，效果甚至要超出当初的预见

当初的设想是想把平台作为院子或者晒场使用，以节省土地资源。在功能上东厢为厨房，西厢为储藏间和卫生间。厢房其后的 3 间主房不作隔断，只作客厅及餐厅分区，为弥补室内采光不足，设计了室内天窗。二层布置一个起居室及卧室两间，起居室与东侧厢房顶平台通过外开门连通。一号屋采用安吉当地速生的杉木作为木结构承重体系，房子建成后，经过了两次改造，第一次是把二层的阳光走廊改成瓦面顶，在江浙地区阳光间采暖弊大利小，尤其是夏天室内容易过热，其次是在露台是上搭建了钢结构雨篷，江南雨水多，尤其是早晨雨棚底部的露水凝结，滴落露台，对生活构成诸多不便，天井能满足采光需求足够了，风水上的四水归堂更多是一种精神上的需求，现代人更多讲求实际，传统建筑中的某些要素消失自有他的道理。第二次改造是对屋顶的彻底改造，下文有专题介绍。

2.2 二号屋：对老民居的改造再利用

二号屋的建造，是利用农民拆除的旧屋架，回收后重新安装作为房屋的承重结构。房屋的外围护，一层墙体采用当地获取方便的卵石砌筑，二层采用填充式轻质粘土墙体。建造目的是为农村旧房的改造利用提供借鉴，在中国的边远乡村，仍有大量的木结构住宅仍在使用，这些房屋的主人基本都有建新房的愿望，只是碍于经济能力尚未盖新房，等经济有了改善，往往一拆了之。其实对旧房加以适当改造都能满足现代居住的功能。二号屋在使用功能上做了不同考虑，作为乡村公共活动空间使用，具体布置为一楼作农村科普的展厅，二楼作会议室兼茶室。整体功能上也可以作为农村农事之需，诸如打年糕、举办婚礼等活动，以营造农村公共活动的气氛（图 11、12）。

11　二号的功能定为农民会馆，在当地，对老房子的改造任卫中是第一个尝试，目前已蔚然成风，用途是乡村会所和酒店
12　二号屋二层空间，作为农民讲习所
13　三号屋为夯土结构，五幢房子相比，热工性能最为优异，目前用途是作为乡村旅店
14　四号屋的泥土取自于室内的地下空间，解答了人们对泥土来源问题的置疑

2.3 三号屋：实行泥土屋的现代化

利用乡土材料来建造具有现代特质的建筑，最鲜明的特色是反向弧形屋面、落地窗、后走廊等元素（图13）。处于对一些农村地区木材短缺的考虑，在结构上采用经过改良的夯土墙体承重，楼板和屋顶的木梁巧妙地将纵向和横向的夯土墙体连接起来，以增进结构强度和稳定性。采用轻质粘土楼板隔声和屋顶隔热。三栋建成房屋相比，三号屋热舒适性最好，同时也符合现代人的审美习惯。

2.4 四号屋：解决泥土的来源问题

针对已建成的三栋生态民居，这种建造模式又遇到了新的问题，如认为目前农村土地资源稀缺，取土会破坏生态环境等疑问，对此，四号屋巧妙地通过在室内开挖地下室来获得泥土，一方面泥土可以夯筑墙体，另一方面又获得了一个地下室空间，可用来贮藏食物、农作物及种子，贮藏间层高3m，2m位于地平面以下，1m位于地平面以上，便于开窗，在盛夏是避暑的好场所，夯土墙体表面用剖成两半的竹子装饰，富有自然质感（图14）。

2.5 五号屋：对二号屋的补充

五号屋和二号屋意图是一样的，只是使用功能不一样，五号屋作为住宅使用，由在法国的中国籍建筑师张沁为设计，任卫中和张沁为通过网上交流，由任卫中负责施工，张并未到过现场，建立了基于网络合作的一种新的设计模式（图15）。这种也可以作为乡村地区建房，设计师可以借助网络媒介提供远程设计与指导。

< 3 技术 >

任卫中吸取传统建造工艺的精髓，在此基础上自己研发乡土建造技术，这些技术简单易学，容易推广。

3.1 夯土墙体的改良

泥土作为一种最古老和久远的建筑材料，具有良好的蓄热能力和承重能力，可以调节室内空气湿度，取材便利，可以循环重复使用。然而传统的夯土墙体也存在着易于开裂、所建房屋室内采光差，空气流通不畅等室内热物理环境差的缺点。另外传统夯土墙体也有易开裂的缺点，究其原因主要有三点，一是由于地基不稳固造成墙体的不均匀沉降；二是泥土夯筑密实度不够，泥土湿度大，干燥后出现开裂；三是粘土比例过高，导致墙体开裂、变形。在安吉生态民居实践中，针对以上3点，任卫中采取以下的解决策略：对于地基沉降，采取夯土墙体下现浇钢筋混凝土圈梁，且圈梁高于室外地面以隔绝水的侵蚀。再者，对墙体的泥土结构通过配比进行调整，在泥土中加入砂石及适量的石灰，经过充分搅拌混匀，施工时控制适宜的泥土湿度。

任卫中所建的三栋生态民居（一号屋、二号屋、三号屋）墙体成分配比不一，以获取第一手的资料。

15　由在法国工作的中国籍建筑师张沁为设计民居，用回收的木构架，夯土墙
16　一条细小裂缝出现在高底墙的交替部位，由于地基受力不均，造成基础下降不一致，导致墙体折断

17　作为骨料的砂石取自宅基地的周边，剔出超出鹅蛋大小的颗粒
18　在黄泥中掺入砂石、石灰，引入机械进行绞拌，提高了功效

3.1.1 3 栋生态民居的夯土墙体配比情况

一号屋，建筑采用夯土墙体作为外围护结构，内部采用传统木结构体系。其中夯土墙体的材料采用砂土、黄土、石灰，按照一定配比进行施工，砂土采自周边溪流的河滩，在建成的生态民居的夯土墙里面，一号屋夯土墙体中砂土含量最高，具体配比为：砂土:黄土（粘土）:石灰 =70%:20%:10%。搅拌方式采用人工现场搅拌而成，经过 24h 静置，于第二天夯土施工完成。夯土墙的施工从 2005 年 6 月底～ 8 月初完成。夯土墙体最长为 11m。墙体高度上檐口部分为 5.2m，山墙部分 6.6m。内部木结构部分，先夯筑第一层，待一层夯土墙体夯筑完毕后，立内部的木结构体系。优点是，一方面可以利用内部的木结构形成脚手架，用毛竹或木板搭建一个跳板，作为二层夯土墙体的施工平台，继续夯筑第二层。另一方面，也可以作为二层夯土墙体的水平支护体系，防止夯筑二层墙体时向内部倾斜。较之于一层只需要两个劳动力即可完成夯筑工作，夯筑二层较下层费力些，需要多两个搬运的劳力。

夯土墙体施工效果：到目前为止，八年来没有出现大的裂缝。唯一一处是位于侧立面，前后高差一层的地方，有一道裂缝长约 2m，最宽处约 5mm 细小裂缝（图16）。分析原因主要是前后错层部分的墙体重量不同，基础部分是砾石建造，不是一个整体，因受力不均匀，沉降幅度不一致造成的。

三号屋，施工时用了附近地产项目工地的黄土。相比较一号屋，砂土的比重有所减少（图17）。具体配比为：砂土:黄土（粘土）:石灰=45%:45%:10%。搅拌方式采用机械搅拌。使用小型铲车将材料反复推碾，充分搅拌，混合均匀，材料成散粒状（图18）。使用前一天的晚上，在准备好的骨料中充分加水湿润，第二天夯筑墙体时，采用小型铲车将润湿状骨料充分搅拌，搅拌成糊状态（泥浆搅拌出来），再采用人工夯筑墙体。夯筑的墙体最长部分为16米，2006年6月开始施工，8月墙体夯筑完毕，由于材料搅拌均匀，夯筑密实，长7.8m，高7m的山墙面墙体整体性较好，没有出现裂缝，只是一些薄弱环节出现了小裂缝，如窗间墙体与上下窗户连接的地方，出现了一些小的裂缝（图19）。从使用情况分析，如果要避免裂缝的出现，一是要增加骨料的比例，二是加强薄弱部位，如放置钢筋或竹片。

四号屋，平面尺寸为长度11m，进深6.6m。材料配比为：砂土:黄土（粘土）:石灰=40%:50%:10%。材料的拌置和一号屋一样采用人工搅拌，墙体的施工是两个老年人，施工完成后，进深方向6.6m没有出现裂缝，长度11m方向上出现2cm左右的裂缝。分析原因：一方面是老年人体力有限，施工时没有夯实泥土，另一方面由于材料中粘土的成分过高，在墙体的干燥过程收缩大，形成裂缝。

以上试验证明，夯土对泥土要求有一定的宽容度，但粘土的比例不宜过高，不同地区泥土的成分差异很大，对泥土成分进行调整，可依据当地土壤而定，如当地粘土取材方便，外购的砂子的比例可以适当低些，如砂土资源丰富的地区，粘土需要外地运入，则粘土比例可以低些。

3.2 夯土墙体开窗法

安吉生态民居实践中，墙体开窗是重要一环，任卫中主要采取以下3种策略：

（1）窗户宽度小于60cm的，待夯土墙体施工完毕，再开挖洞口，最后把木框嵌入。比如夯土墙体厚度35cm，按照传统做法，木框厚度也需要35cm。为了节省窗框木料，施工中采用10cm的木框，靠内墙一侧。窗框与夯土墙体的构造连接，用水泥砂浆找平开凿的墙体表面，再在木框四周靠外墙处用水泥砂浆座浆牢固。

（2）窗户宽度大于1.1m宽度的，对于一层墙体，夯筑墙体时预留相应洞口尺寸（图20），窗框左右两侧预埋木桩，窗户顶端预埋预制水泥过梁。规格尺寸：1.4mX0.35m，高度：7cm。配筋4根Ø10。（开

19 三号屋窗角出现了细小的裂缝，墙体长16m，裂缝最容量出现在短边上
20 夯土墙的开窗，底层预留好门洞，再安装门框和窗框，在门窗和墙体的结合部预先埋入木桩

19

20

21 在上层则先预埋好过梁，夯建完成后再开挖门洞
22 宽度 60cm 以下的窗户，则无需过梁，开窗位置有较大的灵活性，窗框和墙体的固定用的是反向法

始为减轻过梁自重，尝试过梁加竹子的做法，后过梁出现开裂，故没有采用）。二层部分，夯筑墙体时考虑到施工时人的操作方便，以及架设模板的连贯性，故二层部分的开窗先不留洞口，待整面墙体夯筑完毕，再开挖洞口（图21），在洞口顶处预埋钢筋水泥过梁，洞口两侧的墙体中预埋木桩，木框与预埋木桩用钉子定牢，固定窗框。另外一种固定木门框的方法，也是开挖洞口，没有预埋木桩，而是在木框上钉钉子。再在夯土墙体两侧对应钉子的部位开槽，窗框嵌入墙体后，再用水泥砂浆将钉子与凹槽结合处密实填满（图22），这种做法使得窗户与夯土墙体的连接牢固，窗户接缝处没有松动摇晃，窗户的四周边缘也没有开裂。

开窗时间上，对于夯土墙体干燥了，墙体强度上去了的，则不易开凿，时间间隔短，墙体又不够牢固，也不适宜开窗，故在夯筑完毕半个月左右开凿为宜。

< 4 节能屋顶的实践 >

夏热冬冷地区，城乡住宅的顶层在冬天温度会低于下层，而在夏天则反之，顶层的温度会高于下层。安吉生态民居所在的江浙地区，在盛夏高温期间，顶层房间因温度过高往往导致人们无法入睡，一些住房相对宽松的家庭暂时把房间搬到楼下，但这给生活带来诸多不便。这种房子如果安装了空调，空调须持续运行（一停就热），所以能耗特别大。究其原因，是因为屋顶是房屋最薄弱的环节，和外界交换的热量最多。大部分住宅，特别是前期建造的农村住宅除了屋顶的瓦片，没有任何保温隔热的措施，而顶层房间只是做了简单的吊顶处理。目前农村条件有了很大改善，农民新建房子，在坡屋顶下一般会加上一层现浇或预制的混凝土板，混凝土平板和屋顶形成的三角形屋面，作为隔热和保温的构件，适合冬天保温，但对于夏季缺乏主导季风的地区，夏季的降温得不到保证，主要是屋顶瓦片受太阳曝晒，瓦片表面温度高达60～70°，空气会把热量传递给预制板，水泥预制板是一种蓄热材料，积聚了太多的热量，致使室内温度持续不降。

在任卫中建筑的实践中，对屋顶的构造进行过新的尝试，做过两种不同类型的试验，一种是在瓦片下增加空气夹层，另一种是在瓦片下加轻质粘土作为隔热保温材料（图23）。与农宅相比，这两种屋顶的性能都有所提高，但效果还不够理想。仅仅设计了空气层虽有隔热效果但在冬天保温性能不佳；第二种方法，因轻质粘土厚度才10cm，阳光容易晒透，所以隔热和保温依旧不理想，如果加大轻质泥土的厚度，成本会上升，对安全性也有影响。通过长期的建筑体验和思考，综合上述两种屋顶的优点，任卫中设计了如下方案。

4.1 构造

屋顶分单坡和双坡，由5部分组成（图24），屋面、空气层、轻质粘土、塑料泡沫、望板，望板可替代吊顶这道环节，省去装修费，望板上铺好泡沫，轻质泥土直接附在泡沫上，一是起到密封和阻燃的作用，二

23 二号屋和三号屋屋顶铺设了轻质粘土作为隔热保温层，厚度7～10cm，但此厚度午后就被阳光“击穿”，盛夏季节室内温度上升较快
24 保温隔热屋顶构造示意
25 保温隔热屋顶工作原理（夏天与冬天）
26 利用壁炉预热加热屋顶工作原理

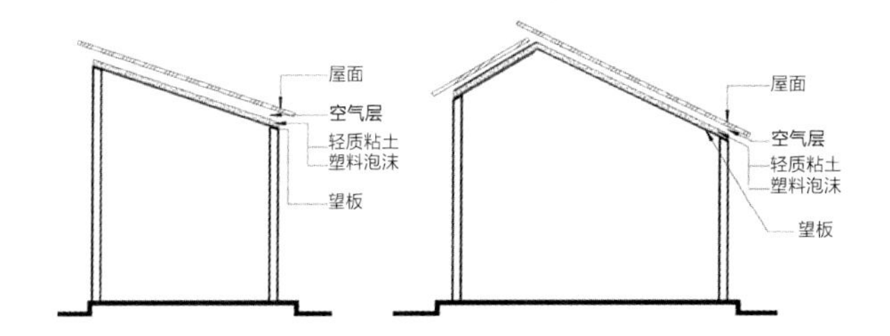

24

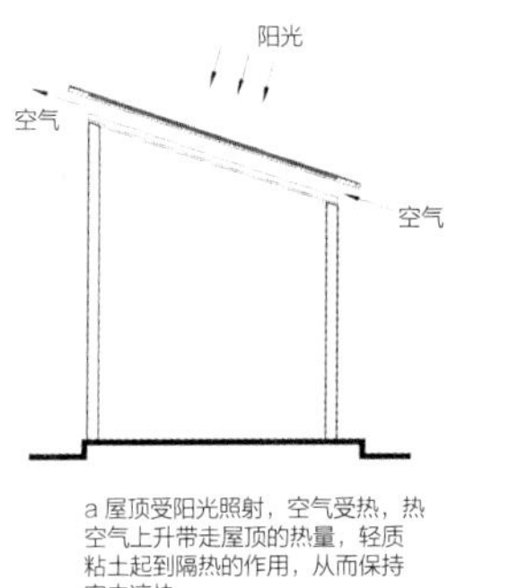

a 屋顶受阳光照射，空气受热，热空气上升带走屋顶的热量，轻质粘土起到隔热的作用，从而保持室内凉快。

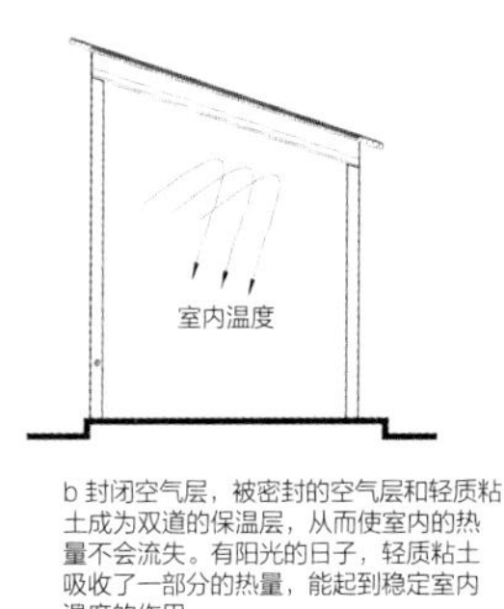

b 封闭空气层，被密封的空气层和轻质粘土成为双道的保温层，从而使室内的热量不会流失。有阳光的日子，轻质粘土吸收了一部分的热量，能起到稳定室内温度的作用。

25

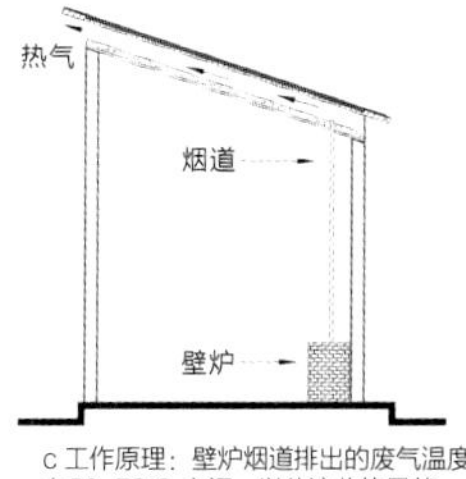

c 工作原理：壁炉烟道排出的废气温度在50~70℃之间，以往这些热量就白白损失了。让烟道的出口与屋顶的空气层相连，废气通过空气层排出，提高了屋顶的温度，再通过轻质粘土把热量传递到室内，从而提高了室内温度。

26

是采用两种复合材料弥补了材料的缺点。泡沫和轻质泥土的厚度都在 5cm 左右，空气层厚 7cm 左右，屋面加 ABS 密封，用沥青瓦，减轻结构负担。

4.2 工作原理

在夏天空气层是打开的，屋面受阳光照射，空气被加热，由于热空气是上升的，所以热空气会自动排出，带走屋顶的热量，而泡沫和轻质粘土层起到进一步隔热的作用。在冬天，空气层被封闭，空气是不能对流的，空气层和轻质粘土起到双重保温的作用（图 25）。

4.3 充分利用余热

在冬天，使用壁炉取暖，壁炉的热效率很低，大部分热量通过烟道被带走，本方法在做好防火的情况下，可把壁炉的烟道和屋顶的空气层连接，屋顶空气层吸收壁炉的余热，提高热效率，加强居室的保温性（图 26）。

目前屋顶完成改造，经过测试，如初夏 34° 气温，用手触摸感觉屋顶的温度和夯土墙是一致的，经过实际测试，室内温度和改造前对比，下降 5℃。

< 5 结语 >

在中国的乡村，可以接受这种新乡土建造的理念毕竟还是不多。汶川地震之后，任卫中应香港社区伙伴（Partnerships for Community Development）之邀，在四川巴中的柏树湾村与当地的 NGO（Non-Governmental Organization）机构大巴山生态与贫困问题研究会合作修建完成了一个村民活动中心，房屋的修建过程中安吉生态房在推广中也是遇到实际的挑战，究其原因，主要有以下几个方面：（1）乡村社会里面村民的认知观念问题，村民还是不能接受用土、木头建造的房子，虽然传统，但是感觉回到了过去。而根本原因，还是乡村社会的面子性竞争，所以，村民的观念改变需要一个长期的过程。（2）国家层面上，目前没有出台相应的乡土建筑材料建房的建筑规范，政府层面还是以工业化的建材产品成批量建设新村居民安置点为主。（3）农村目前的土地政策也是一个很大的制约因素。（4）现在的劳动力成本日渐高涨，需要借用及开发与新乡土建筑相适应的机械设备。

安吉生态民居的乡村建房模式，虽然表面看来只是任卫中作为一个民间环保人士的乡土建筑实践尝试，但目前受到越来越多来至社会各方的广泛关注，有来自高校建筑院系师生们的探访学习，也有来自于乡村旅游规划团体的合作设计，更有来自于乡村农场庄园的实际建造。基于此，对于每一个热爱乡村，渴望回归乡村生活的人来说，我们有理由相信，安吉生态民居模式必将成为我国乡村建房模式的一个有益样本。

轻土设计
——地域性实践与研究

LIGHT EARTH DESIGNS: SITE-SPECIFIC PRACTICE AND RESEARCH

迈克尔·拉玛吉 / Michael H. Ramage

对于“轻土设计”[由彼得·里奇（Peter Rich）、Tim Hall 和 Michael Ramage 共同创立，主要进行非洲及世界各地利用本土材料并且由大众共同参与的设计项目，将设计实践与学术研究相结合，建成作品遍及非洲、欧洲和北美洲]来说，来到设计场地，细致调研当地的可利用材料，从身边任何可利用资源开始着手设计，就是我们的工作方式。只要有可能，就尽量在设计建造中考虑本土材料、当地人的历史和文化背景来诠释设计；我们的设计和施工方法通常要既根植于传统，又满足当下需求，所以设计中少不了与当地工匠和妇女的沟通合作；从这个令人兴奋和充满挑战的过程中我们受益匪浅，并让我们的团队学到更多的新技艺。

< 1 可持续性 >

可持续性易说难做。我们重视并追寻的最可持续性的设计，是一种尽可能将工作做得最好的态度，而不是非达到一个特定度量或性能指标。当然，我们

1 英国多佛会议中心 Pines Calyx
2 形体模型
3 施工中的薄瓦屋顶
4 建成后的 100m² 穹顶

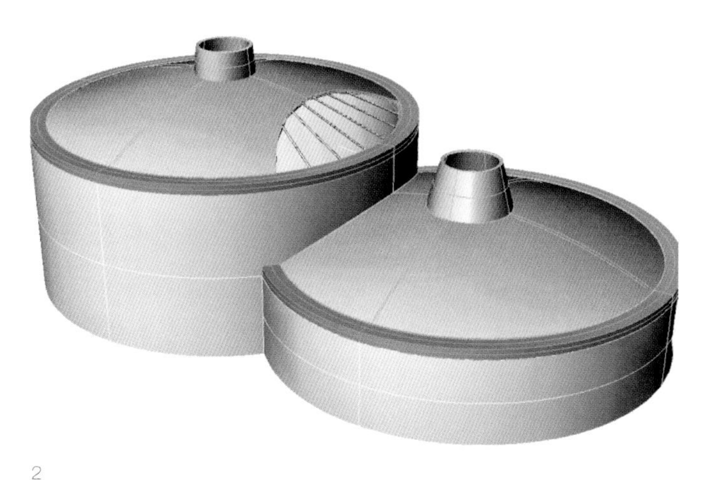

2

3

4

尽可能使用低能耗材料，而且使建筑的日常维护尽可能地节约能源。

可持续性的涵义远远超越建筑的节能和造价层面，建筑是社区活动场所，故其建造者、使用者以及周围人们的生活都将成为建筑设计构思的出发点。正因如此，我们无论在工作质量还是其他许多方面都与当地工匠密切合作；这种工作途径从长远来看非常有价值，不仅由于我们将长期与这些工匠合作，更重要的是能够看到他们如何在新项目中不断训练新人。

这种训练的价值体现在其不断为我们工作注入的活力，一个重要实例就是 2006 年的英国多佛会议中心项目（Pines Calyx）（图 1 ~ 4），一对穹顶由笔者与 MIT 的 John Ochsendorf 和 Wanda Lau 共同合作设计并建造。建筑平面为两个交错的圆形，分别由跨度 12m 的薄砌体穹顶遮蔽，总体设计是由南非建筑师 Issy Benjamin 与英国工程师 Philip Cooper 合作完成。我们的任务就是采用地中海建造体系中的薄瓦拱顶（Bovedas Tabicadas）工艺完成这个砌体穹顶的设计和施工。这种薄瓦拱顶技艺在 19 世纪和 20 世纪初期曾在西班牙和美国十分流行，主

5 剑桥大学国王学院小教堂
6 瑞士塞金纳特伯大桥
7 剑桥附近的 The Living Link 小桥
8 光滑的桥面面板及天然麻绳绑扎的扶手
9 小桥支撑基础结构
10 扶手上的嫩芽新枝

要归功于西班牙建筑家拉斐尔·古斯塔维洛（Rafael Guastavino）及其建筑公司对这项技术的发明和大力推广。

这种建造体系又被称为“铃鼓拱顶”（Timbrel Vaulting）、“加泰罗尼亚拱顶”（Catalan Vaulting）和“古斯塔维诺拱顶”（Guastavino Vaulting），如今已不再广泛使用，甚至从未在英国出现过，所以我们需要指导瓦匠如何进行施工。由于我曾经自学过，掌握的技巧足以制作一个3m跨度的试验模型，用以说服甲方建筑方案是可行的。同时我们还邀请来自西班牙艾斯特雷马杜拉自治区的专家马克西莫·珀特尔（Maximo Portal），为我们传授更加可靠的施工经验。经过为期两周的培训，马克西莫的团队已经教会了瓦匠们如何利用速凝石膏砂浆和薄瓦板进行施工，并建造完成了第一个100m^{2}的穹顶。随后我们又与这个瓦匠队合作完成了4个项目，并借此机会让更多来自伦敦、芝加哥以及遥远的南非的同事们学会了这门技艺。

我们一直以来都将薄瓦拱顶的结构性能和施工体系作为工作重点，每一个项目保证在量值和性能上都达到绿色设计，并且使绿色设计与建筑设计融为一体，而非额外附加上去的。

< 2 历史回顾 >

回顾历史并不单为寻找灵感，更重要是学习过去各种伟大的建筑在结构、施工和设计中所蕴藏的宝贵知识。在建筑领域中，限制条件越多越容易催生好设计，我们的祖先就比我们今天在技术和材料方面面临多得多的限制。以剑桥大学的国王学院小教堂为例（图5），16世纪的工匠虽不能从理论层面理解建筑，但是其世代相传的传统技艺和经验知识即使在21世纪的今天也难以被超越。他们懂得起结构作用的扇形拱顶受力需要与几何形状相符，所以其外在形式与所需结构必须要完全统一。于是他们按照蛋壳的比例建造了拱形屋顶，而我们直到几百年后才开始从理论层面分析并理解了这种技术。

具有历史意义的结构工程都基于好的设计和对事物的深刻理解，而非机械的电子运算，这些高效和生动的结构形式直到今天仍被视为典范，瑞士工程师罗伯特·马亚尔（Robert Maillart）设计的位于瑞士的

9

10

11　Mapungubwe 国家公园解说中心外部（摄影：Peter Rich）
12　Mapungubwe 国家公园解说中心内部（摄影：Iwan Baan）
13　当地民众参与施工（摄影：James Bellamy）
14　训练当地砖瓦匠完成薄瓦屋顶建造（摄影：James Bellamy）
15　当地砖瓦匠完成的薄瓦屋瓦（摄影：Iwan Baan）

塞金纳特伯（Salginatobel）大桥就是其一（图 6）。我们的设计实践借鉴了许多马亚尔曾使用过的技术手法，尤其是结构受力的图形分析。

轻土设计的建筑作品力求最大程度地尊重世界各地的地理环境和人文特征；并且以史为鉴、古为今用，通过对历史和文化的解读，我们得到的结论是，朴实无华远远要比纷繁复杂困难得多，也有价值有意义得多。

< 3 实践案例 >

3.1 小桥（The Living Link）

如何防止木构步行桥不随时间推移而朽坏呢？我们在剑桥附近的牛谷区（Cow Hollow）建了一座小桥（图 7），通过增加强度并采取防腐措施而使其永葆青春。小桥的拱形基座和桥面结构都由从周围农场取得的灌木柳材料编织而成，并根植于沟渠的两岸。这座小桥是由笔者、史密斯和沃尔沃克事务所（Smith and Wallwork Engineers）和来自英国慈善机构林地信托（Woodland Trust）的帕特里克·佛莱明（Patrick Fleming）共同设计修建。使用编织柳条作为建造材料在剑桥周边区域具有悠久的历史，而 The Living Link 则是我们目前所知的第一座完好的柳木桥。设计灵感来源于印度东北部现存的小桥，而且我们从当地工匠那里学会了沿袭数千年的传统编织技艺。最近，小桥的建造现场附近还发掘出了铜器时代的柳条捕鱼装置。

我们实现可持续性的方法是很单纯的：就是仅使用建造基地的本土材料，让大自然成为建筑的基础和结构，使建筑永葆青春。小桥没有使用任何金属材料，唯一的外来材料就是光滑的桥面面板和用来绑扎扶手的天然麻绳（图 8）。所以整个结构的材料耗能为零，而且随时间推移甚至能够吸收一些 CO_2。这是一座小桥，对气候环境产生的影响微不足道，但我们想表达的是，即使是一点点关于传统和材料的思考，都会给未来带来启发，都具有深远的意义。

而更重要的是，灌木柳的材料条件直接影响了小桥的结构形态，而我们却并不认为这是一种局限，更多的是有机会利用严格的工程设计理论来最大限度地发掘材料的潜在性能。灌木柳由于强度低且易腐蚀，并不是典型的结构材料，但在与其他材料配合使用的理想情况下，强度已经足够了。正是柳木这种与生俱来的特点才指引我们去追寻一种持久性的设计。此外灌木柳还有惊人的再生能力，冬天种在地上的一根光秃秃的树枝，到了春天很可能就开始发芽变绿了。

跨越沟渠的拱形结构由直径 45mm 的柳条搭接而成，并且在平行与垂直岸边的两个方向同时弯曲；这个双曲率是我们从关于贝壳的经验中获得的，使桥体结构克服了细柳条自身的薄弱性而变得更加坚固。结构的每一端都伸入河岸 1m，保证柳条一旦生根发芽的话，使根系能够抓住足够多的土壤以支撑随柳条不断生长而增加的结构自重（图 9）。主支撑构件随后用细柳条像篮子一样编织固定起来，形成面层结构。最终完成的小桥上还架设了一条麻花辫式的扶手，由 3 根端头固定、中部缠结的柳条共同构成。随时间推移，新长出来的嫩芽新枝对扶手会产生增强加固的作用（图 10）。

3.2 南非 Mapungubwe 国家公园解说中心

位于南非 Limpopo 省的 Mapungubwe 国家公园解说中心（图 11，12）体现了我们在可持续性方面的思索，由笔者、Peter Rich 和 John Ochsendorf 共同设计。设计灵感源自许多文化线索，包括文达（Venda）文化的等边三角形平面组织、非洲南部文化中的石冢流线标示，以及附近大津巴布韦的石材砌体结构等。由于一些历史争议，这些线索一直是隐约含混的而且从未挑明，但却成为建筑设计的指导性原则。

Mapungubwe 国家公园位于遥远的南非北部，在博茨瓦纳和津巴布韦边境的 Shase 河与 Limpopo 河交汇处。这里位置偏远，生活贫瘠，被联合国教科文组织评为世界遗产文化景观。作为合约的一部分，如果使当地的无业民众参与到建设工作中，南非政府将为他们提供贫困救济金。正因如此，我们设计的项目不仅在施工中需要动用大量劳工，而且在将基地天然土转变为建筑材料的生产过程也使人们参与其中。这样我们雇用 20 多人花费两年时间生产出了施工所需的 30 万块瓦。由于瓦块均为当地居民手工压制而成，所以我们同时实现了可持续性中的“环境性”和“社区性”（图 13）。

建筑施工耗时 1 年多，仅拱形屋顶就花费了 8 个月。这段时间我们训练了 80 多位砖瓦匠学会了薄瓦屋顶的建造（图 14，15）；能够使当地人学会新技术，并为自己的工作成果感到自豪，的确是此项目最令人欣慰的成就。作为南非种族隔离制度的遗留问题，历史上没有黑人能够掌握任何工艺技巧，他们从没指望过能在工作中得到指教，从而使自己能力提高、技艺增强以及薪水上涨。然而薄瓦拱顶的建造绝对离不开好的约束力和判断力，所以我们必须教他们如何评判优劣，这是使其技艺愈来愈娴熟的重要前提。

16　START Festival 2010 庆典中的土馆
17　施工建造中的土馆
18　土馆内部

16

17

18

19　由废旧木材和当地泥土营造的办公空间（摄影：Tim Hall）
20　室内反光水池加强空间高度和照明强度感知（摄影：Tim Hall）

建筑在原始结构中使用当地土壤，同时采用当地的石头遮盖和保护拱形屋顶，并在一定程度上增加结构自重从而使其更加稳定。材料完全来自于现场，建筑也自然而然地与周围景观环境融为一体。在两个方向同时弯曲的拱形屋顶使结构完全受压且更加稳固，这意味着几何是结构的最佳诠释。由于我们使屋顶完全受剪，所以就省去了起抗弯作用的预应力钢筋材料。这种材料的节约不仅使经济造价节省，更对环境保护具有极其重要的意义。在建筑施工期间，南非的建筑施工业曾因FIFA世界杯体育场建设而一度兴盛，加之全球钢材需求过旺，导致钢价上涨超过200%。Mapungubwe解说中心则对这种外部影响完全免疫，因为项目的用钢量仅局限在支撑墙壁的预应力混凝土中。如果当时选择在拱形屋顶中使用钢材，疯涨的钢价可能早已将项目拖垮了。

3.3 土馆（The Earth Pavilion）

由于缺少预应力，意味着拱顶结构不适用于地震地区，以及飓风和龙卷风多发的建筑荷载严重不均匀区域。不幸的是，许多国家都受其一甚至两种灾害的同时困扰，所以我们必须进一步开发既不使用钢材又能抵抗急剧变化荷载的建筑技术。我们将目光转向了一种典型的道路施工材料“聚合物土工格栅”（polymergeogrid）上，并且经过试验证明这种材料的建筑性能十分出色，于是它立即被我们应用在“土馆”设计中（图16、17）。这座建筑是英国查尔斯王子殿下为提倡可持续性生活方式的START Festival 2010庆典而建，由Peter Rich、Tim Hall和笔者共同设计。方案沿用从Mapungubwe解说中心学到的基本建造原则和技巧，并与英国本土文化和我们新近掌握的经验和技术相互融合。

聚合物土工格栅的使用使得屋顶结构仅需两层即可，厚度仅为50mm，进一步节省了材料。土工格栅增加了结构的延展性和弯曲性，同时既不易受气候影响，更不会像预应力钢筋那样生锈变质。更值得一提的是，这种材料价格相对低廉，而且十分轻质，两个人就可抬一卷300m^{2}的土工格栅，而这对于钢筋来说是不可想象的。

我们从伦敦Barking的一处施工基地取得了建造所需的泥土，尽可能节约利用每一分资源。鉴于英国的砖石砌体建筑都十分精美，我们决定将建筑室内（图18）和室外表面都做得非同寻常，并请来了石瓦工匠Sarah Pennal一同合作，他就是5年前在Pines Calyx会议中心建造中获得薄瓦拱顶做法训练的工匠之一。我们还借助包括数控机床在内的更为尖端的建造工具来搭建建筑模板，这使大家兴致勃勃。

这个项目体现了我们在可持续方面的终极思考：渴求。如果没有人想要的话，这种节能、绿色、可持续和生态的建筑没有任何意义。我们的土质建筑来自于大地，回归于地球。然而某些尖刻的评论却将其视为人人摒弃的泥棚子，认为只有人类祖先在原始社会才会住在这种地方。所以，我们需要让人很渴求这种土质和环保的建筑，而这一点只有让他们觉得这是一种奢华且值得追求的事物时才会得以实现。这并不意味着这些房子需要有多昂贵或多难以企及，而只是很单纯地需要它很与众不同，值得我们为之庆幸。这就是我们一直所渴求的。

3.4 芝加哥室内设计

轻土设计最近的项目位于美国芝加哥，为客户进行一座写字楼建筑的室内设计。设计出发点十分简单：客户希望通过办公空间凸显他们思考和工作方式的与众不同。设计还是尽可能从自然中获取灵感。首先限定了材料色调，并主要采用木材、土质砌体和钢材。木材来源是对已被虫蛀的废旧材料进行再利用（这种废料当然也可用来烧火，但并不是对原木的最好利用），泥土取自于客户在几公里外的农场（图 19）

建筑在办公空间屋顶创建了一种土质的拱形屋顶景观，延伸至整个由虫蛀松木制作的地板和家具之上。所有材料都是光面的，一定程度加强了自然光照并减少了人工照明的需要，这种对空间高度和照明强度的感知进一步由一座反射水池所加强（图 20）。

为了使屋顶的 200 个结构单元都能够精确和集约地建造完成，我们不得不将以往项目的众多施工构件搜集起来，开发一种新的工作方式。我们成功地在数字化技术辅助下维持了较高的工艺程度。屋顶拱顶在计算机中设计出来并以 1:10 比例进行 3D 打印，随后又制作了 1:3 的石材模型。这个由 Sarah Pennal 制作的模型使建造过程更加明晰。通过这个模型我们对每片瓦和每条水泥嵌缝线进行 CAD 建模，然后发送给芝加哥工厂用数控机床进行木材切割加工。完成的木质模型被用作正形模具，随后用硅胶浇铸出各种各样的负形模具，每一种硅胶模具都对应于拱形屋顶的每一片瓦。在成组安装中我们发现瓦与瓦之间变化十分细微，再加上采用数字化方式对精细工艺成果的成批复制，使得起伏优美的拱顶既酷似手工制品，又借助制造技术优势大大提高了建造效率。

< 4 结语 >

将以上实例联系在一起，我们工作中贯穿始终的主线就是：对材料的高效和创新利用；对结构富有表情的表达；对古老建造技艺在 21 世纪的适应性回归。设计中我们看到了根植于好的建筑和工程设计中的可持续性方向一建筑中的人群有爱，建筑的寿命更长。我们最大的挑战，也是最彻底的目标，就是要把人当作建筑中的心脏，把建筑与人群的融合作为未来可持续发展的根本。

（译 _ 魏力恺）

20

建筑先锋

GREEN DESIGN
FOR THE FUTURE

绿见未来

GREEN DESIGN
FOR THE FUTURE

绿见未来

建筑先锋

GREEN DESIGN FOR THE FUTURE

郝琳博士

郝琳，生于长于北京。清华大学建筑学士、美国加州大学伯克利分校建筑学硕士、英国剑桥大学建筑学博士。担当 Oval Partnership 国际建筑都市设计事务所和 Integer 绿色智能设计事务所董事合伙人；社区支持机构“乡村营建社”RCDG 的创始人、主持建筑师。其建筑作品屡获国际殊荣，包括 RIBA 英国皇家建筑师协会国际建筑奖、WAN 世界建筑新闻网年度总冠军奖、三度 DFAA 亚洲最具影响力设计奖、两度 Perspective 亚洲透视设计大赏总冠军奖与可持续建筑奖、HKIA 香港建筑师协会作品奖、Bloomberg 彭博亚太设计奖、MIPIM 亚太都市更新奖、香港建筑师协会作品奖、香港回归纪念碑国际竞赛大奖等。郝琳任生态城市与绿色建筑杂志副主编、WA 世界建筑和 AJ 建筑学报等知名媒体的客座编辑。郝琳广泛受邀，为大学讲学并兼任客座评委，现为香港中文大学荣誉导师，亦任 WAN 国际建筑奖评委和众多国际会议的学术委员，中央政府颁发的中国儿童慈善奖获得者。郝琳主持的作品包括太古里成都、昆明隐舍、毕马威社区中心系列竹屋等项目。

CONTENTS
目录

我们的都市，我们的乡

IN BETWEEN

近些年，常常奔走于两头。

城市里那些庞大的都更计划，动辄就牵涉整个街区；在地域广阔的乡下，开花的反倒是些微型的乡建实验。不论规模，在两头工作久了，也就愈加思考如何通过自然和社会这样的基本层面，发掘城乡的美善，拓展城乡共生的可能性。对于城市更新再造、都市化整合、乡土保育、村镇营建这类的问题，两头可以产生何种良性的互动，如何围绕我们的整体生活而展开讨论，恐怕才是问题的关键。两者的契合点，是以永续发展为基础的社会创新和大众生活实践。

群落的都市建筑

对于拆解、分离建筑，并由此赋予公共性和开放性这一点，我有十分的兴趣。非外非内的空间，本就是依循着村落的概念，呈现了比建筑更为重要的建筑群系之间的环境。比之在一个盒子的框架里策划空间而面对的界限，群落的建筑更具越界和开放性，更利于规划公众空间，进而包容社会生活、公共艺术、社区营造、环境再生、风土地方。即使是纳入城里农墟、立体农庄、都市耕作这样的边缘概念，也决然不是乡思归农，或是简单的人与大地关系的讨论，而是人类最为重要的创举——都城，与人类最为基本的依存——农业，之间的关联。包容所生成的自然之美，以及积聚起来的社区公众意识，也许可以塑造未来之城。

于公共空间的意义上，群落的建筑中部分私属空间转化为公共空间，如此的转化也促进了私属空间的妥善经营。

在突破建制化的都市设计方面，好的设计是以直接面对城市和公众的形式做建筑，并将市井生活埋藏在街坊和建筑的空间里。比如成都大慈这样的都市计划就是将庞大的工程拆分成几十个量体，彼此貌似，但却定义着不同尺度和城市场景的组合。群落间的那些与都市环境和文化遗存密切结合的广场、快慢街巷、花园、店铺等一系列空间与其活动建立了一个欢愉、多元化的永续创意里坊。群落的建筑承载着小民生活、人文雅致和自然哲学，并将其升华为街巷的氛围。

社会创新的乡建

对于乡村的营建，我的关注在于如何通过公众的渠道和平台进行乡村资源的整合和创新。比如，四川磁峰的毕马威社区中心，就与“乡民之家”这类新的价值观有着密切的联系。我们结合社工、福利、创意、教育、环保营建等大众机制，开拓社区营造和孕育民生社群。之所以有这样的实践，是希望作为建筑师的思考，可以籍由并不大的“大设计”，改变人们对待事物的眼光和未来的思考。

面对永续发展这样的命题，目前类似对症下药般的环境建筑，给人以堆砌般的印象，所产生的效能也值得怀疑。什么可以更为清晰地将自然、个人和社会联络在一起呢？以社会创新作为建筑的认知是一篇大作业，这样的设计和社会生活互为表里，促进产业拓展、社会共融、工艺传承和资源善用。比如现代竹建筑，以平凡的材料出发，但却在根本上重新梳理资源深加工的问题和产业整合的思路。这样的作业，甚至可以拓展成全球性的行为。也因为可以连接基层劳动者和市场的关系，地方性的就业和技艺文化传承也可以得到提升。

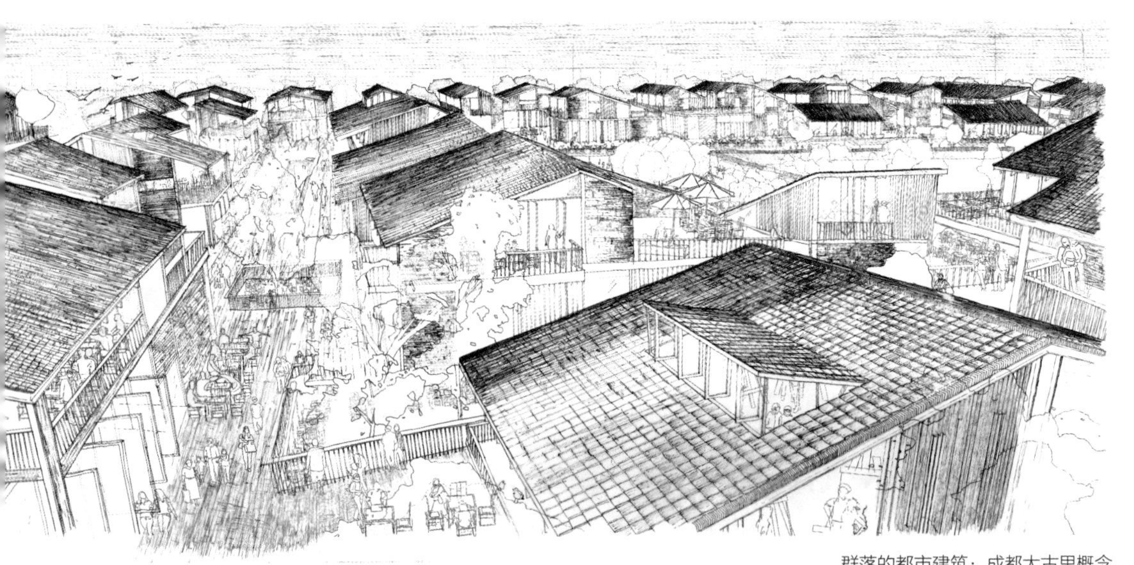

群落的都市建筑：成都太古里概念

乡村的发展，实际上是要融合“社会理想”和“产业经济”这两条腿，从而并驾延展更具环境想象力的大设计。环境的想象源于空间策略和环境计划的紧密整合，是永续创意的开始；环境的想象从个人的体验和生活方式开始，进而带动公众的共鸣和产业的创新；环境的想象推动更具社会意义的个体发展和社会融合。环境的想象鼓励个体发展，进而转化为社区营造性的社会创新运作方式。那些所谓的小农、泥瓦匠、木工、技工等职人，都可以在永续发展理念下巩固并拓展知识与技巧，重获对生活样式和生产方式的控制，加强自力更生的能力和信心。永续的准则和道德也可以逐步藉由个体创造和市场经济落实，个性和自我满足也成为创新的驱动力。

两头的文法

两头的文法，实际上都是在思考同一个关键的问题——设计如何引导物本世界到人本世界的转化。

看待变化和相应的策略，真正是要观察我们看待世界和自身的角度和方法有没有发生根本的变化。设计未来，实际上是世界观、社区观以及生活在城乡中的每一个人的价值问题。我们不仅要看到变化的趋势，更应思考变化的缘由，以及评估新的设计维度和设计力量在哪里的问题。今天，作为设计师的我们所作业和营造的城乡之未来，取决于我们在当下，如何将无数的广泛个体意识逐渐转变为多样化的公众认知和社群形象。设计师应该深具这样转化和汇聚公众智慧的正面能力，并以此不断地开拓新局。

设计长思

SUSTAINING A SUSTAINABLE DESIGN

“好的设计应当是可持续的”，这是一个最为基本的关于未来都市与建筑的命题。

今日全球和中国所处的环境、社会和民生正处于巨大的变化之中。以提升设计整合和设计力量重新思考都市拓展、新镇建设、乡野规划，关乎社会发展、生活福祉、环境保育、产业建构、资本运作、文化维度等一系列问题。

传统上，好建筑被维特鲁威定义为实用、坚固、美观，这样的标准是建筑最为基础的要义。对于今天的城市与建筑问题，涉及的复杂性与规模性，似乎已经瘫痪了有效的设计策略，也愈见拓展维特鲁威视角的意义。在中国，数以万计的村落快速消亡、几亿中国人口将面对城市化、区域文化被倒模式的都市发展和更新消湮。国际上，大概 55 亿的人口在 21 世纪中叶将生活在大都市中，每年产生 330 亿吨的垃圾……

谈及未来，看待变化和相应的策略，我们可以思考所谓“将来的过去”这样的概念，也就是未来的世界如何看待我们今日的设计与营建。今日的设计当然需要考虑明日的困局，无论是快速和大规模的城市化发展、城市人口的爆增、环境持续恶化、全球化、产业转变等问题都跟涉及绿色的生态环保措施，以及更为广阔的与永续发展相关的社会和经济议题。这个现在进行的“过去”需要整合未来的框架，建筑师不但应该担负建设城市的责任，更应该籍由空间的规划与塑造拓展社会领导力和变革的价值。

我猜想“将来的过去”看中“匠艺”（Mindcraft）的传承。匠艺与永续发展密切相关，源于在地的自然、历史和文化，具有释疑的力量、成就和认同感、创作与传承的愉悦，以及培育仁爱与自尊之心。新时代的每个人都是匠艺的工匠，从素材入手，掌握着知识、手艺和技巧，从而重获对生产方式的控制和价值态度取向，比如编织、建造、烹饪、园艺，乃至烘烤面包等等。匠艺拒绝短视而注重长效、注重多样性、尊重个体、倡导热情和参与。匠艺的设计在建筑上对各种原材料进行加工处理，平衡了自然、技艺与经济精俭上的合理性。

我猜想“将来的过去”看中“自然”的保育。与心艺密切关联的是自然。在英文中有“文化地景”的用语（Cultural Landscape）；在中文里，我们常说“风土”。特殊纬度、气候条件下的生活方式和都市建筑形式及设计细节之间相互作用。以守护地域风土的态度，受惠于自然的给予，表达对生态系的惜护之情，并借以自然展开创造力，我想才是重现自然伟大想象力的都市和建筑吧。将环保的“新”思和匠意渗透到未来城乡改造的运动中，在产业、就业、安居、

技艺传承以及风土景观维护等方面呈现深度的思考，我认为是对应未来的重大议题。自然不一定是表象的自然。从环境创建的角度看，都市设计的最重要的发展领域之一是企图加深了解自然、微气候与建成环境之间的密切关联。与被动设计密切关联的都市微气候研究需要纳入互动设计程序，确保通风环境、日照、采光、舒适度等因素与都市规划和建筑的形态密切关联。这是一个综合若干人与环境因素的问题，并非是单一的科学论证和碳排放的问题。若干研究表明，区域的物理形态越多样，我们越能得到令人愉悦和舒适的环境。也就是说，整齐划一的新市镇建设和缺乏空间多样性的速食面架构是错误的。我们可以作出这样的想象——未来时代的都市中无数微观的个体编织成生态的网络，大量种植不同类型的生物群落，如野生花草、树丛、水花园、生物沼池、甚至是种植当地水果和蔬菜，沿街种植树木和植被，提供多种类型和尺度的户外空间，共享的中央公园、空中走廊，半私密的绿色屋顶和庭院，以及相关联的假日市场、街区活动、商业创意，这不是一幅繁荣而环保的都市景观吗？花园城市和田园城市转变为城市花园和城市田园，这样逐步建立起来的社区使人感受自然，并重新创造自然景观散发的感觉和生活样式。

我猜想“将来的过去”看中“产业”的变革。要推行面向永续发展的变化绝非易事。永续都市与建筑挑战传统的规划建筑方法，采用创新设计和环保技艺，将产业的推动和生活方式关联在一起，通过对环境更为负责的方法设计产品和经营模式，建造提高永续性和能源资源效益的高素质主流营造，同时增强实用性、精俭、健康和舒适。实际上，注重心艺与自然的设计创新更是基于社会创新的后工业时代的产业革命。

我猜想“将来的过去”看中“人的生活”这回事。在未来的社会中，人的空间和社区会更有特别的价值。社区的设计与策划是从事意念加工的工作，其价值取向是以人为本的，希望回应变革社会中“谁是发展的主体？谁是发展的受益者？”这类根本问题。无论是哪个时代的设计，我认为，设计之道的永续目标是在于把庶民、人文风物和自然生态升华为“无心”的日常氛围。未来的设计应当为包容和集聚这样的共识和力量而持续地努力。

永续发展正在深入地引发低碳城乡和社会社区转型的广泛讨论。在全球范围里，日益加强的对资源效益提升、绿色创新策略以及促进众多参与者共同建设多元及低风险的都市开发与更新计划的压力，要求我们的设计致力于树立长远价值和独特目标、成就永续城乡改造和创新计划的新点子、有效方法和培育创新的机制与过程。

社会性住屋与永续设计

SOCIAL HOUSING AND SUSTAINABLE DESIGN

保障弱势群体，在目前的中国已经不应仅是温饱问题的解决。保障我国普通人民有一个安全、健康的居住环境是国民关怀与国家先进的体现。相比环境议题，我认为，在基层的居住环境中规模化地实现绿色规划、建筑和永续发展的意义更加体现在其可能达成的深刻社会和经济发展意涵上。如果没有国家、良心企业和细化政策的深度支持与介入，弱势群体的生活保证和绿色安居就是空谈。绿色社会性住屋的最大障碍就是企图完全由市场主导而引发的短期的、对最大利润的追求。毒奶粉和豆腐渣学校这样的情况之于社会性住屋是不可想象的，因为其对弱势群体的伤害最大。当然，就环境而言，生存尊严的问题，当然与生活在一个优质和安心的环境有关。虽然，因为生活方式的原因，我认为一个普通的社会性房屋年单位耗能量大概会比一个 LEED 铂金级的“绿色”豪宅的单位耗能低得多，但大规模的低收入住宅开发，仍可以形成可观的环境规模效应，并积极带动绿色产业的发展。更为重要的是，体现永续发展的真正意涵，让普罗大众对于环保有直接的认知和推动。

首先需要考虑城市设计与住区规划的层面。在大范围上，需要考虑都市土地供应的问题。社会性住屋需要纳入都市更新循环和城乡改造，通过国家干预提供优质土地，同时亦可以通过既有都市旧房改造（而非拆除）来解决低收入住房问题。绿色社会性住屋不一定是新建房屋。再者，需要考虑公共交通的便捷。便捷的公共交通可以大幅度地节能环保和提高土地效应、发展集约社区，并减少开支。在功能上，土地功能单一僵化的理解，住宅优先于一切的空间逻辑会阻碍多元化社区的发展。没有适宜的就业环境、老龄设施、教育机构、医疗体系、商业环境、优质的物业管理，那么保障社区就会发展成为悲剧，成为未来的贫民窟。基础设施的绿色规划比建筑更为重要。热电联产、集中供暖、地源利用、中水处理、湿地生态景观、可更新能源的利用、废物回收等绿色措施在技术上更适应于在大规模的社会性住屋计划中实施。在建筑上，没有什么措施比因地制宜的被动设计更为可靠有效。考虑阳光、通风、遮阳、绿化以及人性化的公共空间有利于开源节流，实现长远的利益。因此，与被动设计密切关联的微气候研究需要纳入互动设计程序，确保通风环境、日照、采光、保温隔热等因素与小区规划建筑的形态密切关联。当下，含能设计（Embodied Energy）和运营能耗（Operational Energy）的概念已经转变了传统的成本核算模式。另外，被动式的设计特别需要思考建筑“分层”的概念（附属环境、结构、围护、设备、隔断、面层和填充构件）、以及允许每一“层”的发展其环保功用，并符合建筑最佳的生命周期和成本概念。

中国社会性住屋计划的发展，不是一个单纯开发和市场的问题。政府必须承担与肩负推行公营房屋发展计划的任务，这与以前的公营住房计划截然不同。这种在自由经济中的公营角色，正如香港房屋委员会（房委会）在过去 50 多年的角色一样。抑或是以政

府领导，更多地考虑非盈利机构和社区组织的参与。

因为涉及更为敏感的居住问题（低收入群体对于生活开支会更为敏感，社会性住屋涉及的群体需求也极其多样化），因此公共咨询和参与计划需要更为周详。透明的规划和设计审批程序，以及意见反馈制度，可以切实落实符合居者需求的实而不华的产品。绿色社会性住屋需要成功制订能够达致共同目标的规划和设计大纲。

让低收入户为绿色措施买单，不论是从思想认识上还是经济上考虑都不尽合理。国家需要充分利用税收与补贴杠杆策略保障开发中的税务减免和经济津贴补偿，比如减免开发环保居屋的税收，提供可更新能源的经济补贴等。

此外，应对我国保障住房，应当依照示范工程，量身发展性能化的具有环保和经济针对性的各类社会性住屋绿建标准，而不应完全照搬诸如LEED等美欧系评估体系。标准需要更为细化，并适当对应构造、材料、设备手则，已落实确保成本、性能和质量控制。标准的执行也需要考虑执行强度。

香港政府因为长期致力于低造价居屋的规划与设计，因此积累了丰富的经验。笔者曾经就环保居屋的问题专门请教过前香港房屋署冯宜萱副署长。时至今日，香港约有三成家庭居于政府房委会辖下约70万个公共租住房屋单位，这些单位分布于高楼林立而人口稠密的都市居住环境。冯署长认为，多年来，政府为达到建屋目标，采用各种不同方法以规模化生产方式建屋，从早期的大厦标准化，演变至预制和机械化建造技术，后来更演进为大厦设计因地制宜的单位组合化。这些最新发展有助提供优质房屋给予租户，并改善环境，同时又保留以低成本大批建屋的裨益。

公共租住房屋单位的建筑成本，与类别相若的私人楼宇工程相比，大约低36%。建筑成本较低，是因为规模经济、采用机械化建筑方法、优化的结构设计，以及采用平实、恰当、简单的装饰和装置规格所致。

商品私楼的小户型和社会性住屋的小户型是两个截然不同的概念。对于城市收入较高的家庭，90m^{2}也许会嫌小。大户型是豪宅范畴的基本概念，即使是小户型，亦会走精品路线，因此造价势必昂贵。可是一处环境优雅、阳光明媚、配套齐全的30m^{2}居室对于寡居老人、单亲家庭、或是青年民工夫妇来说，已是人生奢求。对应不同的需求，社会性住屋应当考虑人均面积的集约以及更高的使用效率。都市便利区开发保障性小户型将会是未来发展集约与多元永续都市和城市化进程的必然，但开发配套与管理需要与其定位密切配合。

西方的低收入住居计划措施与中国的问题很不一样，主要是发展水平、社会福利制度、土地规模、人口规模、工业化程度的差异。西方国家的低收入住宅有的比我们的中产小区都好。但国外的低收入住区的资金来源更为多元丰富——开发商、非赢利机构，福利组织的关系，租赁者和社区组织的关系也更为密

切。在中国，因为NGO等组织的问题，较难多渠道地多元化投资。另外，定向化的税务制度和经济刺激方案也需要与保障体系挂钩。此外，社会性住屋的开发可以更为创意。在国外，有的低收入社区通过改造集装箱来提供既环保又舒适的住所。比如在英国伦敦三浮标码头（Trinity Buoy Wharf）就发展了饶有趣味的港口集装箱城（Container City）。

在香港，房委会锐意营建环保公屋，优秀的案例包括秀茂坪南村。秀茂坪南村历史久远，其新建5栋建筑物提供超过4000个单位。项目一开始的设计已着重永续发展及节约能源，项目规划及建筑物细节均针对该区设计。风斗为较不通风的建筑物引进自然风，设计新颖。绿化设计亦非常出色，包括保留现有树木，及多达43%的绿化比例。这个项目鼓励预算及设计均有限制的公屋，推行更多绿化及永续发展设计，具有示范作用。

在牛头角下村重建计划第2及第3期中，项目于预算及设计上均有多种限制，主要着重社区参与。项目于整个村的通风设计上经过细心考虑，以特别设计将自然风引入空气流通较差的地方。

另外房委会亦在积极进行碳排放估算，如果公屋项目碳排放超标，会研究从结构材料和公共设备入手减碳，例如采用节能灯管减少电量消耗。新近，房委会已决定将矿渣微粉混凝土应用于日后的建筑项目，并在石硖尾村高层公屋的预制外墙组件试点。

作为发展机构，港府房委会的资金有限，虽然在若干新城规划方面的问题尚需检讨，但其仍然能够供应充足的公营房屋，以履行港府的承诺，而且为住户打造优质、绿化和健康的居住环境，以及提供令住户生活舒适的屋宇装备。为此，港府在建造公营房屋方面与符合条件的业务伙伴合作，以求达致高度的安全和质量标准。房委会在公营房屋发展项目采用大批个性化制造模式，在切实可行的情况下，把造价维持于规模化水平，以满足社会大众和房委会本身的需要。

国家需要考虑低收入居住议题中更为支柱性的政治与制度问题。社会性住屋的绿建问题不是深层矛盾，政府主导的社会公义住房制度才是本质问题。规划与住房政策失当，不但造成了经济结构失衡的地产城乡，同时亦带来了类似香港天水围和屯门这样的缺乏区域经济发展的围笼封闭式的悲情城市。

在技术上，预制和标准化设计建造是通过规模化生产方式提高质量和生产力至关重要的一环，其结果是提高包括环保在内的诸多建筑性能的提升。数十年前，中国曾经采用类似技术解决迫切的住宅问题，但当前的预制和标准化技术更日趋成熟，结构组件和建筑组件，立体浴室与厨房的应用有利于减少维护保养费用、提高质量和节能减废。

目前，我们必须在各个地区通过缜密的示范工程来研究造价和绿色性能的达成，以关注成本趋势和减少可能发生的风险溢价。

要推行社会性住屋屋的改革并非易事。我国房地产及建造业极为复杂的，有很多不同的参与者及其传统运作模式。要落实改革，我们必须让多方面的参与者共同建设一个多元及低风险的保障计划。

高端住屋与永续设计

LIFESTYLE LIVING AND SUSTAINABLE DESIGN

引领性的高端住屋反映了一种独特先进的生活样式和氛围营造，并拥有诗意的栖居感，绝非华丽和大宅而已。高端的住屋往往占有稀缺的资源，比如城市中的好地段，或是某处绝佳的风景。所以如何珍惜、善用并提升这样的资源，融合都市与风景，引导设计的可能和想象，才是高端住屋的起点。

可持续性知易行难。以 LEED 认证高端住宅，就好比是汽车工业中需要欧三欧四的标准，又好比是旅游业中的酒店餐厅需要星级评估——规范化、标准化、性能化总是好事。当前国内的地产绿色认证的初衷还主要是地产市场因素使然。高端住房是市场问题，低端住房更是社会问题。我看重并追寻的最可持续性的设计，是一种将探索的球投得更远的工作态度，而不是非要达到特定度量或性能指标。当然，我们尽可能应用低能耗物料，而且使建筑的日常维护尽可能地节约能源。

不论如何，以高端住房引领绿色变革会确是行之有效的推动。因为在一个发展中国家，普罗百姓总会着眼于那些社会中上层的趋势。不是吗？在村子里，人们总是盯着大户人家而希望也有那样的生活和住屋。绿色的高端住房应当引导什么方向是关键问题。

国内的高端住房的绿色发展有迹可循，已经逐渐走出了背离因地制宜的误区。从类似恒温恒湿这样的高保温高舒适度的北欧技术模式，发展到更为注重社区整体环境的被动设计优先的住房，再到强化社区绿色基础设施和集中化管理的低碳住房，这些轨迹也在跟随先进国家的永续住区趋势发展，而更加注重低碳社区的居住和社区内涵。

相对于绿色技术的环节和细节，理想的高端住房是人、营造、科技、生态是密不可分的整体。它的开发需要做出化零为整的努力，推动以人为本的价值观，展示家居新形态，提高市场及公众的认知和期望。

高尚的住房与高端的住房、豪宅有很大的差异。目前世界上的所谓高端住房和大部分的豪宅与绿色并无特别关联。在这个意义上，我更希望我国逐步走上高尚社区的方向。西方有高尚社区的潜在定义。我的经验是，高尚社区与社区认同感、基础设施、文教设施和居民的整体素质有关联。近些年，高尚社区已经逐步将低碳生态生活视为重要因素。比如闻名的英国威尔士的马汉莱斯（Machynlleth）生活社区就是理想的慢活环保住区的体现。

一个低碳低能耗的社区，如果切实的话，其意涵并非 LEED 可以涵盖，比如环境政策、维护品质的技术和设施、社区的影响力、开放性等等。

我的观点是，依照 LEED 采用某些环保措施，仅仅是绿色高端住房“环境正确”（Environmentally Correct）的起步。我们无法量化在 LEED 背后隐藏的巨大的经济关联，就好比当前有的说法是，气候变化也是一个经济殖民的大阴谋。对此，我不予置评。无论如何，有些真正的绿色社区和绿色建筑往往很难通过标准化的绿色评估。很显然，充分利用被动设计整合自然资源而较少利用主动设备的朴实环保建筑往往在评估时处于尴尬的地位。另者，在微小的局部以装备特种部队的方式赢得环评奖项，进而放大宣传到

整个项目的伎俩也屡见不鲜。如此，就是环境不正确，投机取巧，或是“看上去很绿”。

目前，中国的高端住房最为需要的是营造一种永续的生活样式（Lifestyle），并具有居住的幸福感。能呈现反映出当代最先进的Lifestyle，所表现出来的建筑才够高端社区的资格；绝对不是华丽和大宅而已。与自然融合的环境、充足的阳光空气、健康舒适的物料、智能化、安全管理、以及体贴的生活方式经营都是理想住房最基本的素材。

高端住房概念如欲突破，需要首先反思传统的规划建筑方法，而采用绿色创意和环保技艺，结合生态技术和智能化，建造提高永续性和能源资源效益的高素质主流商品房屋，同时增强生活体验、健康和舒适度。高端住房需要更加注重创意永续的设计美学。这样的话，需要更高程度的规划与设计整合，特别是绿色生活方式的设计、管理和引导。

很显然，绿色的特质和性能，相对于地段等因素，目前并不能直接转化为地产的价值，而更多的认证则基于市场品牌和企业价值考虑。因此，往往是大型的开发商更会主动地接纳绿色环保性能的融入，藉此可寻求市场定位差异；也较能承受绿色技术带来的溢价而长远收益；满足企业自身发展的硬件和软件需要。

长远地看，住屋的开发是终究应当是一个产品，所以应当具有产品的特性。比如，像汽车、冰箱一样发展性能评估、相关的性能保障和保险体系、售后服务（比如房屋组件的更替维修等）等。只有这样，我们才可以发展更为严谨的高品质住屋体系，更为牢靠、美观和实用。

生活方式与产业存在巨大的结合点。在研讨住区与环保建设的关系时，就一定有必要建立生活方式与环保建筑产业的关联。永续的取向是产业政策鼓励发展低碳减废的生产模式，例如，利用回收材料生产建材或是预制高质量和性能的构件，开辟环保新材料和工法建造现代竹屋。同时，这样的应用产品因其性能、价值和设计在日常生活中广泛应用而减少环境负荷，并在使用中让人们体会到环境品质的提升和整体生活样式出新。在这样的情况下，产业和生活方式互动，目标是一致的。所以，对永续生活方式的有效推动，核心力量是“创意体系”。

很多的时候，我们常常疑惑为何住屋的设计者和建造者没有将我们心中的健康、舒适、便捷、美丽的住屋推广到广大消费群中。这是一个有趣的现象，它表明一个完美整合的环保绿色家居所产生的魅力会引起共鸣，并且得到的结果是使人们对住屋品质的期望得以提升，而最终会持续成为维持资产价值的支柱因素。住屋不仅是一片屋顶下的几间起居和窗外的几片绿地，而且是一种可以推进改善生活品质的工具。这才是永续发展的真正意义。

快城慢活的永续都市

SUSTAINABLE URBANISM

我国最近十年来尤为提倡生态低碳城市和绿色建筑，给人的印象是颇具国际前瞻。笔者有机会参与了政府、企业和民间的若干规模不同的永续发展计划，普遍的问题和感受是——绿色的议题如何避免成为表象，如何完整有效地融入现有的都市乡镇发展与远景，如何反思自然保育、人口、就业、教育、交通、产业、环保、文化资产、食物供给、社会福利等各方面的政策与措施，并落实长远计划。

对于大多数的都市和乡村，但凡是经济发展起来的、有大规模建设的地区，环境与文化资产的破坏便不胜枚举。即使在高度发达成熟的都市中，如何永续地进行都市发展也未有共识。最近在香港，热热闹闹地持续讨论西九龙文化艺术区的规划远景以及细节。这样集成化、中央化的开发是个振兴的老把式。但我想，文化设施何不更融入基层的社区发展和社区的公共生活？都市的发展应当深植于民间与社区的力量和那些微观的世界，那些寻求纪念性或是明显秩序的狂飙都市计划，照简·雅各布斯（Jane Jacobs）评判的那样，是错的离谱。

“快城慢活”是未来都市模式

城市必须不断完善和提高城市的机能效率。北美提高效率的方法是高度、汽车和快餐。快餐改变了我们的营养结构与生活方式，都市思维也跟着变成了方便面式的快餐模式。“食快餐”谈不上料理和心艺，快速并短视地解决问题，千篇一律且营养不良。我们的城市发展大多是速食面的模式——一刀切的规划，一边倒的思维，一瞬间的拆除，一小群人的意识，一二十年的生命，有指标，也不乏硬件。但永续城市则不同，它的现代效能在于公共交通规划、能源技术、公众设施和大众服务。在大量应用可更新能源供给的都市中，有同地铁等密集型公共交通密切相连的多元大众设施，如图书馆、网咖、零售、市场、公众单车服务、迷你巴士、贯穿的自动扶梯、技能学校、家政服务等，皆具效能延展和便利。同时，永续都市重视生活方式与价值，重视遗存、文化与传统工艺，活化潜在的本地经济产业模式，实践简雅的生活。

所以城市需要“快”，但“快城”与“慢活”连起来才是永续都市的一个整体特征。城市的慢活理念有其渊源。典范案例是起源于欧洲意大利的慢城运动（Cittaslow）。1999 年，意大利基安蒂格雷沃（Greve in Chianti）小镇的镇长提倡城市发展应该基于提高生活素质。这概念以人为本，慢城运动提倡通过缓慢与宁静的生活，让城市拥抱缓慢的季节转变，健康的生活方式，富有当地特色的产品与食物，丰富迷人的传统手工艺、农墟、社戏，地道的小食餐厅、商铺和咖啡厅。充满地方价值的小广场与大自然景观，同长久以来自发流传下来的宗教礼仪及传统成为慢城

运动的核心内价值涵。这概念后来传到其他地方并被采用，包括澳洲、美洲、欧洲与亚洲等 24 个国家与 147 个地方。参与慢城运动的地方政府需要按照一系列的城市发展指标作自我评估，并达到 50% 城市发展指标为准。

多元化环保社区是慢活的基础

社区是都市的基本单元和社会创新的基础。以前我们学习苏联，大城市要有工业、有无产阶级，所以那些年代的社区有强烈的集体化功用特征。当前的社区建设从以前共产主义的集体社区模式到一窝蜂地追求看齐欧美文化生活样式，都市品质缺乏包容和开放、缺乏精致和耐人寻味。社区是独特历史成就的生活文化，有独特个性而不同于他地。好比家庭，每个家庭都有其个性、历史和渊源，因此不能用同一个尺度去衡量每一个生活空间。好的社区营造不但具有优良的设施以支持机能品质，如基础设施、绿化等，更主要的是社区的多样性、创造性、开放包容和具有场所感，包括老弱妇孺每个人的归属。社区是老人问题、幼儿问题、阶层融合、福利问题、社区管理问题的基层解决和社会参与单位。除了社会性的问题，我们的社区建筑环境如何健康节能环保，又如何提高生活品质，因地制宜地节能？在技术上，巧妙地利用自然的风、雨、阳光和地景资源，就是最佳的答案。

“生活绿产业”是都市发展基因

小范围的统计表明，城市化的进程目前带来了两个现象：生活奢侈了，每个人或家庭的能耗多了；工业上的能效却提高了。这些现象集中反映了生活方式和生产方式的变化左右着环境永续发展的走向，也进一步通过这样的生活与生产的关联表明了永续目标在大规模层面实现的交点途径与整合策略。

如此通过生活与产业的互动推动美好生活质素的现象，我称之为“生活绿产业”。

当一个国家的文化和政治经济结构发生变化的时候，“生活绿产业”的发展是解决问题的答案之一。永续发展的低能低碳社区、建筑设计和产业创新是将创意产业与社会和环境转型、经济发展提高都市核心竞争力联结起来的重要一环。威尔士替代技术研发中心（Centre of Alternative Technology，CAT）模式是一个有趣的例子。该机构是位于英国威尔士的国际著名绿色生态中心与组织，致力于以领导方式提供气候变化和问题的解决方式，中心在其所在城镇甚至是英国创意体系里的角色备受关注。

威尔士替代技术研发中心的总部与访客中心设有最大型的永续再生能源系统，包括太阳能发电板、生物质热电联产系统、生物净水系统与风力发电系统等。其中两组风力发电系统由当地社区共同拥有，不但为社区提供电力服务，还可以提高社区对再生能源使用与永续发展的认识。他们也举办各种学校活动与体验营，让小朋友与家庭能够亲身经历绿色生活的好处，推动下一代对永续生活方式的认识与坚持。

同时，该中心也提供专业顾问服务，为当地居民与企业提供一系列环保节能减排建议，例如环保污水处理与园林管理、环境卫生与再生能源管理等，鼓

励居民与企业节能减排，推动绿色生活。而中心的实验室不断研究开发永续低碳的建筑模式与技术，供本地企业与建筑业参考使用，鼓励当地建筑业采用永续发展的建筑技术建造房屋。威尔士替代技术研发中心开办各种专业许可的永续建筑、永续能源使用与环境管理等研究生课程，短期在职培训课程能让本身从事传统工业的雇员转型从事低碳工业，例如，再生能源开发及低碳建造技术，为当地的再生能源工业培训专业人才。威尔士替代技术研发中心目前是UNESCO生态圈计划（Biosphere）的一部分，所在区域因为该中心的辐射，整个威尔士的戴菲谷（Dyfi Valley）与马汉莱斯的工业、生活方式和旅游业正日趋面向保育与永续发展共进的模式。

永续都市的美善

对城市的称许，因人而异。好的城市首先应当具备完善的基础设施和基本的生存保障条件，比如完善的交通网络、给排水、卫生、低污染、能源供给、绿化、防灾害、安全、健康食物供给等，而绝不应当总是出现暴雨洪泽、长期污染、交通堵塞、有毒食品泛滥这类的问题。

好城市的价值绝不单纯地存在于基础设施这样的硬件上，更非体现在都市建筑光鲜亮丽、造型奇异这个更为无关的层次上。

好的城市首先是文明、民主和大众的都市。很难想象市民不能为自己城市的发展而发声并参与其中。在好的城市中，人民安居乐业、劳有所得、自尊自豪；社会尊老携幼、谦恭礼让、通晓礼仪廉耻；文化多样繁荣、历史遗产得以善护、资源得以保育；公共生活和社会空间加以鼓舞、多样性加以维持、在地的生活方式得以传承。

对于今天的都市再造与社区营造的观察和质询，恐怕迫切需要回应的是有关规模的问题。21世纪亚洲的大规模人口变迁和空前的城市化进程已经瘫痪了既有的都市策略，这一股新的力量改变了千年来城市的建构演变。当前和未来的都市要解决的根本问题就是认识到未来社会经济与人口模式可能发生的不同变化，理解自然环境在变迁中的角色，来突破制式化的规划模式，解答环境、社会发展和生活价值的本质问题。社会与自然的关系应更具前瞻意义，应是内置于设计中的有关未来存在的深层问题。这样的存在要以自然为核心，建立起环境想象、社会生活、文化自尊之间更为深层的新秩序。

其实，好的城市一隅，屡见不鲜。北京后海、东京中目黑、台北青田、香港老湾仔、伦敦高云花园、纽约格林威治村，都是新与旧的相得益彰。这些一隅们，饱含着品质都市的信念，聚集着创意的力量，老而弥坚。

快城慢活，在提升都市效率的同时，关怀社区和网络的品质和创新。这样的永续社会发展，高效却有富美的生活，而不是非达到一个特定度量或性能指标。在历往的好的计划中，我们看到了根植于集约都市模式、好的工程设计、文化遗产保护、自然保育、开放街区、人文建筑的价值。快城慢活最大的挑战，也是最彻底的目标，就是要把街头巷尾的人们当作发展中的心脏，把设施与人群的融合作为未来永续发展的根本。

内在的自然

INTRINSIC NATURE

好的设计，无论大小，大致都与“越界”有关。在永续建筑这方面，我是希望模糊和突破都市、建筑、景观三者的界线，藉由彼此的关联创造出新的自然体验。理想的话，我们会很高兴地说，我的家庭生活在一个优雅的院子里，我的社区像一个公园，我生长的城市仿佛田园。历史上无数伟大的城市归根结底都是从这些微型的生活场所延展出去的一层层的风景——到巷道，到广场，到村庄和田野。我在北京内城长大，印象里的旧北京是一个经久的、结合所有优秀因素的设计，散发着气质的魅力，由智慧与文明以及耐心琢磨的匠心而完成的空间和都市景观体验。即便在杂乱无章的当下，譬如一头走出后海的小巷，银锭西望，这个伟大都市残存的空间片段，固然与童年大不同，但不由地还是会发自心底地折服。你仍然可以阅读出自然的丰饶、一个都市对普通人的包容与大度、文化观瞻、以及那些毫不夸张甚至是极为谦逊的建筑群体的协调表达。

有趣的是，以这样的都市体验和历史上那些深邃的观察作为基点为我国未来城乡发展寻求永续发展的有效答案之时，现时的深刻意义犹在。在这样的人文与自然论述的视野中，虽然各有重心，但都值得重提，包括简·雅各布斯（Jane Jacobs）多元性的都市和街区建构，威廉·怀特（William Whyte）的小都市空间的社会生活，埃比尼泽·霍华德（Ebenezer Howard）的花园城市，凯文·林奇（Kevin Lynch）指出的城市意象认知空间的清晰结构，以及麦克哈格（McHarg）的生态景观思维。对于今天的都市更新与社区营造的观察和质询，恐怕迫切需要回应的问题更是这些论著延长线上的有关社会和自然的关系这回事。这样的关系应更具前瞻意义，也并非是简单化的物质或是空间关系，而应是内置于设计中的有关未来存在的深层问题。这样的存在是以自然为核心，建立起环境想象、社会生活、文化自尊之间更为深层的新秩序，我称之为“内在的自然”。

关于这样的论述，不妨用“树”来稍作解释。“树”是我在设计中常常引申的素材。我们喜爱“树”，并不仅仅因为她的表象与象征意义，而是这样的存在回答了什么是我们所需要的真正环境的问题。“树”是一个变化的形态，夏天浓密而遮荫，冬天疏落而加强日照；“树”总是惹人愉悦，常常自然地演变成为社会性的包容聚集空间。比如在中国的南方文化里，“榕树头”就有公众空间的意涵。这是一种融合社会生活样式的营造并兼行环保之效的思维，她启示着人与建筑景观有形和感官的互动，以及已

建环境主导微观气候结果的观点。都市建筑如同“树”一样，如若健康地成长，需要很好地掌握与方位有关的日光几何学、季风以及地形水文的重要性。“树一样地存在着”的都市与建筑引发更为深层的感染力与微妙想象，表达着环境应有的样子。这样的状态也回应了自然与人的生活之间一层薄薄的交界应当是什么样子的问题。

内在自然的要素之一是材料与工艺性。作为建筑最基本元素的材料及其加工建造手艺反映着建筑、自然和居者的深层关联。在地的材料通过创新的处理工艺而更为耐用美观，亦保持着文化与风土的内涵。在这个资源日益匮乏和前所未有的时代变革中，自然中的材料是否可以为未来的生存提供全新的答案？譬如，“竹林深处到底有些什么”这样的思考是面对于那些取之不尽、用之不绝的竹资源而展开的。深加工的环保竹材也许可以广泛地应用在数以亿计的城乡住居建造上，拓展自然、房屋构建技术与规范、美学和文化的视野。内在自然，所焕发出来的是对人与自然都温柔的心艺工程。

从更大的尺度上，内在的自然是研究和落实空间策略与环境策略可以明显互惠的平衡点。多数的时候，我的态度是希望以乡野和田园规划的视点取代既定的城市规划原则。如何以自身较小范围的散落的自然环境为原点，以类似农牧渔林的自然方式汇集生活设施、营造社区、保育本地风土水文，进而联络成更大规模的绿色网络。环保不就是欣然接受自然的给予，进而以小心翼翼的方式建成环境来保护自然吗？这样关注微观场域，进而拓展成网络的方法不同于常规都市计划的方法。在这样的方向下，类似生态村落模式的社区形态，郊野公园模式的景观生态复建，乡村般的节水、节能、减废和环保的营造应运而生。

对于永续发展而言，未来收益的价值并不单纯地存在于自然或是建筑物的表象本身，它同时也是环境与居住者互动的一种效果。所以，如果仍然把设计视为社会进步的组成部分，那么我们就有必要围绕新的自然观和因此可能产生的生活方式和产业变革而展开讨论。虽然永续发展最终牵涉到根本的政治决策和道德转化，而累积起来的效应却是从无数的关于自然观念的微妙变化开始的。永续建筑要解决的根本问题就是认识到未来社会经济模式可能发生的不同变化，理解自然在变革中的角色，以及成熟的自由美学和科学技术对于自然认知和经验的互动，进而通过非线性的方式来组织建筑的不同角色，来解答环境、社会发展和生活价值的本质问题。

永续设计的美

THE ART OF SUSTAINABLE DESIGN

历史中的历史

从 1987 年到现在，永续的官方提法大约也有 26 年的光景了，几近而立，永续设计已是异彩纷呈，思维活跃，表达丰富，成果相当令人欣慰。在都市与建筑界，永续也引发了深入的探讨，逐渐成为设计整合的因素和探索更多可能性的途径。永续建筑运动算是方兴未艾，但如果说价值观的改变对于大多数人已经相当迫切了，或是已经形成了广泛的社会基本，恐怕还远未如此。我的观察是，转变的真正困难，更在于“推陈”，而非“出新”。

永续建筑比传统建筑的设计运作复杂得多。不仅是各个地方有其风土、文化、社会和经济上的差异，而且设计过程需要更为科学的策划，并树立环境伦理和美学的目标。加之涉及诸多交叉学科的融入，又牵扯到多重部门协调和评估，使得建筑师通常专长的功用、空间与美学创作融入了更多的挑战。时至今日，传统建筑学的观念和方法仍然存在着巨大的惯性。对应快速变化的亚洲环境与社会，有必要调整以往建筑的设计策略，把握永续设计的美学质量、智慧和实用性。这样的讨论，对于建筑学的关键贡献尤其在于理解建物与环境关系的历史演化规律、地方适应性之条件和创造性的依据，从形式设计的各个层次上整体准确地表现出永续的理念，把设计的复杂性透视成有意义的形式美学深度。

然而，建筑对于自然环境的意义及其历史沿革，却鲜见于建筑史之讨论。

就建筑而言，其永续性能大致与两个营造因素有关：一，建造本身。作为一个围合空间的实体，建物耗费资源和能源建造；二，建筑的服务系统。它们平衡建筑负荷、满足使用功效。工业革命之前，在机械式环境调控系统尚未发明之时，建筑的基本问题包括如何有效地对自然气候做出反应并提供基本的舒适。特别是在外界环境与居者舒适度范畴存在较大差异的地区，譬如，寒冷地带、热带雨林、沙漠地区等，适应与调控环境是在地建筑格局的主要成因之一。在这一时期，建筑环境控制技术整体性地与建筑本身结合在一起，通过布局、形态、物料等建筑自身形式要素，形成了独特的地域景观。宗教、礼仪等文化社会因素亦不断融合于环境景观，表现为“传统风土格局”。譬如传统的茅草屋顶就甚是有学问。台湾自然志作家刘克襄在“家山”中描述过北台湾草厝的用草——“多用干旱荒地或河床砂地较易生长的白茅。一般清热饮用的茅根水，就是这种野草之根熬煮。白茅枯干后，质地比诸他种仍较为柔软、细密，多能维持三四年。铺盖的好，雨水很难渗透……”，现在的乡建“多用芒草和稻草杆，草率编织修葺，容易败坏”。文中亦感慨，草厝的修缮技艺费时耗工，传统技艺和风土恐怕无以为续。

工业革命的生产方式和规模改变了建筑的格局。新型的建筑材料、结构、建造方式与大型工厂、火车站等新型建筑类型互动，形成了所谓的“工业格局”。制造业工作环境的要求、庞大的空间、逐渐变轻的结构类型，都要求建筑环境调控变得更为精密、易于控制和有效率。通风、供暖、降温、湿度调节、人工采光等一系列问题，伴随着科学的进展相应地得以研发和应用。由于十九世纪中央供暖、通风的发展，使建

筑逐渐突破了工业革命以前单一的被动环境调控模式，建筑不断地从自然条件的束缚中解脱出来。像1851年的伦敦水晶宫一样，先前厚重的建筑围护开始变得轻盈剔透。然而由于人工采光技术的滞后（白炽灯发热过多、且电费高昂），机械制冷、湿度控制刚处于萌芽状态，所以在这一时期，建筑的形制尚多数包容在被动式的范畴内，譬如平面进深较浅等。与此同时，虽然工程师们想象力和创造力惊人，建筑师手下的美学表现除了部分工业建筑外大多依然没有摆脱传统古典的风格。

进入到二十世纪早期，随着工业革命的进一步深化，框架体系的成熟、建筑的经济性与效率的提高、商业对通透性的要求等因素都推动着建筑的外围护结构从传统厚重的古典型制中进一步解放出来。框架体系加上自由的平立面使这一时期的建筑变得轻盈和通透，典型的譬如包豪斯校舍、柯布的系列白宅等。薄如蝉翼的建筑表皮已无法单独地应用被动方式来应对外界环境，通过围护结构大量的得热、失热、噪音等问题使得独立的主动式室内环境调控系统必须与这样的建筑形态相配合。1929年柯布设计了巴黎的救世军部（Cité de Refuge），其构想是建造封闭的双层玻璃墙，内部环境完全依靠空调系统通风、供热。柯布的理想是在建筑的室内创造出始终如一的环境，他说："每个国家都针对它的气候建造房屋，在这一国际科学技术广泛普及的时刻，我计划了所有国家通用的房子，即可以准确无误呼吸的房子。"显然，国际化放之四海而皆准的均质模式是柯布的理想，它的实现与风土无关。最终由于经济和技术因素，封闭玻璃幕墙和计划的双层窗变成了单层，冷风也无法提供。房间几乎成了温室，于是窗户被迫打开了，并加建了遮阳板（Brise soleil）。这一段建筑史上的小插曲颇为有趣，也预示了现代主义建筑之于环境上的问题和局限。上述这一时期，以建筑之明确的现代主义化倾向和主动式室内环境调控系统的尝试为特点，形成了所谓的"早期现代格局"。

较为成熟的空调系统的应用是从1920年代末期开始的，里程碑作品包括1928年德州的米莱姆（Milam）大厦。二十世纪中期，建筑环境控制技术高度发展，玻璃幕墙技术日渐发达，并成为了集团资本的象征。此时的建筑之于环境大多处于一个二分的状态。国际式的经典建筑（如西格拉姆大厦、利华大厦）成为范例——一个封闭的表壳（多为轻质通透的玻璃幕墙），一套高性能的服务系统，恒定的室内环境。如此，综合的建筑与环境设计方法被依赖大量能源驱动的人工服务系统所取代（如暖通空调、人工采光）。建筑围护结构的环境调控功能的角色逐渐转移到机械性服务设备上来，建筑的环境功能已经被局限在机械的室内环境调节的范围内，并且倾向于只针对于外部环境负面的影响。这就是所谓"国际式格局"，它一直沿续到今日，特别是在因循美国模式的发展中国家，此种格局依然大行其道，并成为了城乡发展和财富的象征。

虽然国际式至今仍然很有市场，但它的泛滥也为后现代的论述提供了背景。后现代的多元化主张强调历史与文脉，亦包括因地制宜的思想，加之乡土设计的历史积累和香火延续，使批判的地域主义借对国

际式之反动成为了较强的意识和行动，形成了“后现代格局”之中的地域性营造。此类设计大多遗传自地方传统的住居智慧，有着敏感的场所反应，高度的自然环境意识，在地景、空间布局（特别是内外交流）、建材、工艺构法等方面皆有理性和具有文化深度的考虑；他们不排斥现代建筑的手法、技艺，但并不苟同于其均质的理念。伦理性、有机性、自然性、美学性、现代性所形成的风土全一化建筑是这一类营造的基本特点。然而，尽管为今日建筑学之转化提供了广阔的背景，此种理论和实践相对于自 1970 年代全球范围内呈现出的能源与环境议题，特别是稍后孕育和发展起来的永续发展议题的范畴，显然缺乏全球性的考量。

1970 年代之后，以西方石油危机为契机，国际式均质化的、人与自然二分式的都市与建筑模式日益遭到质疑。原因是均质化的都市观和国际式建筑大量消耗能源和资源，并破坏环境；适应性舒适的提出，也表明了单一的稳态环境对人的负面影响，建筑应当提供给人们环境的多样性变化；与自然生态环境有密切牵连的文化景观特质因国际化而丧失，地方营造传统因国际化而没落。

环境的问题带来了对传统建筑学和都市设计的反思，建筑的广义环境功能逐渐融入了建筑学旧有的框架。在空间上，由于环境系统的多级化特征和其中各级存在的相关性，致使作为建成环境中最基本单元的建筑必须逐层关注其自身以外的更大范围空间领域的环境问题，譬如社区、住居环境、区域、全球，等等。建筑形式的设计要求涉及更高级别的环境问题的解决，并认识到环境系统各层次之间的相关性并采取相应的设计策略。设计过程中所需具备的永续的视野正在控制和改变着建筑产出的形式、空间、功能，更重要的是，也在改变着它的资源和环境物质的交换。譬如，基于有选择性的环境设计过程可以使建筑有效地成为环境供求的过滤器和调节器，进而减少建筑对机械性环境控制系统的依赖，降低对环境的负面影响。在时间上，建筑设计所关注的范畴延展至更长期的效益，至少包含建筑全生命周期的综合环境、社会、经济效益，甚至应涉及进一步的物质循环周期。

从发达国家以往的经验看，从宏观层面市场引导的完善、新规章标准的制定、对开发的客观评价与监控，到微观层面上的学科改造与职业培训，范例的研发与推广，都有助于产生有效的变革。其中主要是政府机构配合学术机构与业界共同建立以广泛、深入的市场调查为基础，综合国情与国际趋势，以整体性永续为依据制定营造基准点和目标，进而进行政策、技术以及资金上的扶植与引导。在国际范围内，由于政府和民间的推动，永续建筑经历了 1980、1990 年代的实验期后，涌现了相当多的更为成熟的项目，像纽约的高线公园（High Line Park），英国威尔士的替代技术研发中心、印尼巴厘岛的绿色学校（Green School）、新加坡的滨海湾花园。从深度和广度上看，这些作品大幅度地突破了传统建筑实践所涉及的范畴，而系统地关心社区、社会创新、都市更新及环境议程，并同时显示出了成功的区域价值效益和美学深度。

现今，低碳时代恰与经济危机的频繁出现相交叠，这也提示着未来社会经济模式的发展。联合国环

境规划署2008年10月发表的“绿色新政”（“GREEN NEW DEAL”）主要建议投资5个范畴：清洁能源与技术、适用于农村的生物质能项目、永续农业（包括有机耕种）、生态友善的基础建设（包括城市设计、运输系统与建筑）和改善环境素质特别是保护森林资源。这与中国刺激内需投资的主旨有一致性。在金融动荡中，全球格局发生重大变化，政府的角色通过国家干预已经愈发重要，自由经济备受质疑。当全球经济转向低碳模式、高效率和注重环保安全的当代，国家和企业有必要检讨风险管理和永续发展的运行模式，并创造“绿领”就业、投资机遇、经济增长点。我们有理由相信产业和企业在获得正确信息的情况下会采用较为永续的那种选择。那么，通过现有建筑产业发生的数以万计相对较小的投资，全国整体的永续性情况就可能有显著提高。

永续中的美

以上是一个简要的建筑美学形式与环境调控互动的历史。明显地，建筑之环境功能提供了其美学表现的背景基础。从历史上各种“格局”的演变透视了其间建筑整体性环境性能设计的偏离和校正。在综合的全球能源与环境危机的背景的推动下，新的设计目标、指标及建筑技术的拓展为建筑学提供了更多的可能性。当代永续建筑的范例表明，营造已越发地和环境服务系统融合在一起，立足于高度的环境资源质量和敏感性，生活质量的提高，以共同增强建筑的永续性能。

永续建筑的美学思考与实践必须趋向于整体性的思考。重点问题是，如何促进永续性与建筑美学的互动，特别是永续性如何通过建筑形体、工艺、物料等元素真实表现的问题。永续建筑的美学是科学的美学，强调尊重环境与自然是美的源泉之一，亦是建筑的表达方式。

永续建筑是被作为系统来设计的，并更多地被理解成为能流的载体与调节器，这就意味着对基于永续的建筑，生态、节能、减废、健康等基本目标的实现应当对建筑的内在与外显的品质起决定性作用。从城市规划设计到景观环境设计，再到建筑设计及各个细节，这种由设计实体形成的“层”的概念定义着其永续性能与美学深度。所以破建筑美学的“格”重点在于有效地选择各层系统中的构成要素，使之可以成为优化永续性能的过滤器，修正以往盲目而主观的美学手法。譬如以夏季的被动式环境调节（降温）为例，其诸多策略可以有效地通过建筑手段减少夏季冷负荷，提高适应性舒适与健康，降低建筑造价等等。其实现的具体手段是相当广泛的，从基于当地气候分析的微气候调节，到细微的遮阳角度，几乎都与形式问题有关，涉及庭园形态、建筑几何形态、开窗方式、表皮构造工法、剖面空间组织等等。各因素的美学形式逻辑是建立在多元性与关联性的基础上的。所谓多元性，是指某一形式手法兼顾多重功效；所谓关联性，是指各形式手法之间相互作用、补充、协调，以达到整体性能的提高。

先以景园为例，种植得体，可以夏季遮阳，适当的水体可以调节微气候，达到被动降温之目的。然而，不止如此，面向永续的景园更应揭示的是深层生

态美，其设计手段强调多元化土地利用，考虑水资源保护（保水、渗水），以“亲生命性（Biophilia）设计”和“朴门农艺（Permaculture）”主导，综合园艺学、植物学、自然历史、环境伦理学以及地方主义的各项认知，达到生态环境的多样性，促进生态网络系统完善，促进景园经济化，田园化，力求美观、经济和实用，对原有地区自然生态环境的恢复，以形成动植物赖以生存的环境。至于关联性，比如生态园可以与建筑覆土种植相关联，芦苇生态池可以与建筑雨水收集系统相关联，种植类型和数量可以和建筑排放的CO_2量相关联，等等。此种永续性能与美学之交融，反应出了建筑美的道理。

再以表皮为例。表皮兼有多种功能，如结构、围护、美学，更是建筑呼吸的肺和新陈代谢的皮肤。自工业革命以来，从温室般的铁与玻璃组合，到柯布的轻型围护，再到国际式的玻璃幕墙，以至后来的后现代之拼图，建筑表皮很难与肺和皮肤之环境功用挂钩。自然环境系统与建成环境系统之间动态的物质交流没有得到应有的重视，表皮处理更是演化成了单向内在哲学/美学思辨下的包装或是时装表演，图像、现象、幻像取代了建筑的本质，表皮真是沦为了这个消费世界、信息化世界的舞台背景，一种表现主义的游戏。在永续的建筑中，建筑的内外物质渗透与交流增加了表皮的复杂性，各元素的组合、选型决定着室内的能源负荷、健康与舒适，也决定着表皮结构自身的能源与资源负荷。像早期研究的被动式特朗伯墙、水墙等设计，是为了有效地利用太阳能；近年来研究和应用的透明保温隔热墙（Transparent Insulation Wall, TIW），供气窗（Air Flow Windows），双层玻璃幕墙（Double Façade Curtain Wall），喷水幕墙，也都展示了其优越的环境性能和美学创造性。即使是稻草、夯土这样的传统建筑材料也科学地加以再利用。总的来讲，从永续的角度，当前的表皮处理有两个趋势：一，以被动的方式将表皮处理成气候调节器，主要手段包括遮阳、高性能的墙/窗体（如光/热/电铬玻璃）、改善采光的设施、自然通风与墙体的结合、植被与围护结构的结合等等；二，将建筑的主动式设备与表皮融合，典型的方式有：将太阳能板等设施与墙/窗体结合，智能控制的遮阳与光线调节设施等。无论是设计主动式或是被动式的表皮，我们所面临的基本问题依然是牢固、色彩、质感、经济、构造这些我们每日面对的要素，区别就在于它们是否被融入到更高级别的系统循环中去思考，以支持永续思维，把建筑的艺术建构在人类的福祉和自然的长远利益之上。

以上只是单方面地举了两个例子，其他诸如形体、空间布局、室内设计等与美学相关的问题也需融入整体思维，彼此之间进行渗透与参照。观察近些年的永续建筑作品，从美学角度大致可分为三类，第一种是形式上乏味可陈。此类建筑多是以工程技术的尝试和性能表现为主导，技术与美学的互动层次较低。第二种是返璞归真式的自然乡土美学。建筑师多为自然伦理、生态主义者，扮演现代社会流行政治文化的反叛角色。他们的美学倾向甚至有偏执的色彩。诚如哈西姆·萨凯斯（Hashim Sarkis）所指出的，他们的这种伦理道德作为信仰体系指导

着其每一个设计行为，住者的生活方式和设计决策……，把生态议程赋予了特殊的美学，经常是工业革命前或乡土的风格。其中的一些建筑师甚至把此种美学形式看作是达到生态目标的一种必须方式。第三种是反映当代环境与自然技艺的美学倾向，形象清新，造型美善，所应用的永续技术策略被积极地表现出来，却不陷入唯技术论，如伦佐·皮亚诺（Ranzo Piano）的栖包屋文化中心（Tjibaou Culture Center）。当然，永续性的许多特征并非是外显的，比如保温的设计，选用低过程能耗的建材产品等，但这并非是导致永续建筑平庸的基本原因。如果我们对比一下欧洲（特别是英国、德国、北欧）国家与美国的永续建筑，前者给人在美学上的影响显然是更为深刻，甚至是震撼的。原因除了气候不同、工会制度的推动、建筑的所有与使用模式、工程师的参与角色、工业传统等因素，更主要在于在欧洲永续设计被认为是卓越的设计，是高品质与高性能的建筑，它与人们未来的新生活工作状态相关，与新的建筑科技应用和推广相关，与建筑师的声望相关，是社会先进的尝试。

总结下来，永续设计的美是以建筑环境调控系统的历史演变的选择。永续设计的美是对传统建筑美学的破格，是环境议程之下理解人、自然和科学的实用美。永续设计的美是高尚的美，这样的美提升公众意识、激发社会关注和想象。

从现实而言，永续设计仍是一个先进超前的概念，对它也存在着各种偏见和错误认识，但在实践中至少可以从检讨和避免“不永续”的灰色营造开始，譬如检讨大面积的玻璃幕墙和均质的空间形式。这样有利于在基层中培养出一种抵抗力，产生社会共识，一同积累一个较为广义多样的、面向未来的永续营造的美学经验。

“竹”以为续

SO BAMBOO

竹，是上天赐予，而我们却浪费了的题材。所以，竹林的深处到底有些什么呢？这是我和一众伙伴一直追寻的问题。

对于中国的设计和建造业来说，竹大概代表着一个更为完整的环保概念吧。竹包含了东方因素、因地制宜、本土制造、不尽不竭、创意艺术、产业整合、生态环保、绿色人居等一系列深层的价值取向。我们之所以怀着浓厚的兴趣研究、设计和建设的昆明竹屋、四川毕马威社区中心、浙江安吉的竹创中心等一系列竹建筑，主要就是要探寻这样的问题——隐藏在竹子内部的潜力到底可以多大限度地促进城乡建设的永续发展？如何借此提升本土的创意环保产业呢？在都市与乡村，以各项性能都甚为卓越的复合竹为素材，建设美感、纯朴、健康、安全、环保，并且是可以自我动手创建的竹屋，这样的以永续创意为核心的探索可以形成更为意喻深刻的营造吗？

昆明的竹屋

180m^2 的昆明竹屋，从里到外都是实验性的竹建造。设计建造团队着重研究和设计的是比沉重的混凝土结构更能有效抗震的框架建筑结构原型、一套运用竹材料的高保温隔热的空心墙复合板遮雨系统，以及各类创意性的竹制家饰。日本阪神地震后，被考察的普通住宅中，钢筋水泥式住宅的受灾程度远远超过了框架 2×4 住宅，因而地震后出现了住宅开发商积极投入框架住宅的现象。昆明理工大学的科研人员对竹结构样品进行了可能的破坏实验，如拉伸、压缩、扭曲等。工程师准确计算出房子的结构构件大小，并

竹屋外观

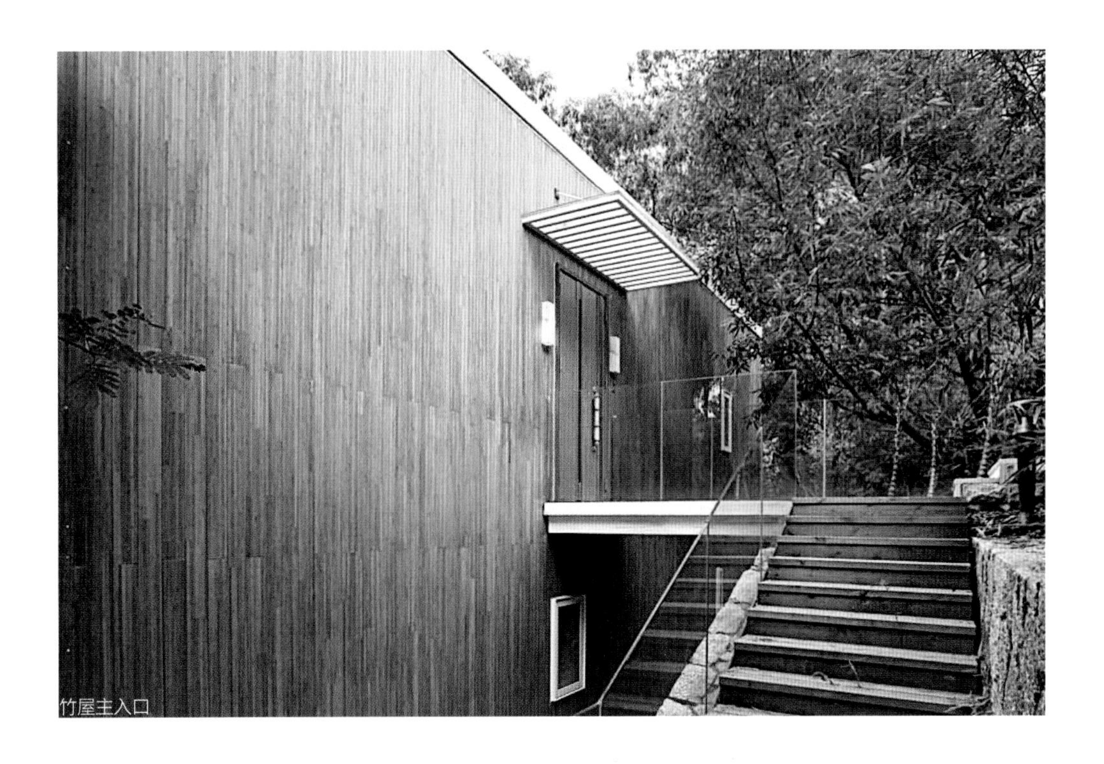
竹屋主入口

依据北美木制房屋设计规范设计了连接件。因为这样的系统灵活可变，竹材料的利用效益高，并且不需要重型和昂贵的施工设备，所以可以由居民自行组装建造完成，也可以发展成各类的空间演变组合。因为内外几乎都是竹材的物料，我感到竣工后最具魅力的一点就是满屋的竹香。

在南方，竹材可能是对生态环境最有利的建筑材料。3 年即可生长成材，并在生命周期里吸收 CO_2。材料的最终强度取决于竹子的品种和加工工艺。因此，测试不同种类的竹材和不同的加工工艺十分必要。其研究成果将推动竹制结构材料规范的制订。为了编制竹建筑的设计规范，一种策略是从参考现行的木材应用规范开始，然后将它调整到适合竹子的独特属性；另一种策略是从头开始为竹子设计一种新的规范。从技术上讲，目前国内研发的以竹纤维碎片为材料粘合压缩的重组竹材在结构和各类自然条件下的各类指标远选于木材，其高强度使之足以应用在恶劣条件下的风力发电叶片上。

但是，如若大量推广竹建筑，尚需国家规范的背书和样板测试，也需要环保创意产业的整合，以及通过工业化的批量生产而降低实际应用中的造价。无论如何，这样的工作大概是原研哉所谓的“小处着手，大处着眼”的方法吧——虽然是小小的住宅，但最终目的却是为了在中国城乡改造的地景中，开发经济、环保、健康安全，并且是具有丰富生活质感与美感的环境。

竹屋外观一角

竹屋施工结构

四川的竹屋

因为同中国儿童少年基金会（China Children and Teenagers'Fund ，CCTF）和毕马威一道在四川参与震后重建，所以有机会在昆明竹屋的基础上，以乡村社区中心的项目开发较适合公共用途的大跨度竹框架结构建筑。大跨度的竹集成材公共建筑物的开发具有特别的意义，比如以竹集成材料建造体育馆、学校等，有助于直接的培育大众的创新环保意识。

四川地区素来就有竹建造的传统，融于自然，具有原生态的美。但是以传统竹竿建造建筑的缺陷在于，原竹材料未经前期可靠的处理且使用随意，缺乏精度、气密性、防火防腐、隔热保温功能，使用年限也受到限制。毕马威社区中心项目是现代成材素材的梁柱体系框架，竹梁柱结构采用榫卯形式提升建筑的抗震性能。最大跨度是12m长弧形主梁。4 ~ 5年生的四川竹材经过砍伐（避开封山育林期）、制坯、蒸煮脱糖、碳化处理、干燥、修片、热（冷）压拼接、指接拼板、二次热（冷）压拼接、四面刨光、防火、防潮处理后作为公共建筑的现代竹结构空间用材。主要结构材的加工作业在四川的乡镇企业完成。

中心的建筑结构体系暴露。结构的位置、结构形式、构件造型和连接方式等一目了然。我们称之为开放的建筑。这样的开放性营造也是中国传统建筑的特色之一。增强竹结构的透明度，除了具有表现力外，更重要的意义是在灾区和城镇中对抗“豆腐渣”工程和明晰建筑质量与安全，亦同时利于对竹结构体系的通风与防潮和日常的检查与维护。

竹屋施工结构

室内竹家具

室内竹家具

室内竹家具

安吉竹屋鸟瞰

教室

景观效果

安吉的竹屋

安吉竹建造目前的发展是正在执行的安吉竹培训与研发中心，这是一项更具雄心的计划。中心的业主是中国儿童少年基金会和安吉县报福镇政府，选址的山岳间，层层的毛竹林蔚为壮观。项目是在中英政府生态城市合作的框架下，发展以竹建造为核心的生态设计与营建标准，并整合社区发展、培育永续创新、转移低碳建造的技能与知识。

安吉竹培训与研发中心的一个主要目的，就是研讨竹子如何与绿色生活模式、社会福利、产业创新、自然保育等价值发展密切的关联。虽然是以慈善事业的方式运营，但同时需要考虑和建立起来的是可以长久发展的商业机制。开放式的生态社区营造能让更多的团体和人士参与。政府、企业、村民、设计师、工匠、艺术家、知识份子和民工，通过设计、建造、培训、管理、农耕、展示、推广等环节，共同施以所长。借此，自然保育、乡村经济、社会包容、在地工艺价值、个体信念能够透过彼此共同确立起来。中心试图创造社会良性运转的机制，不单是儿童妇女和青年可以在这里得到培训和照顾，更是尝试创建永续的新型非营利生态中心，使当地的村民长久收益。

我给安吉的竹中心起名叫 ABC，是英文 Anji Bamboo Centre 的 3 个首字母，很容易记。我想表达的是，我们开始于ABC，一个最为简单基础的起点，人人都可以得到信心。也许这就是社会创新的根本吧。

建筑生命的开始

NURTURING THE ARCHITECTURE

毕马威安康社区中心

与孩童一道成长的风景线

在过去的 3 年里，我一直持续地观察四川乡下的毕马威安康社区中心。因为是自己亲自主持设计并参与建造的缘故，所以一直关注“建筑如何成长”这样的问题。这样的思考性注视与探寻，源于我一直相信，建筑生命真正的诞生，是在实际生活中开始的。也直到近期，我才深深地体会到，这栋建筑真正的魅力在于“与孩童一道成长”这样日常生活中最纯粹的价值和由此形成的风景线。

较之于建筑落成初期崭新和空荡荡的样子，现在的中心生机勃勃，俨然成了村里最大的一个家。青年义工通过爱心捐献逐步建起了图书室、砌筑了运动设施、建成了苗圃。在归去的时光里，他们认真地惜护着这座竹子和秸秆造的建筑，进行定期的维护。乡里的小学生经常在放学后和周末到中心运动、玩耍和阅读；周围的村民们每晚来中心跳舞；早晨 6 点半左右，乡民们会准时到中心来做晨练和打太极。时逢暑假，中心又在举办夏令营和兴趣班。现在，建筑地盘和义工资源都显得有些不够用了。幸运的是，设计中不断想象和期盼着的场景逐步变成了现实。乡民使用空间的方式也颇具创意，比如孩子们会在这里围炉吃麻辣锅，大人们会在同样的空间里打麻将、摆龙门阵，都是很具四川式的一番景象和热闹。看到中心的成长和成熟，孩童们因此得到的不一样的见识，确实令我们这样深深参与其中人们由衷地感到欣慰和鼓舞。

为孩童服务的大众之家

汶川大地震后的 2008 年底，中国儿童少年基金会（简称“儿基会”）在震后做出种种努力，以改善在灾难中受伤、失去父母的儿童少年的生存条件。毕马威中国（KPMG China）作为儿基会的合作伙伴一

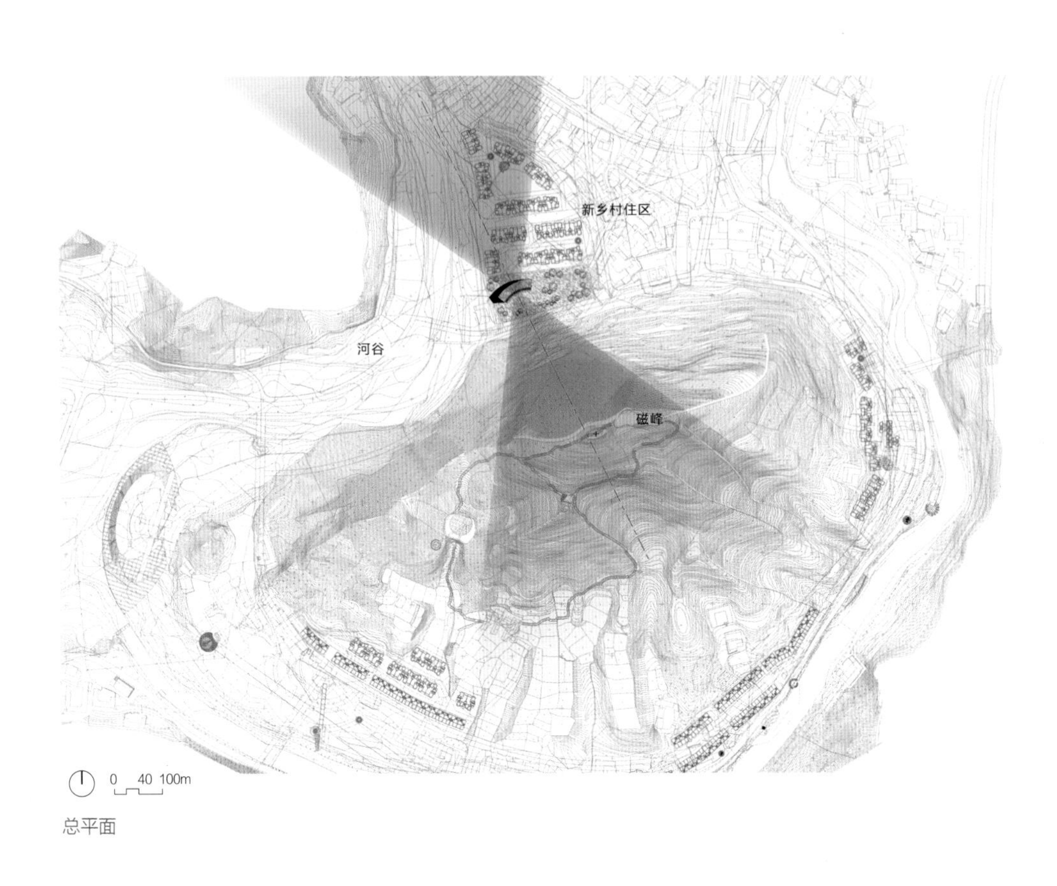
新乡村住区
河谷
磁峰
0 40 100m
总平面

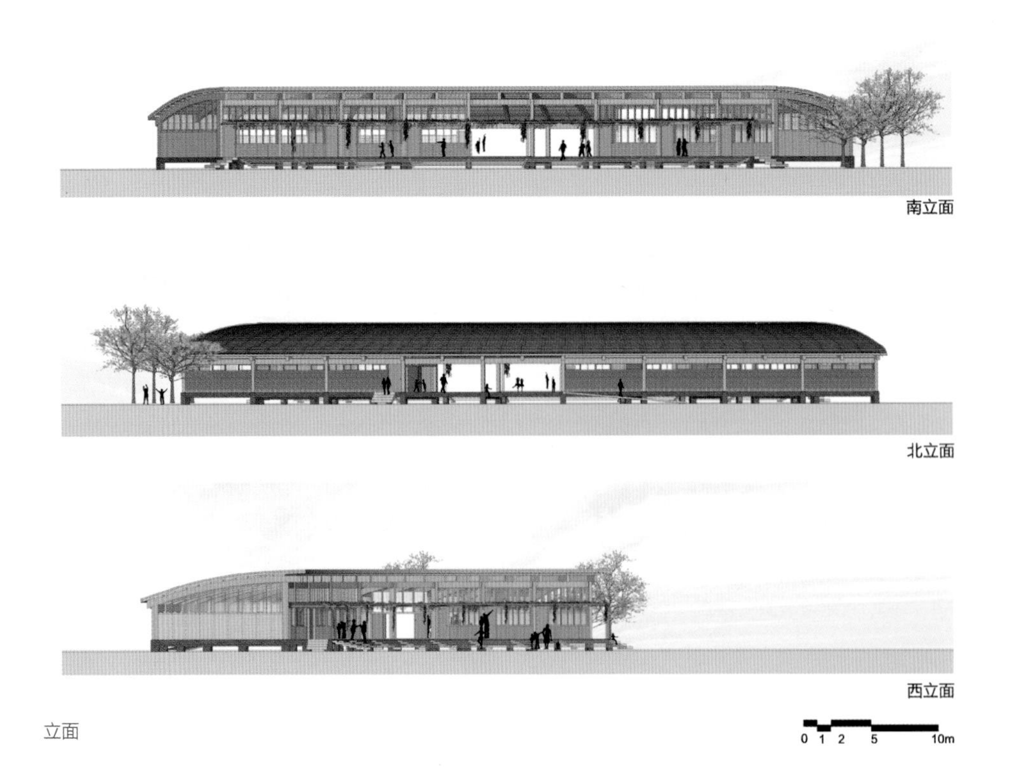
南立面
北立面
西立面
0 1 2 5 10m
立面

毕马威中心前院

毕马威中心课堂

毕马威社区中心公共前廊

毕马威社区中心全景

半月形的平面和拱起的屋顶

直以来致力于公益事业，在5.12大地震后与儿基会取得联系，希望能够为受灾儿童少年创造一方能使他们暂时忘记可怕的灾难，更加健康、快乐成长的乐土。儿基会遂建议毕马威在灾区建立社区活动中心，以使他们的爱心惠及更多的灾民。儿基会和捐助方毕马威对以绿色乡村建设为视点，规划设计震后社区中心的概念兴趣浓厚，并十分支持。最终的项目落地选择了四川彭州磁峰镇。

这样的永续乡建课题，尤以更为自然的建筑作为社区中心这个新的作业模式而言，在最初提案的时候对毕马威和儿基会确实颇具挑战。虽然两家都是享誉全球的国际大型机构，但在过往慈善事业中却鲜有可持续乡村的营造经验。我想，在这样的困难下建设乡村社区建筑，如果不能培育和搭建多方支持和公共参与的爱心平台，恐怕会困难重重。对于建筑师来说，这也是意义深刻的挑战。在深重灾难后的中国农村，在这样的慈善平台上，以完全无偿的方式，将国际团队的视点融合在中国一处普通的村庄内一栋用于孩童活动的小房子上，本身就意味着我们不能以“上位者”的姿态和方法设计建造。

项目的策划是与儿基会和毕马威共同开展的，功能上包含一个室外活动场和永久性活动中心，总建筑面积约为450m^2，可以同时容纳150人。设计团队需要针对灾区孩子、失去孩子的母亲的心理状态以及当地的文化背景进行针对性设计。业主提出了中心的外型活泼、生动，温暖人心的要求，社区活动中心

毕马威中心公共前廊模型

毕马威中心公共前廊模型细节

竹结构完工现场

主梁和柱的对接结构

中心半开放空间

中心前廊夜景

将成为当地儿童、少年课后活动场所，同时也将为社区居民提供社区活动场地，例如讲座、心理辅导、职业培训等。儿基会将本中心作为该机构在当地的培训中心和项目实施的示范基地，其影响不仅惠及当地群众，还可以辐射到周边甚至全国其他地区。

儿童眼中不一样的家乡建筑

传统的中国乡村并没有社区中心这一类的建筑。我希望，这座社区中心可以诠释偏远和穷困地区的风土人情，汇集人群，并成为孩子们寻求祝福与温馨、心灵慰籍、集体记忆、启蒙教育和安康合乐之所在。有了这样的想法之后，我和儿基会、毕马威的同仁们开展了系列的乡村工作坊，具体地确定场地、需求、合作建设团队模式。在这一过程中，我们了解到乡民们经历过的深重灾难和震后的心理创伤，因此各方都期望建筑可以体现温馨的感觉。故而，营造一个村民

安全应急培训教室

为村民提供活动的半开放空间

竹结构构件组装现场

竹结构施工现场

中心广场中的神石土地庙

共同的家成为了社区中心的基本构思。我们特意在中心同时融合青少年和成人的活动，安排教学、娱乐、医疗等多元内容，定期也有义工参与活动。我们也配合儿基会建设了先进的儿基会乡村安全应急体验教室中心，培训灾难急救的知识技巧。

在规划伊始，我考虑的是“同理心空间”这一概念，也就是如何从孩子们的角度考虑这个建筑的使用和生长。我希望孩子们眼中的社区中心是具有乡村美感和优雅的建筑。深长的挑檐、坡屋顶、小灰瓦、类似木结构的竹结构、竹外墙板都是地方元素的微妙体现。建筑的构件，清晰的结构美，竹子、秸秆的纹理带给人们的天然素材感，都是乡村的美感意识。我认为，采用地方的风土设计和创意材料设计，并尽量融入在地人民的参与，才可能建造出真正属于地方的建筑。

这个项目在主梁和柱的对接上采用了榫接的形式，同时因为半月形的平面和拱起的屋顶形式，所以有利于抗震。大跨度的竹集成材公共建筑物的开发具有特别的意义，比如以竹集成材料建造体育馆、学校等，有助于直接的培育大众的创新环保意识，并开发以这类公建为核心的更为安全的灾难庇护中心。

从环境的角度而言，中心应当是一个健康舒适的人本建筑。从建筑设计角度出发考量了特殊纬度、气候条件下的生活方式、建筑形态以及物料细节构造之间的相互关系，以传递更为微妙的地方传统。在乡野中建造简约、纯朴、拥有自然素材的建筑，本身就表达着风土的精神和更为深邃的物念。设计在形态上强调被动式的生态环境调节系统，光线充足、空气流通。在物料上应用预制的产自在地乡镇企业和永续林区的复合竹结构、竹外围护板和内外竹地板、零污染的农业秸秆材保温墙体等。

在公共空间方面，规划了中心广场、屋前走廊、通透的客厅这样一系列的公共空间；也将儿童少年的活动区域和成人的区域通过中间开放式的中庭加以划分，其实意味着一种潜在的融合。这样的空间具有弹性，可以让村民和管理者在日后充分发挥，也可以逐步体现集体空间的真实性。

项目开幕的时候，满山遍野的都是村民。虽然

培训室北窗和太阳光管自然采光

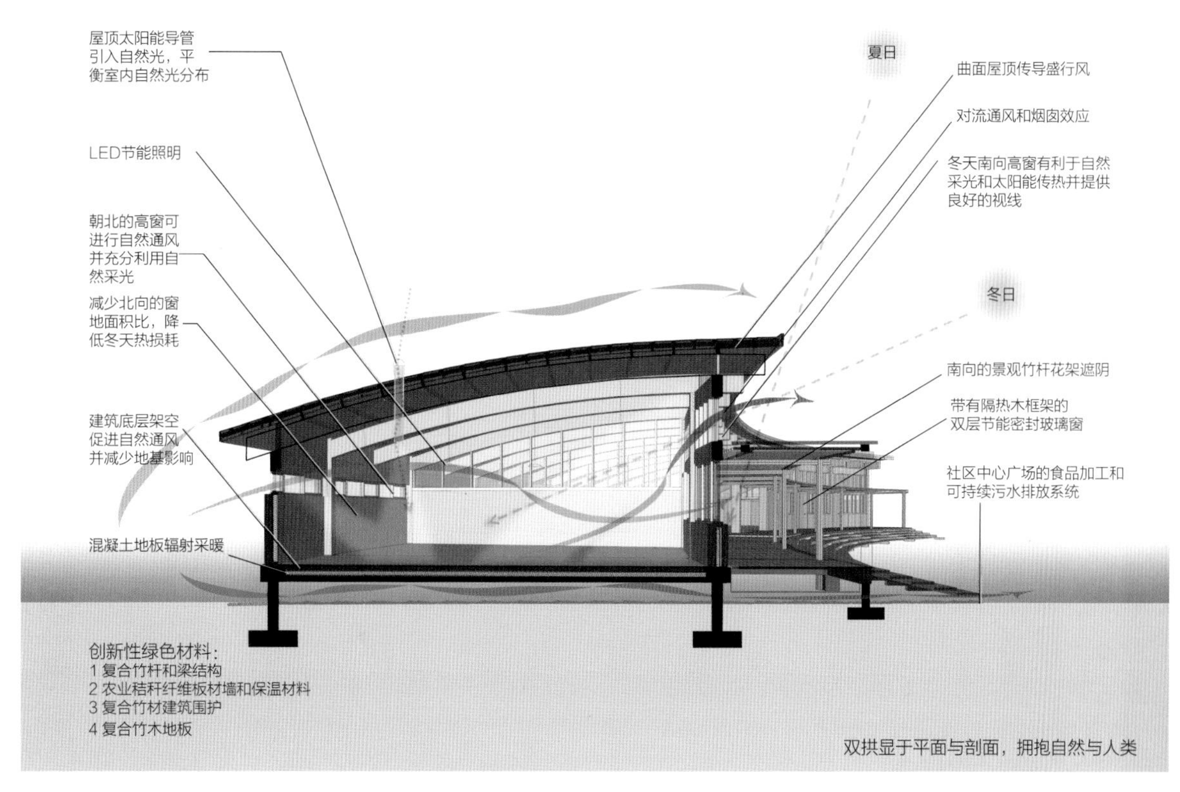

屋顶太阳能导管
引入自然光，平
衡室内自然光分布
LED节能照明
朝北的高窗可
进行自然通风
并充分利用自
然采光
减少北向的窗
地面积比，降
低冬天热损耗
建筑底层架空
促进自然通风
并减少地基影响
混凝土地板辐射采暖
夏日
曲面屋顶传导盛行风
对流通风和烟囱效应
冬天南向高窗有利于自然
采光和太阳能传热并提供
良好的视线
冬日
南向的景观竹杆花架遮阴
带有隔热木框架的
双层节能密封玻璃窗
社区中心广场的食品加工和
可持续污水排放系统
创新性绿色材料：
1 复合竹杆和梁结构
2 农业秸秆纤维板材墙和保温材料
3 复合竹材建筑围护
4 复合竹木地板
双拱显于平面与剖面，拥抱自然与人类

建筑被动设计示意

他们看着这个中心的建设历时近一年，但当建筑完全落成并开放参观时，村民们好奇、惊讶和震撼的一幕，令人记忆犹存。我想，这是因为建筑的形象、材料、甚至是功能上与他们的日常所见有巨大的差异。现在的乡村，像是当地磁峰镇，大多都是混凝土和瓷砖的建筑。在风景优美的环境里，这些新建筑没有什么地域性。乡村社区中心在当代中国的社会生活中是新鲜的概念，目前该中心被广泛地作为各种用途使用，有时甚至成为大学生回乡的旅馆。建筑成为乡民的客厅，当初的好奇感已经变成了亲切感。

我们在建筑规划设计期间，在杂草丛生的场地里整理出了一处土地庙。严格地讲，是散落乡野的巨石。没人说得上有多少年的历史了。石缝深处有佛像，当地人叫“抱鸡石”。我们因此在方位上调整了整个规划。现在，神石已经成为中央庭院的焦点，上香的人也络绎不绝。我想，也许这是历史的机缘巧合吧，土地在佑护着这方水土呢！

乡建助童的机制

这个项目的实际操作方法是自始至终都寻求私营公司、个人、非盈利慈善机构和各级政府的政策、资金、义工服务的支持，以赋予想象力的方式参与社区支援计划。最终来自约 30 个国内外的先进绿色企业和科研单位，以及无数的热情乡民们通过共同作业的合作伙伴方式提供了广泛的无偿支持。

不过，外来的资金和人员支持的慈善资助计划，如欲在当地产生更为深远的效益，我认为必需藉由项目建设和参与的过程中培育对在地的爱心和本土支援，特别寻求当地政府和官员的大力支持和同理心（Empathy）。在项目建成后的这三年，中心的运营日渐成熟，但主要还是多亏了一众民间爱心人士和社工持之以恒的支持。项目的维护和管理资源则依然仰仗于毕马威中国的企业慷慨善款。政府官方的后续支持和协助运营仍然是大多慈善项目可以永续发展的问题。

在毕马威中心之后，儿基会开展了河北地区一系列学校环保问题的实地调研。结果显示，所有的学校，除了应用一些节能灯之外，环保的设计乏善可陈。2013 年 4 月，我代表儿基会在北京国际绿色建筑大会上深刻地反省了这一问题。教育和社区建筑，因为涉及未来的一代，所以较之其他类型的建筑，更应体现人性化和可持续设计的道理。面对大多乡村学校整

本地艺术家在秸秆纤维板材墙体上绘制图案

产自在地乡镇企业和永续林区的竹结构体系、竹外围护板

孩子们在中心完成课后作业

齐划一和单调乏味的教育建筑，毕马威社区中心展现了绿色创意理念的力量。

爱就在这里

这一部分的文字，来自于中心的“大管家”，二十出头的青年社工牛娜。借此文字，我希望读者可以从中心管理者的角度了解到一个易见但却深刻的道理——这样的营建虽小，但却是真生活和所谓“中国梦”的重要板块。

“因汶川大地震，社会各家都献出了爱心，尤其在爱心建筑设计师的设计下和企业的捐助，才有了今日的磁峰镇安康社区中心，使我们山里的娃娃们有一个安全、舒适和自由的娱乐休闲学习之地。

中心的建筑吸引了很多本地的人和外地亲戚们的喜爱，谁家来客人都会带到中心来看看，喜欢中心的环保、房子的设计和书籍等，孩子们节假日都在这里玩耍。因为多数是单亲和留守孩子，爷爷奶奶年纪大了，为了生计他们只能自己玩。中心是他们的家园，来这里可以看书、借书、画画、学习品格课程、做手工、课后辅导作业、参加野外拓展活动等，因为这些项目全部都是免费的。孩子们渴了饿了都会找全职社工给他们解决这些问题。有时候表现好，不乱丢垃圾，做小志愿者等还可以得到奖励，如糖果、冰激凌、点心和学习用品等。每个月都会有大学生们来开展品格活动，使孩子们不仅学习好，更拥有好品格，故此中心是家长信赖，孩子们喜爱的环保游乐场所 ，更使孩子有未来的梦想——因毕马威公司的志愿者们每年都会组织两次针对不同年级的孩子们的理财和道德课程，让他们了解更外面的世界，敢于为实现自己的梦想而奋斗。

每天放学后孩子们来中心做课后家庭作业，周六周日参加每月的主题活动，暑假有兴趣班和夏令营活动。所有的一切都是为了让孩子感受到爱，体会到爱，认识到自己的优点，增添自信，使他们青少年期学习到的，能够至老都不偏离正道，这就是中心存在的最大意义，这就是爱心人士捐赠的最大意义。爱就在这里。让我们都有一个梦，我作为当地全职社工衷心祝愿我们的孩子们每一个人在爱的环绕下，健康成长起来！

前廊的儿童

中心成为孩子们的娱乐休闲家园

品格课程学习

自然的样子

DESIGN WITH NATURE

茂密林地中的隐舍

场地平面

景观廊桥与电梯厅内外空间

在自然中设计这件事，深奥又广阔。在当代的环境下，自然中作业的核心思考是，较为抽象的现代营造如何回归自然。

我猜测，大概在所有建筑师的脑海里，都印记着那类美好的，甚至是有些诗意的空间吧。这些深藏在记忆里的空间，可能是幼时的四合院；或是城外郊野里的村屋；亦或是雅典娜高耸着的帕提侬神殿。自然深植于建筑，建筑置身于自然，对这样的空间，我们往往感触深刻。但真的在自然中设计的话，虽说预设了设计要遵循自然这个大道理，具体的过程恐怕还是会颇为艰难。

人应当如何藉由建筑融入和感知自然呢？建筑如何于自然中，引发更深层的感染力与微妙想象？如何表达所谓建成环境与原生自然间的平衡和张力？自然与人为环境之间的一层薄薄的交界应当是什么呢？

现在每次去昆明，都住在隐舍。有时，会在不远处亲身经营过的竹屋里和业主享用农家手艺的晚餐。时常，在两个建筑之间，我们会故意绕个道儿，选择漫步在业主精心布置的林间步道中，享受这种丰饶自然给予的时间和空间的质感。因为经历了这些设计和建造，所以这样的旅程，对于我来说，具有特别的意义和幸福感。

业主在委托隐舍这个任务的时候，并没有提出具体明确的任务书，只是希望在优美风景中建造一处小型的旅舍，向有限的客人开放。虽然最初没有具体的功能要求，但客户的期许足以令人激动。业主没有将庞大的机构和定义成熟的大型连锁酒店的酒店引入到如此静谧和茂密的林地，这是根本上的明智。即便如此，设计中还是需要摒弃很多常规的选项和面对不少的困惑。在同时面对开发和环境问题的过程中，惟

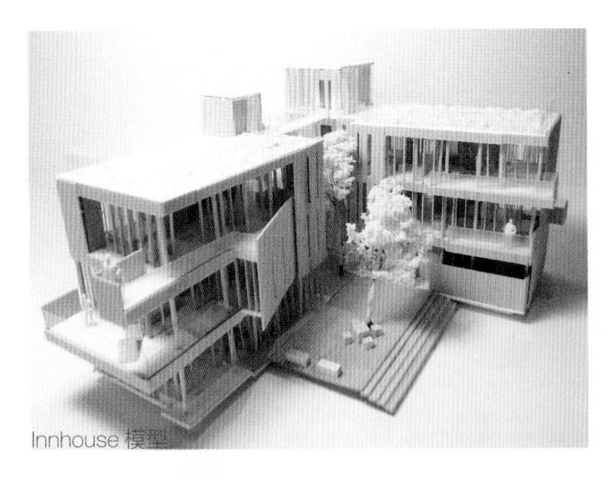
Innhouse 模型

Innhouse 外观

南立面开窗

有转换角度看待和沟通问题。在此过程中，我数次地面对“这到底是不是酒店呢”、“建筑分开的话，会淋到雨啊”这样的问题而反复评估设计。至于答案，在通常的思维下，恐怕一直都找不到吧。最后的结果，只能是面对那些客观、具体而细微的场地、功能、经济等条件慢慢地解答。这也是逐渐形成所谓任务书和共识的有趣过程。

因为要做一个与自然拥抱的建筑，隐舍与环境的合成在不少角度上观察都显得不同寻常。她不像一处常规意义上的旅舍——内外并无边界，自然的手可以伸进来，没有围栏、大门和所谓的大堂。开放的建筑群纳入周边广袤的林地和步道，依托起伏的山势，并几乎保留了所有的场地树木。

我的角度是，虽然是个旅舍，但希望不论在什么样的气候下，访客都更为乐意地步出房间，走入自然，并以各种方式享受自然空间，美好的记忆。“人是自然的动物（We are outdoor animals）”，有与自然共为一体的天性。旅客使用旅舍的方法、基地与自然环境的潜质对于营建的影响，以及当地的气候、物料素材、建造条件与工艺，甚至是林木花鸟，对于呈现这样的空间都具有影响。就使用而言，设计需要了解自然与人的生活空间边界的消除、自然环保工艺对于固有环境的保育提升、以及类似自然管理的经营。仔细想来，似乎可以藉由经营自然来定义建筑与场所。建筑的角色就是揭示场地的品质，并强化此地此景的场所罢了。

如此，隐舍设计中所谓的建筑性问题反而淡化了。设计的房子像一组微型群体，彼此围聚着。设计尝试若干的形体和组合，将建筑群体的摆布看似是不经意地分散在场所中的样子，希望获取最佳的空间张

庭院步道

外立面落地门窗

穿越L形两翼间的院落步道

力、层次感、视线、阳光、空气和自然景观的匹配，好像“自然村落”。在这里，自然如常的生长，建筑体现在自然中静寂和朴素的品质，旅者欣然接纳自然的给予。团队一直到设计后期才探索感悟出“隐舍”这个名字，英文是“Innhouse”，大致的意思是想表达这是个类似民舍的小旅店。这样一来，大家似乎都有点儿认同感了。

隐舍的关键是高高低低的院落。步道穿越院落，院落穿越建筑，起承转合，好比是院套院。庭院半开放，合而不围，也可以瞥到另外一个院儿。院子是我脑中真正的客房，因为山间的景观和自然的丰饶大概才是旅客要去到那儿的原因吧。喝本地的茶、吃附近园子里四季产出的有机蔬果，阶段性地也可以有些特别的节目助兴。院落里间或有些极简的亭子、无边的水池、或是挑出坡地的小块山地平台，有意无意地为访客提供些闲散的小小幸福空间。在设计的过程中，我无数次地在脑海中想象着穿越这些属于自然的空间；在建造和落成的时间里，也无数次地感受着其间的微风、细雨、鸟语、花香、酷暑和严寒。穿越建筑彼此的空间，与风雨和自然为伍，是真正绿色建筑的仪式和住居的要义吧。

就每栋建筑而言，单元建筑分为 3 个体量，即两翼和类似灯笼般的半开放垂直上落空间，并通过景观廊桥连接。另一条步道是林间小径，在山坡的下部，与茶室、健体、餐厅等附带的院子和若干大小不一的山谷平台相连。小径是本地素色的火山石板与野生植被的结合，依照山体上下蜿蜒折动。停车的区域被石笼挡土墙和透水的覆草地面定义着。

背靠庭院的两侧是首层客房的栅篱，添加了景深的层次感，并保障客房的隐私和隐约的庭院视线，也体现植物攀爬的趣味。开放的一侧则是一层层延伸出去的风景。景观并不拘泥于通常意义上的设计，因为我并不中意那些过于人为雕琢的景观铺陈，所以场地上都是保留的原生高大树木和各种本地树种的混杂。

周边林地

平台处的无栅水池

太阳能集热器

悬空的连道穿越其中。原有的飘逸竹林提供了围合酒店村落最好的屏障。新添的竹篱、落水和铜制的标识定义了入口。庭院铺素色的复合竹地板，局部较大的平台处设有无栅水池。

隐舍在林间若隐若现，仅为访客提供 17 间大小不一的体验式客房。配合自然的环境，庭园覆以环保重组竹板，以表现素净、温和与单纯的地景。林间微妙的光线也启迪了建筑表情。建筑表皮抽象的雪松木条板处理是与高耸的针叶林和本地桉树丛林的对话。在这样的氛围中，访客或许可以找到满足潜在需求的地方。我希望他们心里留下的是那类属于自己的美好自然生活与空间体验。建筑是开放、留白、如影随形的。访客也会尝试探索与自然和睦相处的最佳方式。

我同时也从内部的空间着手，拓展自然的想象力，形成与外部的密切关联。客房空间的中央设计了两道核心墙体，以同时满足 3 个高度融合的功用——集中整合内部的承载结构和机电设备单元；释放四周围护墙体的负荷而使立面可以灵活地应对自然环境和被动设计；划分私密的卫浴一侧与开放的起居空间。当然这样的做法也使得建筑更为微妙。因为围护墙体被完全地释放出来，所以每个客房设计都可以是林间风景的延续。起居和卧室的一侧有大窗面向山谷和庭院，设计开敞通透并结合深远出挑的景观露台，有时好像是要挑到树丛中，与四时共舞。浴缸紧邻玻璃，呈现的是沐浴的裸心和无边的风景。躺在床上也可以欣赏晨曦和暮色。卫浴在特征墙的背后，形成了两个私密而亲切的小空间，并且拥有自然的采光。这一侧的系列竖窗引入那些穿越树木的如纱一般微妙的光线。

隐舍的建筑化身为自然的一部分，又表现出了独立的性格。这给设计者、业者和使用者都赋予了必须面对和应战的自然观念。对于那些已经习惯了随便处置自然与建筑之间关系的营造来说，这栋建筑在很多方面是超乎想象的。但是，永续设计所需要扮演的角色，正是发掘自然中的睿智，去拓展连接生活的桥梁。这样的建筑，与自然共舞，也常会折射出自然的样子。

开敞通透的景观露台设计

室内空间

开放式的客房室内

绿见未来

GREEN DESIGN FOR THE FUTURE

永续的讨论，关乎未来，是人类需要尽可能了解清楚的问题，刻不容缓。这样的讨论，当然也影响未来都市与建筑的发展方向。正像自然生态系统一样，我们生存的空间同样需要永续经营，特别是需要培育多样性的支持。本书的系列文章，说到底，就是书写以环境多样性和想象为中心的未来性。在现实的生活中，我深感未来正不断以更快的速度迫近的压力。

引子——不远的未来

这是一天清晨，当史密斯先生起床冲马桶的时候，智能型的马桶会对他的取样进行自动分析，并且会把结果及时传送给他的家庭医生。医生据此对他的健康做出诊断。下楼的时候，史密斯先生例行地查看了一下他家的电表，这段时间是盈利。因为安装在屋顶和用于窗玻璃的太阳能板以及庭院中的风车向地方电力网所输出的电能超过了同期自家的用电量，史密斯家因此会得到政府的津贴。他同时还要查看监测温室气体的排放状况，超标的排放会导致额外的政府税收。接着，史密斯先生习惯性地打开了家用中水处理系统，厨房和卫生间的废水会被净化回收。另外雨水回收过滤系统也可提供部分生活用水。这时，史密斯太太正在门口接过送来的有机食品，送货的小伙子是来自西太平洋图瓦卢的难民。这并非是由于战争或是饥荒，而是他的家乡已经由于全球变暖海平面升高而被淹没了。除了送来的食品，史密斯家还要自己种植一些蔬菜，饲养一些家禽，因为运输能源价格的上涨使原本低廉的进口食品价格飞涨。早餐过后，史密斯先生开始工作。他不需要去上班，智能化的数码与网络技术已经使家庭办公相当普及。史密斯先生做的是废品的期货生意，资源与能源的极度匮乏使回收市场相当兴旺。史密斯太太开着氢气燃料的小型家庭轿车送女儿上学。她今天的课程是到动物园参观。遗憾的是，由于生态气候的变化，全球动植物的多样性快速减少，也只有到动物园或是植物园才能看到由人工通过基因技术饲养和培养的物种。路上都是小型节能式高性能家庭轿车，因为在高峰时期穿越了城市主要道路，史密斯太太因此缴纳了城市拥堵费。

以上是基于英国环境局对英国普通家庭未来生活的有趣描述。这个不远的将来有不少悲观的成分，相应的，节能、环保、智能化成为了关键词。史密斯家庭面对的许多情景在现今的示范住屋中已经现实，比如废水雨水的回收利用、可更新能源在家庭中的应用、家庭办公的模式、外部效应税收、环保汽车等。就今天的全球现状而言，逐步进入到这样的生活方式的步伐大致是不可逆的。

发达国家由于高度的都市化和工业化，消耗着大量的能源与资源以维持自身的生活方式，并导致了大量的垃圾废物。同时，以中国为代表的发展中国家，由于整体上持续高速的工业发展、庞大人口的都市化进程，以及对西方生活方式的迷恋，已经形成一种高度浪费和污染型的生产和生活方式。一端是发达国家高于发展中国家五到十倍的人均能源消耗和CO_2排放；另一端是新兴发展中国家高于发达国家三到九倍的每单位 GDP 耗能。全球资源与环境在这样的双面情况下难以得到有效的改善。值得乐观的是，即便是在发展中国家，人们也已经开始意识到经济发展并非

国家追求的唯一目标。资源、环境、社会与文化的永续性正不断地成为一种新的价值体系和社会基础。但是，这些变化，在当前传统的营造格局中，仍被视为一种技术性主导的工作。在全球与地方发展所面临的严峻挑战的催化下，我认为，现在的这个时代跟其他的历史时代一样，设计要以自己的敏锐观察和想象，不但重新诠释建筑的历史语言，也需要明确表达对未来的态度。

永续的复杂性

永续设计具有复杂性。低碳、健康、环保这类的诉求使永续营造变得更加复杂。历史上看，从人类营造活动中长期存在的地域性建筑或是被动式气候适应设计，到能源危机后以被动太阳能设计为代表的节能建筑，再延展到以追求自然系统循环为诉求的生态建筑，直到现今永续理念的发展，气候和环境的议程增加了社会、文化、经济等更广泛的维度。

现在看来，永续的复杂性不完全是技术层面上的问题。我们对建成环境、自然系统与使用者行为因素之间复杂的相互影响的认识仍然停留在相当局限的状态中。特别是在大规模的都市尺度上，纷繁的城市功用、变化多样的城市空间及其变迁、都市大环境或是小气候，正以各种各样的方式影响着能源与资源的消费、污染的产生、市民的舒适与健康。面对这样的复杂性，一方面节能、健康、舒适、生态等因素，随着模拟能力的发展而变得相对易于量化并评价；另一方面，从历史上，我们已经了解并积累了相当多牢靠的技术策略和技艺。当下，是检讨和重获这些历史知识并使之得到创新培育的时候了。

对于永续设计，最棘手的，就是当那些普遍性的操作法则遇到特殊性并需要综合处理的时候，往往就变得复杂起来。套用标准的评估体系，就是无视这样的复杂性和忽略多样性的存在。特殊性和多样性包括社会制度、文化传统、生活方式、经济技术水平等等。永续设计的集成同样存在困难，这也是今天的评估体系令人绝望的原因，因为这样的章节式描述和断章取义，无视元素间的关联、平衡和机遇。整合的方法是考量永续性中的各个因子，并注重它们之间在生命周期和更广泛空间领域中的关联。譬如，就物料而言，就地取材这样的判断，是否可以纳入全球和区域的资源和物流思考和统合配比？地方材料和资源的利用是否可能正在破坏地方生态环境？这样潜在的关联性应当是未来思索的重点。这样的重点也包括气候与建筑类型的关联、都市发展和住居老龄化社会的关系、旧有都市更新在资源效益上的重要意义、永续性议题与社会化平民化住居的关系、环保设计与商业性活动相结合时所反映出的社会渗透性和经济可行性。

总之，对于复杂性的了解在于以动态和非标准化的合成来定义属于自然的城市与乡野，以及提升由此形成的以“真设计”为基础的环境意识。

工具的力量

今天设计者的幸运在于，我们比以前拥有更为广泛的设计工具用来模拟设计下的环境。现今，大多数的工具是用来提高设计工作的效率，或是传达设计的效果，而非在实质上影响设计的决策并提高设计与产品的质素。

从设计过程的角度看，设计与评价功能的互动

交叉有助于揭示许多隐含的关联，从而提供更多的可能性以供决策。在什么时间，引入什么样的工具，去完成什么样的有关永续性的决策辅助，是一个根本的策略问题。一般的规律是，随着设计的深入，投入的精力就会逐渐变大，但是所能获取的永续性能的幅度却在减弱。在草图阶段的决策往往大致注定了这个计划案永续性能的潜力。场所的规划、朝向、建筑的基本几何形体、进深、剖面形态、窗墙比、热质量、基本的材料、基本预算状况，都可以通过简化稳态模拟进行对比，从而得到优化的答案。对于某些建筑类型，在一定的使用状况和气候模式下，一些基本的、牢靠的策略是值得信赖的。它们在各种因素的关联中扮演着积极的角色，细节设计的深化也不太会影响和改变它们的性能，它们也较少会受到日后使用者的各种不可预期的因素的干扰。这些策略往往是那些建立在基本的能流原理上的，通过被动式的建筑语言就可以实现的策略。恰到好处的工具就是要在设计的早期阶段通过友善的界面融入到设计师的决策中，去有效地捕捉那些牢靠的策略。这样，设计师好比被带到了一个正确的波段，不会再偏离要听的节目。其后的辅助性设备的融入、智能化的调控管理、使用者的维护，都像是旋钮的“微调”，只会使节目更加清晰。

今天，设计的工具正在同工艺性和生产性的变革紧密地整合在一起，并展现出无限的挑战和可能。类似三维打印这类的技术，因为生产流程的彻底改革、对产品构造的深层理解、整体上更为精密的加工等因素，所以在材料、工艺、效率、精俭、成本、生命周期等方面必定会对永续营造和产业创新产生深刻的影响。另外，加以现代通讯技术的帮助，现代式作坊和手艺的多样性可能重获新生，师傅们可以在有竞争力的成本内完成小型的生产操作。有了网络，推销和分配的成本比以前大大降低了。

永续的样子

整体上讲，除了个别的案例外，现今永续营造的美学状态是相当令人失望的。宣称是绿色营造的案子，往往会呈现出两个完全不同的状态：第一种是“看上去很绿”，虽然充满了绿色建筑的语汇，却可能与本质毫无关联；第二种是把永续营造仅仅当作技术层面上的问题处理，堆砌的手法、仅仅对症下药的倒模思维，忽略了技术内涵在建筑性上的表现以及永续建筑的伦理意义。对于设计人员来说，综合有关永续的科学性，并挖掘和展现潜在的艺术是最具有挑战性的环节。他需要将环境与资源的知识，有机地融入到传统建筑学的秩序中。这些知识可能来自于交叉科学。然而，即使确实建立了交叉型的设计团队，也往往因为缺乏对彼此领域的认知而产生沟通障碍。因此，永续设计的方法和信念正在改造着传统的建筑学和它的教育，其他学科亦然。积极地投入到设计过程和模式的改变，并最终生成不仅是在定量上诠释着永续营造，而且是在象征性和场所性上都富有表现力和感染力的语言，是身为未来建筑家的功课。永续性的营造美学需要智慧（Smart）：首先是立足于明确的目标（Specific）；所采用的语汇对永续性能和质量的影响尽量是可衡量的（Measurable）；在一般状况下，要确保运用的形式可以牢靠地达成预想的效果（Attainable）；通过对各种因素的敏感性分析，判断哪些形态是关键性的（Relevant）；最后，

永续营造的语言应当反映自然与社会因素变化中的时间和流动性（Temporality），而非一成不变的非均质的形式。

教育的拓展

笔者近十多年的旅居，有机会近距离观察欧美和亚洲的社会进程，教育决定未来的意义尤为明显。现今，如剑桥大学已经规划其永续设计教育为建筑系核心教义。先进国家的职业考核也严格包含环保设计的考量。新加坡、香港和台湾的顶级学府亦视永续设计为崛起亚洲的重要知识积累和经济增长点。在民间，如香港的思汇智库，正不断地就环境保护的政策和议题与政府互动。至于普罗大众，台湾在去年颁布了强制性的环境教育政策，规定公家机构任职人员每年必须参加4小时的环境教育课程。废品回收、垃圾分类、社区文化遗产活化、保育动植物、淘汰过时的高污染车辆，都是较为直观和民生类的环境保护议项。同许多较为抽象的技术概念相比，这些永续议题，更容易在大众中推广并引发社会创新。至于如何让人们更为有效地意识到他们周遭环境与永续议程的关联和变革的迫切性，恐怕连建筑师自身都还没有意识到吧。在传统的建筑和设计教育中，功用、空间构架、形式处理多是与经验和体验有关，缺乏对空间策略与环境策略的互动。明星建筑师说，跟他谈永续就像是谈生孩子，反对生孩子吗？不，可是我会总在上面花时间吗？未必，我会去打篮球。

必须承认，永续营造发展过程中造成的种种问题，比如众多的难以理解的晦涩术语，标杆建筑在影响力上的乏善可陈，唯“绿色论”的偏执色彩，都在一定程度上阻碍了永续营造向社会生活更深入的渗透和传统建筑学的改造。针对这种状况，为了修正永续营造仅仅是一种选择的状态，欧洲国家正在将永续的议题系统地规划到职业建筑师的教育中，并进一步成立了更高层次的专门学位。其中重要的探索是，永续的未来意识如何与具体的设计任务和个体的兴趣相结合，从而创造出独特的、具有创建性的“聪明”（Smart）方法。同时，逐步让社会大众理解到真正优秀的设计是对包括空间、环境和社会文化等诸多问题在内的，对有关我们生存的“基本”问题做出完整反应和整合的结果。今天看来，如若建筑学和建筑师企图摆脱其可能被边缘化的趋势，就必须把这门学问和有关它的教育建立在社会与生活方式变革的基础上，发展学科交叉的设计方法，调整设计的评价体系，同步促进教育的国际化和地方化。

绿见未来

今天，当我们通过研究和实践带动对未来建筑和城市思考的时候，我们并没有设定单一的模式。对永续的理解是随着时间和空间的变化而变化的。我们更愿意把对永续的讨论置于当代营造的综合背景下，在国际化与地方文明的交错、冲突与协调中加深对营造的理解，并探寻未来的可能性，以期摆脱目前建筑界机能主义的现状、对时尚意象的迷思，以及对建筑所可能带来的深刻变革的疑惑。永续的诉求是让设计回到“建筑因何重要”、“我们为什么建造建筑”、“人与自然的关系”这类基本的问题，以一个更为宏观和富有远见的视野把营造的艺术和科学建构在人类的福祉和自然的长远利益之上。